EUL VERLAG

EUROPEAN BUSINESS SCHOOL

International University Schloss Reichartshausen

Phasenangepasste Unternehmensführung von Wachstumsunternehmen

Empirische Untersuchung erfolgsrelevanter Führungsverhaltensweisen auf Grundlage des Lebensphasenmodells von Pümpin & Prange und dem transformationalen Führungsansatz mittels des Multifactor Leadership Questionnaires

Dissertation
Zur Erlangung des akademischen Grades
Doctor rerum politicarum
(Dr. rer. pol.)

Alexander Klaußner
Hoheneggstraße 8
78464 Konstanz

Erstgutachter: Prof. Dr. Heinz Klandt
Zweitgutachter: Prof. Dr. Ulrich Grimm
Datum: 31.12.2007

Reihe: FGF Entrepreneurship-Research Monographien · Band 66

Herausgegeben von Prof. Dr. Heinz Klandt, Oestrich-Winkel, Prof. Dr. Dr. h. c. Norbert Szyperski, Köln, Prof. Dr. Michael Frese, Gießen, Prof. Dr. Josef Brüderl, Mannheim, Prof. Dr. Rolf Sternberg, Hannover, Prof. Dr. Ulrich Braukmann, Wuppertal, und Prof. Dr. Lambert T. Koch, Wuppertal

Dr. Alexander Klaußner

Phasenangepasste Führung von Wachstumsunternehmen

Eine empirische Untersuchung im deutschsprachigen Raum

Mit einem Geleitwort von Prof. Dr. Heinz Klandt,
European Business School (EBS), Oestrich-Winkel

EUL VERLAG

Bibliografische Information der Deutschen Nationalbibliothek

Die Deutsche Nationalbibliothek verzeichnet diese Publikation in der Deutschen Nationalbibliografie; detaillierte bibliografische Daten sind im Internet über <http://dnb.d-nb.de> abrufbar.

Dissertation, European Business School (EBS), Oestrich-Winkel, 2007, unter dem Titel: Phasenangepasste Führung von Wachstumsunternehmen – Empirische Untersuchung von Führungsverhaltensweisen auf Grundlage des Lebensphasenmodells von Pümpin & Prange und dem transformationalen Führungsansatz mittels des Multifactor Leadership Questionnaires

D 1540 (2007)

ISBN 978-3-89936-843-7
1. Auflage September 2009

JOSEF EUL VERLAG GmbH
Brandsberg 6
53797 Lohmar
Tel.: 0 22 05 / 90 10 6-6
Fax: 0 22 05 / 90 10 6-88
E-Mail: info@eul-verlag.de
http://www.eul-verlag.de

Bei der Herstellung unserer Bücher möchten wir die Umwelt schonen. Dieses Buch ist daher auf säurefreiem, 100% chlorfrei gebleichtem, alterungsbeständigem Papier nach DIN 6738 gedruckt.

Vorwort

Nur aus dem Irrtum geht die Wahrheit hervor,
und hierin liegt die Versöhnung mit dem Irrtum und mit der Endlichkeit.
(Friedrich Hegel)

Die Wege und Irrungen der vergangenen Jahre waren vielfältig, meist sehr spannend, nicht immer zielführend, aber letztlich überaus befriedigend.

In diesem Sinne möchte ich allen danken, die mich dabei unterstützt haben, immer wieder auf den rechten Weg zurückzufinden, ebenso wie ich auch jenen danken möchte, die mir manche Wegzweigung gezeigt haben, die sicherlich nicht den direkten Weg beschrieb, sich dafür als interessanter und aufschlussreicher darstellte.

Ganz besonders möchte ich mich bei Prof. Klandt bedanken, der mir nicht nur viele dieser Wege offenbarte, sondern auch das Interesse geweckt hat, noch weitere mir unbekannte Felder zu erkunden.

Glücklicherweise haben Rima und meine Familie es immer wieder geschafft, mich daran zu erinnern, dass das Erkunden von Wegen nicht das einzige Ziel der Arbeit darstellen sollte, sondern auch mit einem abschließenden, konkreten Ergebnis verbunden sein muss. Vielen Dank.

Ein ganz spezieller Dank gilt Christian Heumann und Michael Schomaker vom Institut für Statistik der Ludwig-Maximilians-Universität München, die mir den Zugang zu manchen statistisch, mathematischen Erkenntnissen erst ermöglicht haben.

Bedanken möchte ich mich auch bei Prof. Grimm, wie auch bei Patrik Frei und Jost Rengli von Venture Valuation für ihre Unterstützung und Geduld in den vergangenen Jahren, sowie bei zahlreichen Unternehmensvertretern, die mir mit ihren Aussagen erst die Fertigstellung dieser Arbeit ermöglicht haben.

Mai 2009, Alexander Klaußner

Geleitwort

Die Führungs- wie auch die Lebensphasenforschung können auf eine überaus umfangreiche, wie auch lange währende wissenschaftliche Tradition verweisen. Eine überzeugende Verknüpfung dieser beiden Forschungsfelder erfolgte bislang jedoch nicht. Es ist der Verdienst von Alexander Klaußner diesen weißen Fleck, diese wissenschaftliche Lücke deutlich verkleinert zu haben.

In einer einleitenden, theoretischen Diskussion liefert er einen fundierten Überblick über die konzeptionellen Grundlagen und bestehende empirische Studien sowohl im Feld der Führungs- wie auch der Lebensphasen- und Erfolgsfaktorenforschung.

Der Autor verdeutlicht die große Bedeutung einer Verknüpfung dieser Forschungsfelder und deren Relevanz für eine durchgängige und nachhaltige Unternehmensentwicklung von der Gründung eines Unternehmens bis hin zu dessen möglichem Marktausscheiden.

Im Rahmen einer empirischen Untersuchung u.a. mit Experten-Interviews mit mehr als 100 Führungskräften aus der Life-Science-Branche gelingt es Alexander Klaußner ein phasenspezifisches Führungsverhalten herauszuarbeiten und erfolgsrelevante Verhaltensweisen zu identifizieren. Die Studie liefert damit wesentliche Anregungen für die aktuelle Managementpraxis.

Aus der Analyse der vorherrschenden Führungspraxis entwickelt der Autor ein realistisches und zugleich konstruktives Leitbild für eine phasendurchgängige und erfolgreiche Unternehmensführung. In diesem Sinne trägt die Arbeit nicht nur zu einer realitätsnahen und umfassenderen Theorie bei, sondern auch zu einer nachhaltigen, Unternehmenslebensphasen-übergreifenden Entwicklung eines Unternehmens.

Auch in Zukunft wird es unerlässlich sein, diesem innovativen Forschungsgebiet mehr Aufmerksamkeit und vor allen Dingen mehr Ressourcen zu widmen und möchte dazu auffordern, mit der vorliegenden Arbeit als Basis weiterführende und vertiefende Studien und Untersuchungen in diesem Umfeld durchzuführen.

Ich gratuliere Herrn Klaußner für die hervorragende Arbeit, die als ein Grundlagenwerk gelten kann.

Prof. Dr. Heinz Klandt

Inhaltsverzeichnis

Abbildungsverzeichnis

Tabellenverzeichnis

Abkürzungsverzeichnis

Abb.	Abbildung
AG	Aktiengesellschaft
Art.	Artikel
Aufl.	Auflage
bearb.	bearbeitet
bspw.	beispielsweise
bzw.	beziehungsweise
d.h.	das heißt
Diss.	Dissertation
Dr.	Doktor
erg.	ergänzte
erw.	erweiterte
erw.	erweiterte
n	Anzahl der statistischen Einheiten
et al.	et alii (und andere)
EU	Europäische Union
exempl.	exemplarisch
f.	folgende
ff.	fortfolgende
FuE.	Forschung und Entwicklung
ggf.	gegebenenfalls
GmbH	Gesellschaft mit beschränkter Haftung
Hrsg.	Herausgeber
hrsg. v.	herausgegeben von
I.w.S.	Im weiteren Sinne
Jg.	Jahrgang
Kap.	Kapitel
KMU	Kleine und mittlere Unternehmen
MA	Mitarbeiter
MLQ	Multifactor Leadership Questionnaire
neubearb.	neubearbeitete
Nr.	Nummer

o. O.	ohne Ort
o.A.	ohne Autor
o.S.	ohne Seite
Prof.	Professor
S.	Seite
s.	Siehe
sog.	so genannte
Sp.	Spalte
u.ä.	und ähnliche
u.a.	unter anderem
u.v.a.m.	und viele andere mehr
usw.	und so weiter
vgl.	vergleiche
Vol.	Volume
z. T.	zum Teil
z.B.	zum Beispiel

Teil I - Einführung

1 Einleitung

„Ökonomie ist die Kunst, das Beste aus dem Leben zu machen."
(Georg Bernard Shaw)

Diese Worte von Georg Bernard Shaw haben bis zum heutigen Tage nichts von ihrer Bedeutung verloren. Ende der 90er Jahre kannte die Begeisterung für das Unternehmertum kaum Grenzen. Die Meldungen erfolgreicher Gründungen überschlugen sich, eine neue Ökonomie schien entstanden zu sein.

Den damaligen Erfolgsmeldungen standen noch vor wenigen Jahren Höchststände bei Unternehmensinsolvenzen, ein stagnierendes Wirtschaftswachstum und zunehmende Arbeitslosigkeit gegenüber. Zudem scheitern acht von zehn neu gegründeten Unternehmen innerhalb der ersten zehn Jahre. Dieses Szenario wirft die Fragen auf, inwieweit diese „Kunst", um in den Worten von Georg Bernhard Shaws zu bleiben, erlernbar ist und welche Voraussetzungen erfüllt sein müssen, um nachhaltig erfolgreich zu führen und somit anhaltend erfolgreich zu wirtschaften.

In Deutschland werden beispielsweise 70% aller Arbeitsplätze von kleinen und mittleren Unternehmen gestellt. Diese Unternehmen sind darüber hinaus für mehr als 50% der gesamtdeutschen Wirtschaftsleistung verantwortlich. Das Scheitern von jungen Unternehmen verursacht einen immensen volkswirtschaftlichen Schaden (Bindewald, 2004, S. 9). Im Hinblick auf die Zukunftsfähigkeit eines Landes kommt damit der Bereitschaft und Kompetenz der Menschen, Unternehmen zu gründen, eine enorme Bedeutung zu. Dies gilt insbesondere in Zeiten, die durch Dynamik und sich stetig wandelnde Produkt- bzw. Dienstleistungsanforderungen gekennzeichnet sind, wie auch in Zeiten, in denen die öffentliche Hand vermehrt Privatisierungsanstrengungen unternimmt und der Trend großer Unternehmen dazu übergeht, Leistungen „outzusourcen" und auf kleinere, spezialisierte Firmen zu setzen. Diese Zunahme an Komplexität, Dynamik und die dabei gleichzeitig einhergehende Vernetzung unterschiedlichster Prozesse stellt dabei nur einen Teil der Auswirkungen dieser weltweit zu beobachteten Entwicklungen dar. Gerade für den einzelnen Mitarbeiter ergeben sich dadurch vielfältige Chancen, aber auch zahlreiche Unsicherheiten und Risiken. Sei es der schneller drohende Arbeitsplatzverlust, der Zwang zur vermehrten Mobilität, die Notwendigkeit sich permanent weiterzuqualifizieren und Kompetenzen auszubauen oder eine ausgeprägte Erwartung an Flexibilität und Veränderungsbereitschaft seitens des Arbeitgebers - für den Einzelnen sind diese Veränderungen mit einem hohen Maß an Ungewissheit verbunden. In der Konsequenz schwindet dadurch häufig das Commitment und die Bindung zwischen Unternehmen und Mitarbeiter. Genau darauf sind aber Unternehmen in einem hoch kompetitiven, wissensintensiven Umfeld angewiesen (Conger & Kanungo, 1998). Ob auf struktureller oder personeller Ebene, ein Unternehmen ist gezwungen, diesen ökonomischen und sozialen Herausforderungen zu begegnen (Dörr, 2006). Dazu bedarf es einer entsprechend kompetenten Führung, die den Zwang zum permanenten Wandel als Chance begreift, organisationale, strukturelle Veränderungen aktiv gestaltet (Pümpin, 1989) und gleichermaßen auf persönlicher, individueller Ebene die Mitarbeiter für diesen Wandel zu begeistern versteht. Eine derartige Führung besteht dabei nicht nur in der Funktion eines „Veränderungsmanagers“ (Doppler & Lauterburg, 2000), sondern mehr noch in der eines Motivators und Charismatikers.

Vor diesem Hintergrund sollte die Auseinandersetzung mit den Faktoren einer erfolgreichen „Führung“ eine überragende Rolle spielen. Der „Kunst“, sowohl eine Gründung in ein erfolgreiches Unternehmen zu überführen, als auch ein Unternehmen systematisch zu entwickeln und nachhaltig zu führen, kommt dabei eine besondere Bedeutung zu. Dieser Aufgabe widmet sich diese Untersuchung. Durch die Verknüpfung des Lebensphasenmodells von Pümpin & Prange mit dem transformationalen Führungsansatz stellt diese Arbeit nicht nur eine Pionierarbeit im Feld der verknüpften „Lebensphasen- und Führungsforschung“ dar, sie ermöglicht vielmehr eine durchgehende, phasenübergreifende Betrachtung des Führungsverhaltens auf empirischer Ebene.

2 Problemstellung

Die Entscheidung sich mit dieser Thematik auseinander zusetzen, beruht auf altruistischen, volkswirtschaftlichen, methodischen und ganz persönlichen Motiven.

Der Einfluss von Großunternehmen auf das Beschäftigungswachstum, sowohl in Deutschland als auch in den meisten anderen Industrieländern ist vernachlässigbar gering. In Deutschland stellen kleinere und mittlere Unternehmen mehr als 70 Prozent der Arbeitsplätze. Darüber hinaus erzielen sie mehr als die Hälfte der gesamtdeutschen Wirtschaftsleistung (Kreditanstalt für Wiederaufbau (KfW), 2004). Die Bedeutung erfolgreicher Gründungen und nachhaltige Entwicklung von Unternehmen auf die langfristige Ausschöpfung des Entwicklungs- und Innovationspotentials einer Volkswirtschaft - vor allem einer rohstoffarmen - ist immens (Bindewald, 2004, S. 1-12). Diese Arbeit soll einen Beitrag dazu leisten, Wege zu finden, um die Überlebenswahrscheinlichkeit von Unternehmen zu erhöhen und deren wirtschaftliche Leistungsfähigkeit weiterzuentwickeln.

Unternehmen in Wachstumsbranchen zeichnen sich meist durch ein überdurchschnittliches Wachstum aus. Durch ihre Wachstumsdynamik ermöglichen schnell wachsende Unternehmen die Beobachtung einer Vielzahl von Entwicklungen in kurzer Zeit. Aus diesem Grunde konzentriert sich diese Arbeit auf Wachstumsunternehmen[1], im Speziellen auf Unternehmen der wissensintensiven Life Science Branche. Die Entscheidung, sich mit der Life Science Branche auseinanderzusetzen begründet sich aus der Vielzahl und Breite, der in diesem Segment angesiedelten Unternehmen (Ernst & Young, 2003).

Im Kontext dieser Untersuchung ist unter der Begrifflichkeit eines „Wachstumsunternehmens“ ein Unternehmen zu verstehen, welches in einem dynamischen, forschungs- und entwicklungsintensiven Segment, einer Branche mit einem hohen Innovationspotential[2] angesiedelt ist. Diese Arbeit fokussiert sich ausdrücklich auf schnell wachsende

[1] Anmerkung: Die TMS Unternehmensberatung AG definiert entsprechend des Reports „Erfolgsfaktoren von Wachstumsunternehmen“ Unternehmen als Wachstumsunternehmen, sofern deren Umsatzwachstum über drei Jahre mehr als 100% beträgt und sich diese Unternehmen in der Nachgründungsphase befinden, d.h. die elementaren Gründungsschwierigkeiten überwunden hatten. Diese Untersuchung versteht dagegen unter Wachstumsunternehmen, Unternehmen, die in Wachstumsbranchen wie bspw. der Life Science Branche angesiedelt sind.

[2] Anmerkung: Nach Joseph Schumpeter ist Innovation die Durchsetzung einer technischen oder organisatorischen Neuerung, nicht allein ihre Erfindung. Der Begriff Innovation kommt ursprünglich aus dem lateinischen und heißt wörtlich übersetzt Neuerung oder Erneuerung. Seit der Übersetzung des Buches "Theorie der Innovation" 1963 aus dem Englischen von Schumpeter findet der Begriff auch in Deutschland breite Verwendung. Der Innovator ist der schöpferische Unternehmer (im Gegensatz zum Arbitrageunternehmer, der lediglich vorhandene Preisunterschiede zur Gewinnerzielung ausnutzt), der auf der Suche nach neuen Aktionsfeldern den Prozess der schöpferischen Zerstörung antreibt. Seine Triebfeder sind auf der Innovation basierende kurzfristige Monopolstellungen, die dem innovativen Unternehmer Pionierrenten verschaffen. Das sind geldwerte Vorteile (auch Innovationspreise), die durch die innovativen Verbesserungen ent-

Branchen. Der Begriff eines Wachstumsunternehmens unterliegt in diesem Zusammenhang keiner phasenspezifischen Zuordnung. Unternehmen aus den Bereichen Telekommunikation, Regenerative Energien oder Nanotechnologie ließen sich ebenfalls dementsprechenden Wachstumssegmenten zuordnen. Derartige Unternehmen werden in den Frühphasen meist von Naturwissenschaftlern oder Ingenieuren gegründet und geleitet (Ernst & Young, 2003). In der Regel sind diese nicht oder häufig nur unzureichend betriebswirtschaftlich ausgebildet (Baag, 2002, S. 34). Dadurch erscheint es möglich, ein potentielles Spannungsfeld zwischen technischen, forschungsnahen Präferenzen und langfristig betriebswirtschaftlichen, strukturellen und damit auch führungsrelevanten Erfordernissen zu beobachten („Gründer sind nicht die besten Manager“, 2002).

Die persönliche Motivation, sich mit erfolgsrelevantem Führungsverhalten auseinanderzusetzen, beruht auf eigenen unternehmerischen Erfahrungen.

3 Zielsetzung

Die vorliegende Arbeit verfolgt die übergeordnete Zielsetzung, weitergehende Erkenntnisse im jungen Wissenschaftsgebiet der Entrepreneurforschung zu gewinnen. Das besondere Interesse liegt dabei in der Identifikation erfolgsrelevanter Führungsverhaltensweisen in Abhängigkeit der verschiedenen Unternehmenslebensphasen.

Im Speziellen basiert die vorliegende Arbeit auf der Annahme, dass erfolgsrelevante Verhaltensweisen in Unternehmen aus Wachstumsbranchen in Abhängigkeit der Unternehmenslebensphasen variieren. Zielsetzung der Untersuchung ist es, sich mit den folgenden Fragestellungen auseinander zu setzen und entsprechend beantworten zu können:

- Welches Führungsverhalten ist für den nachhaltigen Erfolg von Wachstumsunternehmen verantwortlich?
- Welcher Zusammenhang besteht zwischen dem Führungsverhalten eines Wachstumsunternehmen und der Lebensphase des Unternehmens?
- Welcher Zusammenhang besteht zwischen der Lebensphase und dem Erfolg eines Wachstumsunternehmens?

stehen, zum Beispiel durch höhere Produktivität. Man unterscheidet u.a. technische, organisatorische, institutionelle und soziale Innovationen. Vgl.: http://www.definition-info.de/Innovation.html

- Welche Konstellation aus Unternehmenslebensphase und Führungsverhalten ist für den Erfolg eines Unternehmens verantwortlich?

Die Herausforderung dieser Arbeit besteht zum Einen darin, zwei überaus vielschichtige und breit gefächerte Forschungsgebiete, die Führungs- und die Lebensphasenforschung, in einem Teilbereich zu verknüpfen und zu operationalisieren. Zum Anderen sorgt die ebenfalls sehr breit gefächerte und uneinheitliche Terminologie dieser Forschungsfelder für einen erhöhten Erklärungsbedarf. Die Begrifflichkeiten, speziell der Führungsforschung, haben Einzug in den allgemeinen Sprachgebrauch genommen, unterliegen jedoch oftmals einer anderen Definition im wissenschaftlichen Kontext. Eine weitere Schwierigkeit, die diese Arbeit zu meistern hat, wird darin bestehen, aufzuzeigen, dass zahlreiche Annahmen und Modelle überaus plausibel und nachvollziehbar strukturiert und begründbar sind, jedoch in den seltensten Fällen empirisch überprüft wurden.

Diese Arbeit leistet einen Beitrag dazu, die Faktoren einer erfolgreichen Unternehmensführung von Unternehmen aus Wachstumsbranchen zu untersuchen und wissenschaftlich fundiert zu bestimmen. Die Ergebnisse dieser empirischen Untersuchung sollen dazu dienen, die Grundlagen eines praxisorientierten Leitfaden zu entwickeln, um Unternehmern und Investoren eine Orientierungshilfe an die Hand zu geben, mit der Zielsetzung, diese Unternehmen in deren verschiedenen Lebensphasen nachhaltig zu entwickeln. Als technologisches Wissenschaftsziel bestimmt sich hieraus eine Handlungsempfehlung für die praktische Umsetzung dieser Erfolgsfaktoren in die Realität (vgl. auch Müller-Böling & Klandt, 1994, S. 6ff.).

4 Theoretische Einordnung

Schon in der Antike weckte die Führung, das Führungsverhalten das Interesse der Menschen. Sei es das Verhalten eines Helden und seiner Mitstreiter in den Mythen und Sagen verschiedenster Kulturkreise oder der praktische Umgang eines Gutsherrn mit seinen Untergebenen - das Führungsverhalten stellt sich als elementar im Umgang mit Menschen zur Erreichung gemeinsamer Ziele dar.[3]

[3] Anmerkung: Ganz allgemein kann Führung als „... zielorientierte soziale Einflussnahme zur Erfüllung gemeinsamer Aufgaben in/mit einer strukturierten Arbeitssituation" angesehen werden (Wunderer, 1980, S. 23).

Vor mehr als 30 Jahren hat sich Zaleznik (1977) mit den sich wandelnden Anforderungen an Führungskräfte in einem wirtschaftswissenschaftlichen Kontext auseinandergesetzt. Er unterscheidet zwei Führungstypen, den „Manager" und den „Führer", den so genannten „Leader". Im Gegensatz zum „Leader" beschreibt er den „Manager" als distanzierten, rational und analytisch vorgehenden Verwalter, dessen Tätigkeit durch die Umsetzung von Maßnahmen, die Erfolgskontrolle und Ressourcenplanung gekennzeichnet ist. „Manager" sind Zaleznik (1977) zufolge bestrebt, die „Dinge richtig zu tun". „Leader" hingegen pflegen ein aktiveres Führungsverhalten, sie stellen sich offensiv künftigen Herausforderungen. Als „Gestalter" konzentrieren sie sich auf die nachhaltige Ausrichtung und Strategie ihres Unternehmens. Sie streben danach „die richtigen Dinge zu tun". „Die richtigen Dinge" vermitteln sie ebenfalls ihren Mitarbeitern. Sie sind in der Lage, diese zu begeistern und auch bereit, sie bei ihrer beruflichen und persönlichen Entwicklung zu unterstützen. Um Veränderungsprozesse erfolgreich zu meistern, fordern Bennis & Nanus (1985) ein „weniger an Management und ein mehr an Leadership". Diesen Anforderungen genügt auch das Dynamik-Prinzip von Pümpin (1989), welches sich dadurch auszeichnet, Unternehmen stetig und aktiv durch das Aufdecken von Nutzenpotentialen weiterzuentwickeln. Dazu bedarf es jedoch Führungskräften, die bewusst Veränderungsprozesse einleiten und nachhaltig umsetzen. House (1977), Burns (1978), Bass (1985), Bennis & Nanus (1985), Conger & Kanungo (1998) werden diesen Forderungen als Wegbereiter mit ihren Arbeiten zur charismatischen und transformationalen Führung gerecht. Vielfach konnten sie aufzeigen, dass diese Führungsverhaltensweise gerade in Phasen krisenhafter Veränderungen positive Effekte hat, sowohl im Hinblick auf wirtschaftliche Erfolgsgrößen wie bspw. Produktivität und Effizienz als auch auf mitarbeiterbezogene Erfolgskriterien wie Motivation und Zufriedenheit (Dörr, 2006, S. 12ff). Beim Konzept der transformationalen Führung handelt es sich um einen weitgehend universal gültigen Ansatz der Führung, wie Bass (1999) mehrfach hervorhob und was sich auch in der GLOBE-Studie empirisch nachweisen ließ (Brodbeck, Frese, & Javidan, 2002). Dennoch fordern bspw. Hunt (1999), Hunt & Conger (1999b), Yukl (1999, 2002) den Einfluss von Kontextfaktoren systematisch zu untersuchen (vgl. auch Dörr, 2006, S. 13). Transformationale Führung sei gerade in einem Umfeld, welches durch Unsicherheit oder nicht existente Strukturen und Prozesse gekennzeichnet ist, wie bspw. in Krisenzeiten, bei Unternehmensgründungen oder beim Übergang von einer Unternehmenslebensphase zur nächsten, eine hoch effektive Führungsstrategie (Pawar & Eastman, 1997; Shamir & Howell, 1999; Waldman, Ramirez, House, & Puranam, 2001). Zahllose Untersuchungen zur charismatischen und transformationalen Führung wurden in den vergangenen Jahrzehnten vor allem im angloamerikanischen Raum getätigt (House, 1977; Burns, 1978; Bass, 1986; Conger & Kanungo, 1998). Mit Steyrer (1999), Gebert (2002), Felfe (2003) und Rowoldt (2006) gewinnt diese Forschungsrichtung vermehrt auch im deutschsprachigen Raum an Bedeutung. Hauptaugenmerk der Arbeiten lag bislang auf der Operationalisierung des transformationalen Führungsansatzes. Beispielsweise wurden von Bass & Avolio (1993b) Conger & Kanungo (1998), wie auch Felfe (2003) valide Messinstrumente entwickelt, um die Effekte dieses Führungsverhaltens zu erfassen.

Eine integrierende Betrachtung der Forschungsfelder „Führung“ und „Unternehmenslebensphase“ war bislang nur unzureichend zu beobachten. Selbst die ganzheitliche und durchgängige Darstellung des Führungsverhaltens eines Unternehmens - von der Gründung bis zum Niedergang - findet in den wenigsten Studien ihren Niederschlag. Wie in den nachfolgenden Kapiteln dargestellt, konzentrieren sich die jeweiligen Autoren entweder auf „Führung“ oder „Unternehmenslebensphasen“. Das jeweils andere Thema wird lediglich gestreift oder als Beleg einzelner Aussagen herangezogen. Eine Verknüpfung etablierter Theorien aus beiden Feldern ist nicht zu beobachten. Thomas (2007, S. 50) zufolge findet sich kein eindeutiger Beleg für ein gemeinsames Forschungsfeld „Unternehmenslebensphasen und Führung“. Zwar lassen sich vereinzelt Arbeiten aufführen wie die von Hurst (1995), Quinn & Cameron (1983, S. 33-51), Graen & Uhl-Bien (1991), die verschiedene Führungsaspekte unterschiedlicher Lebensphasen gezielt behandeln, aber eine übergreifende Betrachtung dieser Thematik auf empirischer, noch auf breiter theoretischer Ebene erfolgte bislang nicht. Pawar & Eastman (1997, S. 82) forderten bspw. schon Ende der 90er Jahre die Berücksichtigung von Umfeldfaktoren bei Untersuchungen zum transformationalen Führungsansatz. Diese Forderungen verhallten aber - in Bezug auf Unternehmenslebensphasen als Kontextfaktoren - weitgehend ungehört. Der Literaturanalyse von Thomas (2007) zufolge[4], lassen sich lediglich acht Artikel identifizieren, die Führung mit einem Unternehmenslebensphasen-Modell in Verbindung bringen. Bei zweien davon beschränkt sich diese Verbindung nicht nur auf die Erwähnung im Lite-

[4] Im Rahmen einer an der EUROPEAN BUSINESS SCHOOL (EBS) durchgeführten Inhaltsanalyse von mehr als 166 Artikeln aus neun Journals der vergangenen zwölf Jahre versuchte Thomas (2007) den Stand der Forschung von phasen-abhängiger Führung, dem verknüpften Forschungsfeld „Unternehmenslebensphasen und Führung“ zu erfassen.

raturverzeichnis. Egri & Herman (2000, S. 571-604) als Verfasser von einem der beiden Artikel, können auf empirischer Basis einen Zusammenhang zwischen dem Strukturänderungsmodell von Greiner (1998, S. 55-68) und entsprechend unterschiedlich ausgeprägten Führungsverhaltensweisen aufzeigen. Vera & Crossan (2004, S. 222-240) dagegen setzen sich mit der Entwicklung eines Theorie-Modells auseinander, dass strategische Führung mit organisationalem Lernen verknüpft. Sie postulieren, dass "a firm's leadership (...) requirements vary according to the distinct challenges posed by each stage of organizational life (cycle)." (Vera & Crossan, 2004, S. 234). Bemerkenswert an dieser Arbeit ist, dass sie auf dem transformationalen Führungsansatz aufbaut und phasenspezifische Empfehlungen ausspricht. Im deutschsprachigen Raum stellt sich - abgesehen von den Arbeiten von Pümpin & Prange (1991) - die Auseinandersetzung mit einem gemeinsamen Forschungsfeld aus Führung und Unternehmenslebensphasen noch weit weniger entwickelt dar. Neben den genannten Arbeiten existiert keine übergreifende Theorie, die beide Bereiche integriert.

Schließlich kann festgehalten werden, dass sich dieses Forschungsfeld noch als weitestgehend unbearbeitet darstellt und zu weiteren Forschungen einlädt. In diesem Sinne stellt die vorliegende Untersuchung eine Pionierarbeit dar.

Im Speziellen widmet sich diese Arbeit der Fragestellung, inwieweit sich der transformationale Führungsansatz unter den Voraussetzungen organisationaler Veränderungen belegen lässt. Dies bedeutet die Verknüpfung des Unternehmenslebensphasenmodells von Pümpin & Prange (1991) mit dem transformationalen Führungsansatz mit der Zielsetzung erfolgsrelevantes, phasenspezifisches Führungsverhalten zu identifizieren.

Die vorliegende Arbeit betrachtet dieses Forschungsfeld ganzheitlich (vgl. auch Nystedt, 1997). Als Erfolgsgrößen transformationaler Führung kommen als „typische" Erfolgsvariablen[5] des transformationalen Führungsansatzes, die wahrgenommene Zufriedenheit mit der Führung, die Erhöhung der Leistungsbereitschaft und die Effektivität der Führung (Bass, 1986; Bass & Avolio, 1993b) zum tragen. „Klassische" Kenngrößen wie Umsatz- und

[5] Anmerkung: Die Führungsverhaltensweisen des transformationalen Führungsansatzes werden mittels des Multifactor Leadership Questionnaires (MLQ) erfasst. „Extra Effort", „Satisfaction" und „Effectiveness" stellen die standardmäßig erfassten Erfolgsgrößen dar.

Mitarbeiterwachstum werden in Abhängigkeit der Datenqualität und -quantität ebenfalls berücksichtigt.

5 Bezugsrahmen

Der Bezugsrahmen einer Arbeit dient der zweckorientierten Strukturierung des Untersuchungsfeldes. Entsprechend der Definition von Schiff et al. (1975) vermittelt ein Bezugsrahmen eine Orientierung, mit der u.a. Individuen zum einem sich, andere Menschen und die Welt erfassen und beschreiben können. Die Operationalisierung der Fragestellung dieser Untersuchung lässt sich mittels einer derartigen betriebswirtschaftlich ausgerichteten Analysestruktur (Bezugsrahmen) verwirklichen.

Nachfolgende Abbildung 1 benennt die Kernelemente der Untersuchung. Neben den Unternehmenslebensphasen und Erfolgsgrößen werden auch verschiedene Führungsverhaltensweisen mit den sie begründenden Theorie-Modellen dargestellt. Zu beachten ist bei dieser Abbildung, wie auch bei den weiteren Ausführungen, dass der Bezugsrahmen das vereinfachte Modell, das Extrakt zahlreicher Theorien und Modelle darstellt. Eine ausführliche Erläuterung der diversen, grundlegenden Theorie-Modelle erfolgt in den Kapiteln Unternehmenslebensphase, Führung und Erfolg.

Anhand der Darstellung bzw. aufgrund der aufgeführten theoretischen Modelle lässt sich nachvollziehen auf welcher Grundlage bspw. die Checkliste von Pümpin & Prange zur Bestimmung der Unternehmenslebensphasen entstanden ist. Diese Liste umfasst nicht nur 32 Items, sondern integriert auch Ansätze diverser Metamorphose-, Krisen-, Strukturänderungs- und Verhaltensänderungsmodelle. Diese Arbeiten finden sich nicht nur im daraus entstandenen Lebenszyklus-Konzept von Pümpin & Prange wider, sie verdeutlichen auch die Motivation und Hintergrund der getätigten Item-Auswahl.

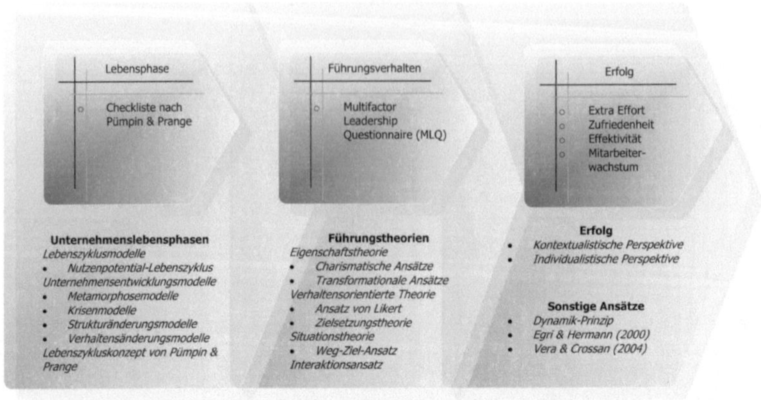

Abbildung 1: Bezugsrahmen der Arbeit

Gleiches gilt für das Führungsverhalten, welches mit Einflüssen aus der Politologie und den damit verbundenen charismatischen Ansätzen über verhaltensorientierte, situative, wie auch interaktive Ansätze erst den transformationalen Führungsansatz begründet. Der daraus entstandene Multifactor Leadership Questionnaire (MLQ) kann dadurch auf eine umfassende theoretische Begründung und eine mittlerweile langjährige Erprobung zur Erfassung des „Full Range of Leadeship“ zurückblicken.

Die Wahl der Erfolgsmasse beruht zum Einen auf der Skala des Multifactor Leadership Questionnaire (MLQ) und den damit vorab definierten Erfolgsgrößen wie Extra Effort, Zufriedenheit und Effektivität, zum Anderen auf klassischen, aus der Literatur vertrauten Größen wie Umsatz oder Mitarbeiterwachstum (Weber & Kelloway, 1996; de Hoogh et al., 2002).

Durch die Wahl eines Bezugsrahmens, der den Multifactor Leadership Questionnaire mit der Checkliste von Pümpin & Prange verbindet, erfolgt eine Verknüpfung des Lebenszyklus-Konzept von Pümpin & Prange mit dem transformationalen Führungsansatz. Dadurch genießt der Bezugsrahmen und die darin verwandten Skalen eine umfassende theoretische Fundierung.

6 Aufbau

Die Arbeit ist entsprechend den zuvor benannten Fragestellungen aufgebaut und gegliedert. Zu Beginn jedes einzelnen Kapitels werden die relevanten Aspekte und Zielsetzung der nachfolgenden Abschnitte benannt und aufgeführt.

Der Teil I „Einführung“ umfasst und beschreibt die Zielsetzung, Problemstellung und den Rahmen dieser Arbeit. Im Teil II unter den „Theoretischen Grundlagen“ findet sich das Kapitel „Unternehmenslebensphasen“, „Führung“ und das Kapitel „Erfolg“. Die entsprechenden theoretischen Modelle und Theorien werden dargestellt und gemäß der Zielsetzung dieser Arbeit erläutert. Teil III der Arbeit behandelt die empirische Untersuchung. Dieser empirische Teil der Arbeit umfasst die Untersuchungsmethode, die Stichprobe, die Erhebungsinstrumente und die Forschungsmethoden. Die Ergebnisse, die der Überprüfung der Hypothesen dienen, werden anschließend erläutert. Die Zusammenfassung der Ergebnisse und ihre Diskussion erfolgt im darauffolgenden Kapitel, ebenso wie ein Ausblick auf die Relevanz der Untersuchung für die organisationale Praxis und im Hinblick auf weitere noch offene Forschungsfragen.

Teil II - Theoretische Grundlagen

1 Führung

„Der wichtigste Erfolgsfaktor eines Unternehmens ist nicht das Kapital oder die Arbeit, sondern die Führung.“

(Reinhard Mohn)

Kaum ein Bereich in den Sozialwissenschaften wurde umfassender und intensiver untersucht wie das Thema „Führung“ (Steyer, 1993, S. 99). Das „Handbook of Leadership“ (Bass & Stogdill, 1990) verweist auf mehr als 7.500 Quellen.[6] Alleine Allerbeck (1977) zählt mehr als 130 Führungsdefinitionen auf. Entsprechend vielfältig und oftmals widerstreitend stellen sich sowohl Theorien, Begrifflichkeiten wie auch Studienergebnisse dar. Das nachfolgende Kapitel strebt danach, einen Überblick über die Geschichte der Führungsforschung und die damit verbundenen Theorien, Modelle und Konsequenzen zu vermitteln.

1.1 Zielsetzung und Motivation

Zielsetzung ist es, ein einheitliches Grundverständnis des Begriffs „Führung“ und dem damit verbundenen Führungsverhalten zu schaffen und dadurch eine Grundlage für die empirische Untersuchung dieser Arbeit zu legen.

Die Komplexität des „Führungs-Begriffs“ und das Spannungsfeld, in welchem das Führungsverhalten angesiedelt ist, sollen dementsprechend dargestellt und die Herausforderungen für diese Arbeit aufgezeigt werden.

Darüber hinaus erschließt sich durch die vorgestellten Führungsansätze der Rahmen und die historische Entwicklung des „state-of-the-art“-Ansatzes der Führungsforschung, der transformationalen Führung. Es wird deutlich, warum die damit verbundene Skala, der Multifactor Leadership Questionnaire (MLQ) Einzug in den empirischen Teil dieser Untersuchung gefunden hat.

[6] Anmerkung: Nach Steyer (1993, S. 100) ist der Anteil der deutschsprachigen Forschung dabei jedoch verhältnismäßig gering. Der Großteil der Arbeit werde in Nordamerika geleistet.

1.2 Aufbau

Der Aufbau dieses Kapitels untergliedert sich entsprechend der nachfolgenden Abbildung 2 im Wesentlichen in zwei Bereiche. Die in der Abbildung auf der linken Seite aufgeführten Aspekte setzen sich mit der Erläuterung und Beschreibung des „Führungs-Begriffs" auseinander. Die auf der rechten Seite der Abbildung 2 benannten Punkte behandeln die empirische Betrachtung der „Führung" und die damit verbundenen Konsequenzen bzw. Auswirkungen auf diese Arbeit. Ausgehend von einer Einführung in die Führungsgeschichte werden gängige Führungstheorien erläutert. In diesem Kontext wird auch die Problematik des Theorie-Begriffs „Führung" diskutiert.

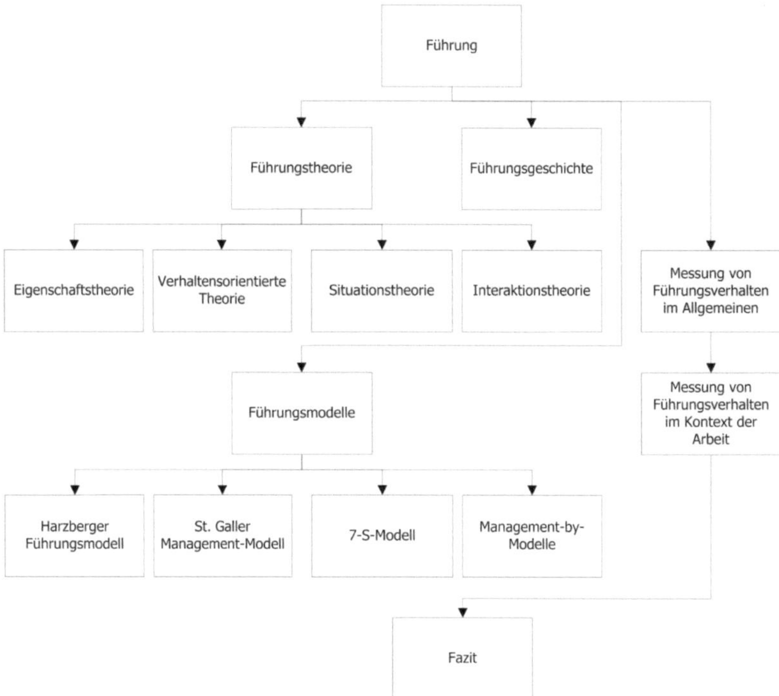

Abbildung 2: Aufbau des Kapitels Führung[7]

[7] Quelle: Eigene Darstellung.

Führungsmodelle u.a. wie das Harzberger Führungsmodell und das St. Galler Management-Modell werden anschließend beschrieben und deren Schwerpunkte benannt.
Die rechte Seite bzw. der rechte Ast untergliedert sich in die „Messung von Führungsverhalten im Allgemeinen“ und die „Messung von Führungsverhalten im Kontext der Arbeit“. Ersteres beschreibt experimentelle Anordnungen, wie auch die Beobachtung von Führungsverhalten, um Führungsverhalten zu erfassen. Die „Messung von Führungsverhalten im Kontext der Arbeit“ konzentriert sich dagegen auf die besonderen Anforderungen dieser Untersuchung. Da diese Betrachtung von empirischen Verfahren im Allgemeinen auf einer theoretischen Verortung beruht, beendet ein zusammenfassendes Fazit das gesamte Kapitel „Führung“.

1.3 Geschichte der Führungsforschung

Erste Ansätze zum Thema Führung finden sich schon um 800 v. Chr. bei Homer und 700 v. Chr. bei Hesiod. Knapp 200 Jahre später beschreibt Platon erforderliche Eigenschaften eines Führers. Aristoteles erläutert um ca. 450 v. Chr. die Vorzüge der „Oikonomia“ gegenüber der „Chrematiské“, der „kapitalistischen Erwerbswirtschaft (Kaltenstadler, 1995, Sp. 1091). Er beschreibt eine arbeitsteilige Führungsstruktur mit Gutsherrn, Frau und Verwalter sowie Sklaven und freien Mitarbeitern. Als Anreize, um die Leistung von Sklaven zu steigern, galten dieser griechischen Lehre vom Haus, der „Oikonomia“ zufolge, Essen und Trinken, wie auch die Bereitstellung entsprechender Kleidung. Dennoch ging man im Allgemeinen davon aus, dass Sklaven zur Arbeit gezwungen werden mussten. Freiwilliger Gehorsam durch Motivation und Belohnung wurde als ungeeignet angesehen (Klees, 1995, Sp. 1091ff). Bekannter Vertreter einer anderen Ansicht war Xenophon. Er stand „der Methode des Zwangs in der Menschenführung sehr skeptisch gegenüber“(Klees, 1995, Sp. 1091).

Wie bei den Griechen stellt bei den Römern die Führungslehre „Scientia Imperandi“ jedoch eine erlernbare Wissenschaft dar, mit der sich bspw. Columella ausgiebig auseinandersetzte. Ihm zufolge galt es, die „Wissenschaft des Befehlens“ zu lehren und zu erlernen. „Richtige“ Führung könne sich durchaus mit Strenge verbinden, aber nicht mit Grausamkeit. Die Kunst der Führung bestehe im Finden eines Mittelwegs zw. „harter“ und „weicher“ Führung (Kaltenstadler, 1978). Cicero war der Überzeugung, dass die einzige

Möglichkeit zur Führung von Sklaven in Zwang und Strafe bestand. Seneca, Varro wie auch wieder Columella hingegen erläutern Konzepte, die sogar Anreize berücksichtigen, wie Fürsorge für kranke Sklaven, Sonderurlaub und Freilassung. Diese Anreize sollten die Loyalität gegenüber dem Herrn besonders stärken (Kaltenstadler, 1995, Sp. 1091-1102).

Auch hinsichtlich der zu bevorzugenden Führungsstile gehen die Meinungen weit auseinander. Cato befürwortet bspw. eher den autokratisch-militärischen Stil, wohingegen Seneca deutliche Ansätze eines kooperativen Stils zeigt. Dieser geht soweit, dass er Sklavenhaltern empfiehlt, liebenswürdig mit diesen umzugehen und sie (die Sklaven) zur „Gemeinschaft des Lebens“ heranzuziehen (Richter, 1958, S. 196-218). Der jedoch in der Konsequenz überwiegend durch Zwang und Bestrafung geprägte Führungsstil der Antike überdauerte bis in die Neuzeit. Dabei ergänzen und befruchten sich religiöse, gesellschaftliche und militärische Führungskonzeptionen gegenseitig.[8] Ein Beispiel für die Übernahme dieser Führungskonzeption findet sich bei Macchiavelli in seinem Werk „Il Principe“ wieder (Steyer, 1993, S.99-208).

Im asiatischen Raum, speziell in China und Japan hat die Auseinandersetzung mit führungsrelevanten Themen eine ebenfalls schon Jahrtausende währende Tradition. Sie ist wesentlich durch die Philosophie bzw. das Gesellschaftsmodell des Konfuzianismus[9] - speziell in Japan - geprägt. Der Hierarchie und der damit verbundenen Reglung der Verhaltensweisen - in moralischer und auch organisatorischer Hinsicht - der jeweiligen (Hierarchie-)Ebenen untereinander wird damit eine bedeutende Rolle zugewiesen (Child & Yuan, 1995, Sp. 586ff.). Führung gründet sich im Besondern auf der Loyalität gegenüber dem Familienoberhaupt und dessen Weisungen, wie auch gegenüber dem jeweiligen „Lehnsherrn“ innerhalb des Staates (Boisot & Child, 1988, S. 507-527). Das Gemeinschaftsgefühl zw. Führendem und Geführten ist dabei außerordentlich stark ausgeprägt (Boisot & Child, 1988, S. 507-527).

[8] Anmerkung: Erst im Zuge der Preußischen Reformen ab 1814 und der damit verbundenen Einführung der Allgemeinen Wehrpflicht gewinnt der Aspekt der Motivation in der militärischen Führung einen gänzlich neuen Stellenwert.

[9] Anmerkung: Der Begriff „Konfuzianismus“ wird vielfältig verwand u.a. in einem philosophischen, historischen wie auch staatstheoretischen Kontext. Er geht auf die Lehre des Konfuzius (eigentlich Kong Fuzi) vermutlich 551 v. Chr. bis 479 v. Chr. zurück

Im Zuge der beginnenden Industrialisierung entwickeln Smith (1776), Babbage[10] (1835), später Taylor (1911) und Fayol (1916) die im späten Mittelalter verbreiteten Konzepte der Arbeitsteilung weiter.[11] Mit dieser Zeit entsteht auch das Berufsbild des Managers, als Führungskraft ohne Eigentum. Damit einher geht die Loslösung der Leitung des Unternehmens vom Kapitaleigentum und der dieser originär innewohnenden Entscheidungsgewalt (Staehle, 1990, S. 10).

Die Führungsforschung erfährt 1896 durch Francis Galton mit seiner Arbeit „Hereditary Genius", in der er sich mit der Vererbbarkeit von Führungseigenschaften beschäftigt, weitere Impulse (Münchhausen, 2004, S. 34). Ähnliche Ansichten vertritt Sigmund Freud, der eine genetisch bedingte Begabung zum Führer postuliert (Steyer, 1993, S.110).

Anfang des 20. Jahrhunderts findet das Individuum und seine psychischen Bedürfnisse zunehmend das Interesse der Wissenschaft. Deutlich wird dies zunächst durch Hugo Münsterberg, der 1914 die sog. Psychotechniken[12] beschreibt, die über die Definitionen von Walter Moede den heute gebräuchlichen und weiter gefassten Oberbegriff und das Forschungsgebiet der „Arbeitswissenschaft" begründen.

Zu Beginn der 20er Jahre des 20. Jahrhunderts rückt im Rahmen des Human Relation Ansatzes[13] die soziale Gruppe innerhalb der Organisation mehr und mehr in den Vorder-

[10] Anmerkung: Das nach Babbage benannte Babbage-Prinzip besagt, dass die Personalkosten dadurch gesenkt werden können, indem für die jeweils erforderliche Tätigkeit Arbeitnehmer mit genau der benötigten Qualifikation eingestellt werden sollten.
Siehe auch: Babbage, 1835

[11] Anmerkung: Die Führungsstrukturen sind im Mittelalter vor allem durch Ständewesen geprägt und durch sehr starre Strukturen gekennzeichnet.
Siehe auch: Bendix, 1960; Neuberger, 2002, S. 98f; Hildebrandt, 1995, Sp. 1111ff.

[12] Anmerkung: Der Begriff Psychotechnik umfasst die Gesamtheit der, in der industriellen, wirtschaftlichen und gewerblichen Sphäre, angewendeten Methoden zur Klärung der Fragen der Berufseignung, Arbeitsplatzzuteilung und Arbeitsleistung. Sie stellt einen Teilbereich der Betriebswissenschaft und der angewandten Psychologie dar. Erstmals wurde der Begriff 1903 von William Stern eingeführt. Er zielte darauf ab, die Anwendung der Psychologie, oder genauer der "psychologischen Einwirkung" in allen Lebensbereichen von der Psychognostik zu unterscheiden.

[13] Anmerkung: Elton Mayo (1880-1948) war ein US-amerikanischer Soziologe. Er war Mitbegründer und Hauptvertreter der US-amerikanischen Betriebssoziologie. Als Initiator der Hawthorne-Studien und in deren Folge entstandenen Human Relation Ansatzes, entwickelte er in den 30er Jahren Verfahren zur Verbesserung der zwischenmenschlichen Beziehungen im Betrieb. Mit Hilfe von Mitarbeiterbefragungen - persönlichen Gesprächen mit speziell geschulten Interviewern - sollte die Kooperationsbereitschaft der Arbeiter gefördert und deren Zugehörigkeitsgefühl zum Unternehmen gestärkt werden.

grund.[14] Motiviert ist dieser Ansatz u.a. auch durch die Kritik am Menschenbild des Scientific Management[15] und dem zugrunde liegenden Taylorismus[16]. Dabei werden vor allem die sozialen Bedürfnisse der Mitarbeiter, wie Kommunikation, Anerkennung und Gruppengefühl hervorgehoben. Ebenfalls Berücksichtigung finden soziale Werte und Normen, die außerhalb der jeweiligen Organisation entstanden sind. Mit den sog. Hawthorne Studien[17] (1924-1932) werden die zentralen Thesen des Human Relations Ansatzes empirisch überprüft. Dabei wird erstmals auch festgestellt, dass das Interesse anderer - in diesem Fall, den beobachtenden Forschern - an der eigenen Arbeit leistungssteigernd wirkt. Die Arbeitsleistung stellt sich nicht mehr nur als Determinante der „objektiven" äußeren Bedingungen dar, sondern auch als abhängig von den Verhaltensweisen durch Vorgesetzte und die Gruppe. In diesem Zeitraum vollzieht sich ein Wandel von der theoretischen Führungsforschung zur mehr und mehr empirisch orientieren Führungsforschung (Steyer, 1996, S. 162).

[14] Anmerkung: In diesem Zeitraum beginnt sich auch die empirische Führungsforschung zu entwickeln. Vorhergehende Untersuchungen, wie bspw. das „Schaufelexperiment" von Taylor genügen kaum wissenschaftlichen Anforderungen. In seinem „Schaufelexperiment" überprüfte er bspw., ob die Tagesleistung beim Schaufeln von Erde am höchsten ist, wenn eine kleinere Schaufel (8,5 kg) bei hoher Frequenz, eine mittelgroße (9,5 kg) mit mittlerer Frequenz oder eine große (11kg) mit niedrigerer Frequenz verwendet wird.

[15] Anmerkung: Der Gegensatz der Menschenbilder zw. dem Human Relation Ansatz und dem Scientific Management wird durch nachfolgende Zitate deutlich:
Taylor: „Der Mensch ist wie ein Teil einer Maschine; er ist faul, egoistisch; er hat nur Interesse an materiellen Gütern; er muss kontrolliert und extern motiviert werden."
Mayo: „Der Mensch ist ein soziales Wesen; als Gruppenmitglied entwickelt er gemeinsames Verhalten gegenüber der Umwelt; das Individuum ist nur eine Variable zu Erklärung von Verhalten" (Mayo, 1951).

[16] Anmerkung: Der Taylorismus oder das Scientific Management (dt. wissenschaftliche Betriebsführung oder wissenschaftliche Geschäftsführung) geht zurück auf den US-Amerikaner Frederick Winslow Taylor (1856-1915). Taylor glaubte, Management, Arbeit und Unternehmen mit einer rein wissenschaftlichen Herangehensweise (Scientific Management) optimieren und damit soziale Probleme lösen und "Wohlstand für Alle" erreichen zu können.
Siehe auch: http://de.wikipedia.org/wiki/Taylorismus

[17] Anmerkung: Die Studien sind benannt nach den Hawthorne-Werken, in denen der überwiegende Teil der Studien stattfanden. Die abhängige Variable stellte die Produktivität dar. Als unabhängige Variablen dienten die physischen Arbeitsbedingungen (z.B. Beleuchtung), Ausmaß der Kommunikation zwischen den Arbeitern bzw. Arbeiterinnen, soziales Klima, Anreizsysteme und der Führungsstil. Die beteiligten Forscher fanden ihre Annahme, dass sich Produktivitätsänderungen vor allem durch eine Kausalfolge von Führungsstil auf soziales Klima auf Arbeitszufriedenheit auf Leistung ergeben, bestätigt. Diese Annahme ist allerdings umstritten, da andere Einflussfaktoren gleichzeitig wirkten (Beginn der Weltwirtschaftskrise 1929, Auswahl und Disziplinierung der Arbeiter bzw. Arbeiterinnen, Ruhepausen). Die Studie zog praktische Konsequenzen nach sich, wie die Empfehlung eines mitarbeiterorientierten Führungsstils durch die beteiligten Forscher und die Vorbereitung und Durchführung von Schulungen für Führungskräfte, bei denen insbesondere kommunikative Kompetenzen betont wurden.
Siehe auch: http://www.qrst.de/wiki/human_20relations_20ans.html

In der Folge überwiegen zunächst - sehr stark an der Praxis ausgerichtete - verhaltenswissenschaftliche Ansätze. In den 60er Jahren des vergangenen Jahrhunderts werden die, auf Maslow, McGregor oder Herzberg zurückgehenden, sog. Motivationstheorien verstärkt diskutiert (vgl. Staehle, 1999, S. 31ff.). Schließlich gelangt die Forschung über situative Ansätze, wie dem Kontingenz-Modell von Fiedler zum Interaktions-Ansatz. Die Managementforschung und -praxis der vergangenen Jahre ist geprägt von einer kaum zu überblickenden Theorienvielfalt (Neuberger, 1995, Sp. 1578ff.). Scheinbar neue Ansätze und Altbewährtes kommen vielfach als Modeströmungen daher (Staehle, 1999, S. 66).

1.4 Der Theorie-Begriff im Kontext „Führung“

„Die Führungsforschung ist ein sehr unübersichtliches Gelände mit Prachtstraßen, von denen manche leider ins Nichts führen.“
(Oswald Neuberger)

Die Auseinandersetzung mit dieser Vielzahl so genannter „Theorien“ verlangt eine Diskussion des Theorie-Begriffs und dessen Eingrenzung. Im Rahmen dieser Arbeit dienen nachfolgend aufgeführte Definitionen bzw. Erläuterungen der Entwicklung eines gemeinschaftlichen, stringenten Führungsbegriffs.

Hentze & Brose (1990, S. 22) zufolge leitet sich der Wortstamm „Führung“ aus der Hervorrufung einer zielgerichteten Bewegung ab. Führung als zielgerichtete Ingangsetzung und Steuerung der Folgeeinheiten beinhalte damit immer informierende und instruierende Aktivitäten, als auch motivierende und impulsgebende Aktivitäten.

Orientiert man sich hingegen an Wunderer & Grunwald (1980, S. 62), dann stellt sich Führung in Organisationen als „zielorientierte soziale Einflussnahme zur Erfüllung gemeinsamer Aufgaben in/mit einer strukturierten Arbeitssituation dar.“

„Führung ist eine Interaktionsbeziehung, bei welcher der eine Beteiligte (der Führer) ein auf die Erreichung eines von ihm gesetzten Zieles gerichtetes Verhalten beim anderen Beteiligten (dem Geführten) auslöst und aufrecht erhält"(Lattmann, 1982, S. 49).

Staehle (1999, S. 328ff.) versteht unter Führung „...die Beeinflussung der Einstellungen und des Verhaltens von Einzelpersonen sowie der Interaktion in und zwischen Gruppen, mit dem Zweck, gemeinsam bestimmte Ziele zu erreichen. Führung als Funktion ist eine Rolle, die von Organisationsmitgliedern in unterschiedlichem Umfang und Ausmaß wahrgenommen wird. (...) Auf das Ergebnis hat neben der Wahl der Machtgrundlage und -mittel vor allem noch die Qualität der Interaktions- und Kommunikationsprozesse einen erheblichen Einfluss; außerdem ist die subjektive Interpretation des Führungsverhaltens durch die Geführten relevant. Das wahrgenommene Vorgesetztenverhalten steuert Motivation und Handlung der Geführten."

Führung ist jedoch nicht nur für Leistung und Zufriedenheit verantwortlich, sondern hat auch wesentlich auf die Er- bzw. Einhaltung von Werten, Normen, und Leistungsstandards zu achten. Man könnte auch sagen, die Führung hat eine strukturerhaltende, integrative, identitätsstiftende, realitätsdefinierende und anpassende Funktion (Neuberger 1994, S.22f).

Mit den beiden letztgenannten Aussagen bilden Neuberger (1994) und Staehle (1999) das Grundgerüst, des in dieser Arbeit gewählten und betrachteten Führungsbegriffs.

1.5 Personale Führungstheorien

„(...) Im Gegensatz zur rein deskriptiven Analyse der Führungsstile beinhalten Führungstheorien eine systematische Aussage über die Zusammenhänge zwischen Führer, Geführtem und Führungserfolg" (Staehle, 1999, S. 347f.) In der Literatur finden sich unzählige Kriterien zur Einteilung der verschiedenen Führungstheorien (Steyrer, 1996, S. 153-158). Die Definition des Begriffs der „Führungstheorie" erweist sich nicht nur wegen der zuvor aufgeführten Definitionen als sachlich korrekt, kaum zu fassendes Konstrukt. Auch durch seine vielfältige Verwendung, sowohl im jeweiligen Kontext als auch bezüglich seiner Facetten erscheint er kaum greifbar. Nach Stogdill (1995, Sp. 1365ff) gibt es über Führung fast so viele Definitionen wie Führungsforscher. Diese Arbeit kann deshalb nur versuchen, einen Überblick über die gängigen Theorien zu vermitteln, mögliche Kritikpunkte daran zu beschreiben und auf diese Weise die Begrifflichkeiten weiter fassbar zu machen. Einen Anspruch auf Vollständigkeit kann und darf sie nicht erheben.

Die nachfolgende Abbildung 3 orientiert sich inhaltlich an Gliederungsvorschlägen von Weinert (1981, S. 348ff) und Neuberger (2002). Sie spiegelt gleichzeitig auch den Aufbau des nachfolgenden Abschnitts über Führungstheorien wider.

Entsprechend der historischen Entwicklung der maßgeblichen Führungstheorien untergliedert sich dieser Abschnitt in die Eigenschaftstheorie, die Verhaltensorientierte Theorie, die Situations- und Interaktionstheorie. Derzeit wieder verstärkt im Blickfeld der Forschung stehende Ansätze wie bspw. der „Charismatische Ansatz" oder die darauf aufbauende transformationale Führung werden trotz ihrer Aktualität und Überschneidung mit anderen Führungstheorien in ihrem klassischen Kontext der Eigenschaftstheorie behandelt.

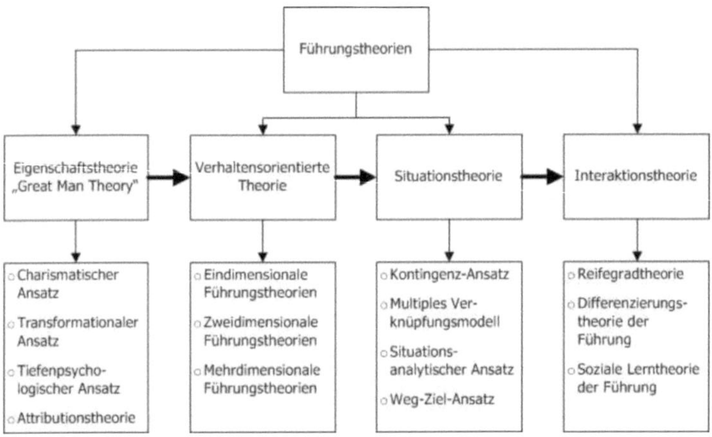

Abbildung 3: Übersicht Führungstheorien[18]

1.5.1 Eigenschaftstheorie

Der eigenschaftstheoretische Ansatz, der auch unter „Great Man Theory" bekannt geworden ist, richtet sich an der Führungsperson aus. Er stellt den wohl ältesten Erklärungsansatz von Führung dar. Bereits Platon fordert im 5. Jahrhundert vor Christus in seinem Werk „Der Staat", ein Führer brauche Wissbegierde, Wahrheitsliebe, eine gerech-

[18] Quelle: Eigene Darstellung.

te und humane Seele und ein gutes Gedächtnis, Gelehrigkeit, einen Sinn für schöne Formen etc. (Steyrer, 1996). Machiavelli zufolge sollen die wesentlichen Eigenschaften eines Führers Treue, Milde, Kraft, Entschlossenheit, Menschlichkeit, Großmut, Kühnheit und Ehrlichkeit sein.

Francis Galton stellte im 19. Jahrhundert die These auf, dass Führungseigenschaften vererbbar sind. Demzufolge zeigt sich Führung im Wesentlichen als eine angeborene Qualität der Führungspersönlichkeit (Münchhausen, 2004, S. 34). Diese Qualität äußere sich im Verhalten und sei gekennzeichnet durch die Eigenschaften („Traits") und Fähigkeiten bzw. Fertigkeiten („Skills") der jeweiligen Person (Hentze, Kammel & Lindert, 1997, S. 113). Die Eigenschaftstheorie konzentriert sich damit auf diese angeborenen bzw. früh sozialisierten Eigenschaften von Führung, da man davon ausging, dass die Fähigkeit zur Führung auf konsistenten und relativ stabilen Charaktereigenschaften des Führenden beruht. Somit wird einer Führungskraft eine besondere Persönlichkeitsstruktur zugesprochen, die für eine bestimmte Führungsposition legitimiert (Wunderer, 1997, S. 54). Entsprechend diesem Ansatz wurden „beinahe endlose Auflistungen von „Führer-Traits" zu den Bereichen Fähigkeiten/ Fertigkeiten (z.B. Intelligenz), Persönlichkeitscharakteristika (z.B. Selbstvertrauen, Dominanz) und soziale Charakteristika (z.B. Kooperationsbereitschaft) erstellt" (Weinert, 1992, S. 557).

Abbildung 4: Eigenschaftstheorie in Anlehnung an Neuberger[19]

Kritisch anzumerken ist Neuberger (2002, S. 51f.) zufolge, dass sich der eigenschaftstheoretische Ansatz im Wesentlichen auf Persönlichkeitsdispositionen der jeweiligen Führungskraft fokussiert, wie oben stehende Abbildung 4 verdeutlicht. Weder werden die situativen Gegebenheiten berücksichtigt, noch wird die Möglichkeit einer Anpassung der Verhaltenseigenschaften des Führenden im Sinne eines Führungsstils in Erwägung gezogen. „Die Kausalrichtung ist einseitig und unvermittelt: Wer bestimmte Eigenschaften hat, wird erfolgreich sein" (Neuberger, 2002, S. 51). Dieser deterministische Ansatz wur-

[19] Quelle: In Anlehnung an Neuberger (2002, S. 51)

de in der Folge von Neuberger (2002) und anderen wg. seiner Eindimensionalität und seines, in der Realität kaum festzustellenden, starren Rahmens vielfach kritisiert.

1.5.1.1 Der charismatische Ansatz

Zu den eigenschaftstheoretischen Ansätzen kann auch der derzeit wieder verstärkt diskutierte charismatische Ansatz gezählt werden. Die Konzepte der charismatischen Führung und der darauf aufbauenden transformationalen Führung[20] gehen insbesondere auf House (1977) und Bass (1985) sowie Tichy & Devanna (1986)[21] zurück.

Zunehmender Konkurrenzdruck bei amerikanischen Unternehmen, verbunden mit der verbreiteten Einschätzung, dass ein Großteil dieser US-Firmen „over-managed“ und „under-led“ seien, bilden den Hintergrund für das Wiederaufkommen des charismatischen Führungsansatzes (Weinert, 1998, Kap. 8.4.3.). Man ging davon aus, dass ein Führungsvakuum für deren derzeitige wirtschaftliche Lage verantwortlich sei. Eine andere Art der Führung - „Leadership“ statt Management - sei notwendig, um die erforderlichen organisationalen Veränderungen zu mehr Wettbewerbsfähigkeit einzuleiten und zu bewältigen (Weibler, 2001).

In diesem Kontext erfuhr zunächst das von House (1977) unter Rückgriff auf Max Weber (1976, S. 124 und S. 141) entwickelte Konzept der charismatischen Führung große Beachtung.[22] Eine Führungskraft mit Charisma hat demzufolge eine besonders überzeugende

[20] Anmerkung: Die transformationale Führung misst der Vision eine große Bedeutung bei. Die Führungskräfte konzentrieren sich darauf, an einer gemeinsamen Vision und gemeinsamen Werten zu arbeiten. Die Erwartungshaltung zielt darauf ab, dass befähigte Mitarbeiter welche eine gemeinsame Vision verfolgen selbst in der Lage sind die notwendigen Ziele zu definieren. Bei geteilten Werten besteht die Gefahr, dass nur Aufgaben identifiziert werden, die mit der Organisationskultur konform sind.

[21] Anmerkung: Neben den beiden hier betrachteten Ansätzen gibt es weitere, ähnliche Konzepte wie z.B. die visionäre Führung von Bennis & Nanus (1985), die charismatische Attributionstheorie von Conger & Kanungo (1987) oder House & Shamir (1995. S. 878), die zusammenfassend von neocharismatischen Konzepten sprechen oder Bryman (1996. S. 280ff.), der den Ausdruck „new leadership“ verwendet.

[22] Anmerkung: Max Weber definiert Charisma u.a. als die außerordentlich geltende Qualität einer Persönlichkeit.
Er zählt dabei die Charismatische Führung zu den historischen Ansätzen, die in der heutigen Zeit kaum noch eine Berechtigung haben. Weber zufolge wird sich schon alleine aufgrund ihrer technischen Überlegenheit eine bürokratische Verwaltung in jedem modernen Betrieb (und Staat) durchsetzen „Der entscheidende Grund für das Vordringen der bürokratischen Organisation war von jeher ihre rein technische Überlegenheit über jede andere Form. Ein voll entwickelter bürokratischer Mechanismus verhält sich zu diesen genau wie eine Maschine zu den nicht mechanischen Arten der Gütererzeugung. Präzision, Schnelligkeit, Eindeutigkeit, Aktenkundigkeit, Kontinuierlichkeit, Diskretion, Einheitlichkeit, straffe Unterordnung, Ersparnisse an Reibung, sachlichen und persönlichen Kosten.“
Siehe auch: Scherm & Süß, 1999; Weber, 1976, S. 124 und S. 141.

Ausstrahlung und nimmt vor allem Einfluss auf die Werte und Emotionen der Mitarbeiter im Unternehmen. „Charismatische Führer vermitteln Visionen und beeinflussen Werte und Verhalten in grundsätzlicher Weise. Sie bieten innovative Problemlösungen an, treten für fortschrittliche bis radikale Veränderungen ein. Sie blühen gerade in Stress- und Krisensituationen auf und können tiefgreifenden Wandel bewirken“ (Wunderer, 1997). House (1977) geht in seinem charismatischen Führungsmodell von bestimmten Eigenschaften charismatischer Führungspersonen[23] aus. Nachfolgende Abbildung 5 beschreibt die Zusammenhänge, wie die darauf aufbauenden, spezifischen Verhaltensweisen der Führungskräfte durch die Mitarbeiter wahrgenommen werden können.

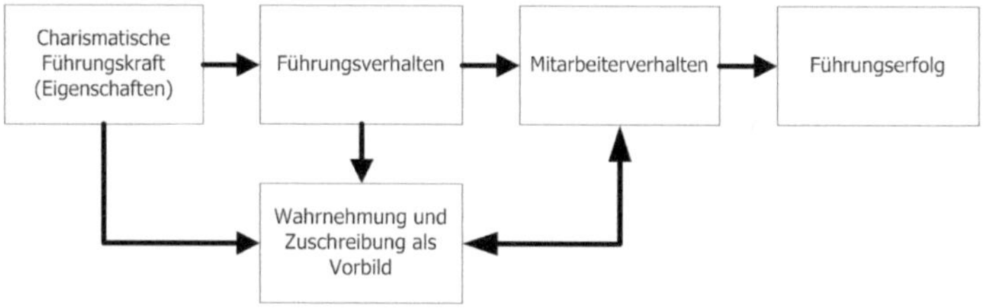

Abbildung 5: Wirkungsweise der Charismatischen Führung[24]

[23] Anmerkung: Historisches Beispiel für charismatische Führung
„Als Feldherr hatte Caesar zudem noch eines allen seinen Vorgängern voraus - die Fähigkeit, mit Soldaten umzugehen, mit ihnen eine gemeinsame Sprache zu finden. Wir haben schon mehrmals erwähnt, dass er mit einer gut durchdachten und zur rechten Zeit gehaltenen Rede sein Heer begeistern oder umstimmen konnte. Er kannte viele Zenturionen und altgediente Soldaten persönlich und rief sie im entscheidenden Moment des Kampfes beim Namen. Während der schweren Belagerungsarbeiten, die Tag und Nacht andauerten, konnte er wie ein einfacher Soldat mitwirken und als er sah, wie abgespannt und ermüdet seine Männer waren, ihnen vorschlagen, die Belagerung aus freien Stücken aufzugeben, wie er das vor Avaricum tat. Wie seine Biografen betonen, nahm Caesar weder auf Charakter noch auf Herkunft oder Reichtum Rücksicht, sondern schätzte allein Tapferkeit. Er war streng und gleichzeitig nachsichtig. Er forderte unbedingten Gehorsam, hielt alle im Zustand ständiger Spannung und Kampfbereitschaft und liebte es, blinden Alarm zu schlagen, besonders bei schlechtem Wetter und an Feiertagen. Gleichzeitig sah er oft darüber hinweg, wenn seine Soldaten in Ruhepausen oder nach erfolgreicher Schlacht über die Strenge schlugen. Wenn er Versammlungen einberief und zu den Soldaten sprach, nannte er sie nicht einfach nur „Soldaten“, sondern schmeichelnd „Mitstreiter“. Tat sich jemand besonders hervor, so zeichnete er ihn mit wertvollen, mit Gold oder Silber verzierten Waffen aus. Durch all das gelang es ihm, eine selten zu findende Ergebenheit der Soldaten zu gewinnen. Besonders deutlich trat dieses Verhältnis zwischen den Soldaten und ihrem Kommandeur in der Zeit der Bürgerkriege in Erscheinung, doch ist es auch schon in den Jahren der Gallierkriege festzustellen. Nicht ohne Verwunderung vermerkten die alten Historiker, dass es in den neun Kriegsjahren in Gallien trotz aller Mühsalen, Entbehrungen und manchmal auch Misserfolge in Caesars Heer niemals eine Meuterei gegeben hat.“
Siehe auch: Uttschenko, 1982, S.175f. bzw.
http://www.tu-chemnitz.de/bps/wirtschaft/bwl5/fuehrungstheorien/glossar/begriffe/charismatische.htm

[24] In Anlehnung an: http://www.tu-chemnitz.de/bps/wirtschaft/bwl5/fuehrungstheorien/glossar/begriffe/charismatische_bild2.htm#bild

Die charismatische Führungskraft beeinflusst über ihr Führungsverhalten das Mitarbeiterverhalten. In der Konsequenz sollte dies zu einer Rückwirkung bei den Mitarbeitern führen und eine Anpassung der Verhaltensweisen und der gelebten Werte[25] im Unternehmen mit sich bringen. Dies spiegelt sich zum Einen im Führungserfolg wider, zum Anderen in der sich verstärkenden Wahrnehmung des Führenden, u.a. auch als Vorbild für durch die Mitarbeiter.

Dieser Ansatz trifft jedoch - und das ist der wesentliche Kritikpunkt daran - nur auf wenige Auserwählte zu und hat somit deutliche Grenzen und Gefahren (Wunderer, 1997). Charismatische Führung oder Herrschaft ist darüber hinaus nicht stabil. Sie ist vielmehr an die Person des Führers und an seine Bewährung bzw. seinen Erfolg gebunden.

1.5.1.2 Der transformationale Führungsansatz

Das Konzept der transformationalen Führung von Bass (1998), Bass & Avolio (1990, S. 21-27) und Tichy & DeVanna (1995) stellt eine Weiterentwicklung des Charisma-Konzepts dar. Aus diesem Grunde wird es auch im Rahmen dieser Arbeit im Kontext der Eigenschaftsansätze geführt. Mittlerweile stellt der transformationale Führungsansatz, den „state of the art" in der Führungsforschung dar. Ursprünglich entstand er aus dem Forschungszweig der verhaltensorientierten Führungsforschung der Politikwissenschaft. Erstmals wurde es von Burns (1978, S. 19) zur Abgrenzung von unterschiedlichem Führungsverhalten in der Politik systematisiert (siehe auch Deluga, 1998).

Charisma wird als notwendige, aber nicht ausreichende Bedingung angesehen. Gegenüber den Ansätzen von Burns (1978) oder House werden die Bedürfnisse der Mitarbeiter und insbesondere auch emotionale Aspekte der Führung stärker miteinbezogen. Im Gegensatz zum gängigen bzw. vorherrschenden Modell der transaktionalen Führung, d.h. auf Austauschprozessen basierend, liefert die transformationale Führung nach Aussage ihrer Verfechter Zusatzeffekte. Nicht nur die erwartete Leistung, wie bei der transaktionalen Führung, sondern überdurchschnittliche, außerordentliche Leistungen durch die Mitarbeiter werden möglich (Bass & Avolio, 1974). Den Begriff der „transformationalen" Führung verwendet Burns (1978, S. 19) erstmals in einer Arbeit über politische Führer,

[25] Anmerkung: Zu solchen Werten und auch Verhaltensweisen können Vertrauen, Loyalität, Akzeptanz bis Gehorsam, Nacheifern der Werte etc. zählen

um sie zum Einen klar gegenüber der transaktionalen Führung abzugrenzen, zum Anderen um die unterschiedlichen Formen von Austauschprozessen zwischen Führendem und Geführten zu verdeutlichen. Dabei spielt die angesprochene Bedürfnisebene der Geführten eine wesentliche Rolle für die Unterscheidung der beiden Führungsstile. Burns beschreibt transaktionale Führung folgendermaßen: "... when one person takes the initiative in making contact with others for the purpose of an exchange of valued tings. The exchange could be economic or political or psychological in nature."

Als typische Merkmale dieses Ansatzes nennt Bass (1986, S. 26) den idealisierten Einfluss eines charismatischen Führers, der durch seine Vorbildfunktion, durch intellektuelle Stimulierung sowie durch individuelle Zuwendung seine Mitarbeiter entsprechend inspiriert, motiviert und zu Höchstleistungen anregt. Nachfolgende Abbildung 6 verdeutlicht diese Merkmale der transformationalen Führung und ihres über die transaktionale Führung hinausgehenden Anspruchs.

▪ Wirkt als Vorbild für die Mitarbeiter, setzt hohe moralische Standards, entwickelt die Wahrnehmung der Mission oder Vision des Teams und der Organisation (Charisma, idealized influence)
▪ Stimuliert das Interesse bei Kollegen und Mitarbeitern ihre Arbeit aus neuen Perspektiven zu sehen (intellectual stimulation)
▪ Entwickelt und hebt bei Kollegen und Mitarbeitern Fähigkeiten und Potentiale auf höhere Niveaustufen (individualized consideration)
▪ Motiviert Kollegen und Mitarbeiter über ihre eigenen Interessen hinaus zum Wohl der Gruppe beizutragen (inspirational motivation)

Abbildung 6: Merkmale transformationaler Führung in Anlehnung an Bass & Avolio

Laut Bass erkennen transaktionale Führer die Bedürfnisse der von ihnen Geführten. Sie zeigen ihnen, wie diese Wünsche und Bedürfnisse befriedigt werden können, sofern die Untergebenen die erforderlichen Anstrengungen aufwenden. Führungspersonen mit transaktionalem Führungsstil motivieren vor allem mit materiellen Anreizen wie Belohnung bzw. Bestrafung. Sie stellen eine wirtschaftliche Kosten-Nutzen-Rechnung auf. Der

Führer befriedigt die materiellen und ideellen Bedürfnisse seiner Untergebenen im Austausch gegen die von ihnen zu leistenden, vertragsmäßig festgelegten Dienste (Bass & Avolio, 1974).

Auch der transformationale Führer erkennt die Grundbedürfnisse seiner Untergebenen. Darüber hinaus versucht er aber auch höhere Bedürfnisse zu wecken und zu befriedigen. Für Burns (1978, S. 20) liegt transformationale Führung dann vor, "... when one or more persons engage with others in such a way that leaders and followers raise one another to higher levels of motivation and morality".

Der wesentliche Unterschied besteht darin, dass transformationale Führung eine Veränderung in der Bedürfnisstruktur der Untergebenen von den niedrigeren Bedürfnissen, entsprechend Maslows Bedürfnispyramide - im Sinne von existenziellen Bedürfnissen bzw. Anschlussbedürfnissen - zu den höheren Entfaltungsbedürfnissen, wie Anerkennung und Selbstverwirklichung, anstrebt. Die Anhebung des Bedürfnis-Niveaus auf die Ebene der Selbstverwirklichung bedeutet für die Arbeitswelt, dass die Untergebenen nach mehr Selbstbestimmung und Verantwortung am Arbeitsplatz streben. In diesem Fall übernehmen die Geführten einen Teil der Führungsaufgaben selbst. In weiterer Folge bewirkt eine Erhöhung des Bedürfnis- und Erwartungsniveaus der Geführten auch höhere Arbeitszufriedenheit und höhere Leistungsfähigkeit.

Um ihre Aussagen empirisch überprüfbar zu machen, haben Bass (1986, S. 45) und seine Mitarbeiter in den Jahren 1985 bis 1986 den „Multifactor Leadership Questionnaire" (MLQ) entwickelt. Mittels einer Pilotstudie mit 70 Führungskräften überprüften sie die Eignung ihres Ansatzes für wirtschaftliche Institutionen. Auf Grundlage der Studienergebnisse und durch umfangreiche Literaturauswertungen konnten Bass und seine Mitarbeiter in einem nächsten Schritte 142 Items, die spezifische Aussagen über transformationale bzw. transaktionale Führungs-Merkmale enthielten, identifizieren. Über weitere Befragungen ließ sich die ursprüngliche Item-Anzahl auf 73 reduzieren. Bei nachfolgenden Untersuchungen konnten fünf Faktoren, drei transformationale, wie „Charisma", „Individuelle Bedachtnahme" und „Geistige Anregung" sowie zwei transaktionale, wie „Kontingente Belohnung" und „Management-by-Expection" ermittelt und bestätigt werden (vgl. auch Hater, 1988, S. 695-702).

Darüber hinaus erfuhr der „Multifactor Leadership Questionnaire“ zwischenzeitlich zahlreiche Anpassungen und Überarbeitungen. Zum einen geschah dies, um neue Faktoren zu integrieren, die Trennung der Faktoren zu optimieren und vor allem um zielgruppenspezifische Darstellungen zu entwickeln.

Die derzeit aktuellste Version, der MLQ-5 besteht aus neun Skalen. Die zwei zusätzlichen - „Laisser-Faire“ und „Inspirational Motivation“ - wurden aufgrund von theoretisch, konzeptionellen Überlegungen, wie auch statistischen Gründen integriert. Darüber hinaus wurden die Skalen „Management by Expectations (MbE) und „Idealized Influence“ in einen aktiven und passiven Teil untergliedert. Der MLQ-5 kann damit das gesamte Führungsspektrum, den so genannten „Full Range of Leadership“ auf einem Kontinuum von „Laisser-Faire“ bis zu „Charisma“ abbilden (Bass & Steyrer, 1995, Sp. 2054). Verschiedene weitere existierende Versionen unterscheiden sich nicht nur in Länge und der Anzahl ihrer Subskalen, sondern auch in ihrer Eignung für bestimmte Tätigkeitsbereiche. Den MLQ gibt es bspw. in einer Fassung für das Militär, als „Multifactor Officer Questionnaire“(Yammarino & Bass, 1990, S. 151-169), wie auch zur Arbeitssicherheit (Barling, Loughlin & Kelloway, 2002, S. 486-496) etc..

Mittlerweile wurde der Ansatz von Burns durch zahlreiche empirische Analysen bestätigt (Bass & Steyrer, 1995, Sp. 2054). Selbst Neuberger (2002, S. 200) kritisiert lediglich die dem Konzept der transformationalen Führung innewohnende gedankliche Grundhaltung des „think positive“.

Weitere Aspekte und vertiefende Hintergründe dieses Ansatzes, wie auch die deutschsprachige Übersetzung, der MLQ-5X durch Rowold (2004) werden im Kapitel „Messung von Führungsverhalten“ und „Messung von Führungsverhalten im Kontext dieser Arbeit“ ausführlich diskutiert.

1.5.1.3 Der tiefenpsychologische Ansatz

Tiefenpsychologische Theorien nach S. Freud, A. Adler oder C. G. Jung stellen keine originären Führungstheorien dar, noch haben sich diese Ansätze mit der personalen und sozialen Dimension der Mitarbeiterführung in wirtschaftlichen Gebilden auseinandergesetzt (Hofstätter, 1995, Sp. 1035ff.). Dennoch greifen eine Vielzahl von Theorien - speziell in den Vereinigten Staaten - auf die Terminologie, Hypothesen und Modelle vor allem von Freud zurück. In den meisten Fällen entsprechen die verwandten Begrifflichkeiten nicht mehr ihrem ursprünglichen Kontext, noch genügen sie ihrer angedachten theoretischen Voraussetzung. Losgelöst von ihrer anfänglichen Terminologie scheinen sie vielmehr Eingang in die Umgangssprache gefunden zu haben (Hofstätter, 1995, Sp. 1035ff.).

Dennoch erscheint eine Berücksichtigung des tiefenpsychologischen Ansatzes vertretbar, nicht nur da Freud dem Führungsproblem eine außerordentliche Bedeutung beimaß (Grubrich-Simitis, & Freud, 1972), sondern auch weil zahlreiche Wissenschaftler sich mit den tiefenpsychologischen Ansätzen bzw. der Typologisierung von Menschenbildern in der Führungsforschung auseinandergesetzt haben (vgl. auch Staehle, 1980, S. 1301-1313 und Lilge, 1981, S. 14-22).

Als Beispiel können hierfür die Arbeiten von M. Maccoby (1977) aufgeführt werden. Auf der Grundlage von Tiefeninterviews, die er mit Managern von amerikanischen Großunternehmen durchführte, entwickelte er ein Klassifikationsschema von Führungstypen: den „nüchternen Fachmann“, den „machtorientierten Dschungelkämpfer“, den „unternehmerisch-orientierten Firmenmenschen“ und den „konkurrenzgetriebenen Spielemacher“ (Neuberger, 2002, S. 83).

Unter dem Stichwort „Menschenbilder“ erarbeitete Schein (1980, S. 69-91) hingegen - als ein weiteres Beispiel - systematisch Stereotypen, die die verschiedenen Auffassungen der Führung über deren Mitarbeiter widerspiegeln. Im gelingt es darüber hinaus einen führungsgeschichtlichen Bogen zu schlagen. Er definiert den „rationalen Menschen“, der dem Konzept Taylors entspricht, wie auch den „sozialen Menschen“, der Mayos Human-Relation-Bewegung entsprungen sein könnte (Neuberger, 2002, S. 79). Der „selbstaktualisierende Mensch“ wiederum rückt seine Individualität in den Mittelpunkt und scheint Maslows Bedürfnishierarchie zu gehorchen. Die Reihe schließt mit dem „komplexen Menschen“, der formbar und flexibel den heutigen Anforderungen einer dynamischen, globalen Welt gehorcht (Schein, 1982, S. 69-91).

Diese recht plakativen Typologisierungen stellen in Seminaren klar vermittelbare Identifikationsmuster dar, die sich auch in der Beratung gut vermarkten lassen. Deren empirische Verortung und praktische Eignung im Führungsalltag im Sinne einer eigenständigen Theorie ist jedoch nicht abschließend festzustellen (siehe auch Neuberger, 2002).

1.5.1.4 Der attributionstheoretische Ansatz

Ein weiterer personen-, allerdings geführtenorientierter Ansatz ist die Attributionstheorie der Führung. Diese erklärt, wie Personen sich Urteile über die Ursachen ihres eigenen Verhaltens oder über das von anderen Menschen bilden. Die Attribution ist dabei ein Interpretationsprozess, bei dem sozialen Ereignissen und Handlungen verschiedene Gründe bzw. Ursachen zugeschrieben werden. Im Bereich der Führung untergliedert sich dieser Ansatz in zwei Forschungsrichtungen.[26] Die eine Richtung setzt sich mit den Attributionen auseinander, die Untergebene in Bezug auf das Verhalten ihrer Vorgesetzten entwickeln, während die andere sich auf die Attributionen konzentriert, die Führungskräfte in Richtung ihrer Mitarbeiter vornehmen (Mitchell, 1995, S. 848ff.).

Initial erscheint bei erstgenanntem Forschungszweig ein Aufsatz von Calder (1977), in dem er Führung als ein hypothetisches Konstrukt ansieht, welches erst durch die individuelle Wahrnehmung des Geführten an Gestalt gewinnt. Lord et al. (1983) haben sich intensiv mit diesem Ansatz auseinandergesetzt. Sie konnten bspw. aufzeigen, dass bestimmte Personen sehr schnell als Führer klassifiziert werden. Dies geschieht scheinbar infolge eines einfachen Abgleichs in dem „die Übereinstimmung der beurteilten Person mit einem Prototyp auf solchen Dimensionen wie Verhalten, Auftreten, die Art der Kleidung und dem vorliegenden Kontext festgestellt wird.“ Zwei Aspekte haben die Arbeiten von Lord et al. (1983) dabei besonders verdeutlicht. Zum einen bedienen sich die Untergebenen in der Regel eines sehr einfachen Attributionsprozesses um sich das Verhalten ihres Vorgesetzten zu erklären, zum anderen sind die dabei gewählten Attributionen meist nicht zutreffend (Lord, 1985, S. 66-77). Auf dieser Grundlage versuchte Meindl (1990, S. 159-203) aus Attributionen Kausalzusammenhänge zu identifizieren, die von mehreren Organisationsteilnehmern gleich gesehen werden, um organisatorische Abläufe besser verstehen zu können.

Conger & Kanungo (1987, S. 637-647) entwickeln den im vorhergehenden Kapitel beschriebenen Ansatz der charismatischen Führung in diesem Kontext weiter. In den Mit-

[26] Siehe auch: Martinko & Gardner, 1987, S. 159-203; McElroy, 1982, S. 413-417; Lord & Smith, 1983, S. 50-60

telpunkt ihres Konzepts stellen sie den bei House kaum berücksichtigten Aspekt der Zuschreibung bzw. Attribution. Mittels eines Phasendiagramms gelingt es ihnen den Aufbau von Charisma unter Beachtung der Zuschreibungsprozesse der Mitarbeiter sowie der motivationalen Wirkungen des Führungsverhaltens auf die Mitarbeiter darzustellen. Nachfolgende Abbildung 7 verdeutlicht diese Vorgehensweise. In Phase I. „Charisma und Sensibilität gegenüber dem Organisationsumfeld" gilt es die sozialen, wie auch physischen Rahmenbedingungen der Organisation, auch im Sinne von vorhandenen Ressourcen und Restriktionen, zu erfassen und zu analysieren. An diesem Punkt greifen die Fähigkeiten eines charismatischen Führers, der über die Kenntnis der Fertigkeiten und emotionalen Bedürfnisse seiner Mitarbeiter hinaus, kritische Faktoren bzw. nicht offensichtlich erkennbare Potentiale zu erkennen vermag (Steyrer, 1999, S. 143-197).

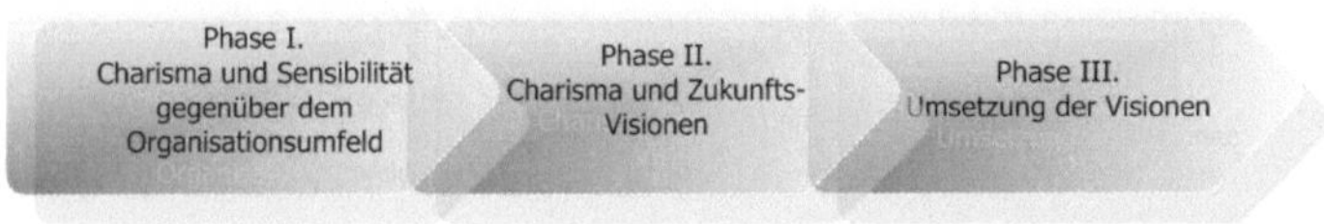

Abbildung 7: Attributionstheoretischer Charisma-Ansatz nach Conger & Kanungo

„Charisma und Zukunftsvisionen", die Bezeichnung von Phase II. ist gekennzeichnet durch die aus der Analyse in Phase I. abgeleiteten Zielsetzungen bzw. Visionen. Hierbei vermag die charismatische Führungskraft - im Gegensatz zu einem nicht charismatischen Führer - bei den Geführten die Überzeugung wecken, dass sie (die Führungskraft) etwas Außergewöhnliches anstrebe (House & Shamir, 1995, Sp. 878ff). Conger & Kanungo (1998, S. 87f.) formulieren dies folgendermaßen: „We argue that leaders are charismatic when their vision represents an embodiment of a perspective shared by followers in an idealized form."

Es reicht jedoch nicht aus, nur die Vision zu formulieren. Es ist gleichermaßen bedeutsam, den Mitarbeitern die notwendigen Schritte derart zu kommunizieren, dass sie auch davon überzeugt sind. D.h. die Geführten sind sowohl über die aktuelle Situation in Kenntnis zu setzen, wie auch über die motivationale Grundlage, die Zuversicht und Überzeugungen des Führenden. Conger & Kanungo unterstreichen dabei die Bedeutung der rhetorischen Fertigkeiten des Führenden, dessen Körpersprache, unkonventionelles Verhalten etc. um eine dementsprechend charismatische Attribution zu erzielen.

Der Prozess schließt in Phase III. Sie ist gekennzeichnet durch die Aktivitäten zur „Umsetzung der Visionen" bzw. durch die Förderung der Überzeugungen der Handelnden und der Vermittlung und Darstellung von Strategien und Vorgehensweisen zur Umsetzung der organisationalen Ziele. Charismatische Führung kann eine derart hohe Identifikation mit den Zielsetzungen erzeugen, heben Conger & Kanungo (1998, S. 87f) hervor, dass selbst hohes persönliches Risiko wie Kündigungsgefahr oder finanzieller Verlust durch die Mitarbeiter billigend in Kauf genommen werden.

Die zweite Forschungsrichtung zielt auf Attributionen, die Vorgesetzte zur Einschätzung der Leistung ihrer Untergebenen vornehmen. Neben der Unterscheidung von Attributionen zu „guter" bzw. „schlechter" Leistung setzt sich der überwiegende Teil dieses Forschungszweigs damit auseinander, warum Mitarbeiter bzw. Untergebene „schlechte" Leistungen erbringen bzw. wie dem entgegen gewirkt werden kann (Mitchell, 1995, Sp. 849ff.). Bei tiefgreifenden Leistungsabweichungen wie Diebstahl, Unterschlagung etc. ist der Handlungsspielraum der Führungskraft eng bemessen. Sofern nicht gesetzlich gegebene Sanktionsmaßnahmen greifen, sind in der Regel die Führungsgrundsätze eines Unternehmens klar definiert, so dass die Maßnahmen eindeutig erfolgen können. Bei Leistungsabweichungen im „normalen" Arbeitsalltag, wie Unpünktlichkeit, unvollständig erledigte Aufgaben etc. stellt sich die Situation jedoch komplexer dar (Mitchell, 1995, Sp. 849ff.). In einem zweistufigen Prozess ist die Führungskraft gefordert die Ursachen der Leistungsabweichung zu ergründen und in einem darauf aufbauenden Schritt Lösungsansätze zu entwickeln (Mitchell & O´Reilley, 1983).

In verschiedenen Studien wurden die „sozialen und informationellen Faktoren" des Wahrnehmungsprozesses infolge von Leistungsabweichungen unter Berücksichtigung von „personalen und organisationalen Grundsatzentscheidungen" beobachtet (Kelley, 1973, S. 107-128). In der Konsequenz stellte sich jedoch heraus, dass „die Attributionen lediglich einen Teil des Gesamtbildes ausmachen" (Mitchell, 1995, Sp. 859ff.). Landy & Farr (1980) zufolge ist eine Betrachtung des Gesamtkontext notwendig. D.h. es ist eine Zuwendung auf soziale, situationale Kontextfaktoren erforderlich, im Sinne einer Integration in verhaltensorientierte bzw. situationale Führungstheorien (Mitchell, 1995, Sp. 859ff.).

1.5.1.5 Kritische Würdigung

Kritisch anzumerken ist, dass bei der persönlichkeitsorientierten Sichtweise der Eigenschaftstheorie sozialpsychologische Aspekte gänzlich außer acht gelassen werden. Der Führungserfolg wird ausschließlich mit den spezifischen Persönlichkeitsmerkmalen der Führungskraft in Verbindung gebracht. Aufgabenstellungen, gruppendynamische, situative Einflüsse werden nicht miteinbezogen. Verschiedene Untersuchungen zeigen zwar eine Korrelation verschiedener Persönlichkeitseigenschaften mit Führung - wie zum Beispiel Selbstvertrauen, Wortgewandtheit, Urteils- und Entscheidungsfähigkeit (vgl. auch Mitchell, 1995, Sp. 859ff.). Die Korrelationen stimmen in den verschiedenen Untersuchungen jedoch nur im geringen Maße überein, so dass die Empirie diesen Ansatz kaum stützt (Neuberger, 2002, S. 60ff.).

Lehnhoff (1997) merkt kritisch an, dass sich in der Eigenschaftstheorie eine „mechanistische Organisationsvorstellung" und ein „deterministisches Menschenbild" zeige: „Denn diese Annahmen spiegeln eine Illusion der Machbarkeit im Management wider, die in diesem Zusammenhang darin besteht, menschliches Verhalten und menschliche Leistung voraussagen zu können, sobald man bestimmte Eigenschaften einer Person diagnostiziert hat."

Rosenstiel (1995) vertritt die Ansicht, dass der Ansatz der Eigenschaftstheorie weitgehend statisch festgelegt ist, mit dem Ziel der Auslese bzw. Selektion. Die dennoch in der Praxis starke Verbreitung dieses Ansatzes beruht Neuberger (2002) zufolge vor allem in der Möglichkeit der Legitimation von Herrschaftspositionen und darin, dass der Eigenschaftsansatz dem Bedürfnis der Menschen nach Reduktion von Komplexität entspricht.

1.5.2 Verhaltensorientierte Theorie

Über die Auseinandersetzung mit verhaltensorientierten Führungsmodellen und Fragestellungen verbunden mit den unbefriedigenden Ergebnissen der Eigenschaftstheorie entstand der verhaltenstheoretische Ansatz. Zielsetzung dieses Ansatzes ist es herauszufinden, wie sich Führungskräfte verhalten sollten, um Erfolg zu haben. Darüber hinaus ist in diesem Sinne vor allem von Interesse, welche Handlungen vollzogen werden müssen, um Effizienz und Arbeitszufriedenheit zu erreichen (Neuberger, 2002, S. 213). Das Verhalten und der Führungsstil der Handelnden stehen dabei im Fokus der Betrachtung.

1.5.2.1 Exkurs - Führungsstile

Der Begriff Führungsstil nimmt in der Führungs- und Managementliteratur eine zentrale Rolle ein. Hinsichtlich seiner Definition wird er allerdings vielfältig zur Beschreibung und Erklärung unterschiedlichster Begrifflichkeiten aus dem Kontext der Organisations- und Führungsforschung gebraucht. Im Zusammenhang mit Managementphilosophie wird er bspw. genannt oder im Kontext von Gruppenklima, von Führungsmodell oder -system, konsistentem Verhalten des Vorgesetzten gegenüber Mitarbeitern, einer zeitlich überdauernden Bedürfnisstruktur des Vorgesetzten, Führungstechnik u.v.m. (Wunderer, 2001, S. 176ff).

„Der Führungsstil verkörpert die Art und Weise des Umganges von Vorgesetzten mit einzelnen Mitarbeitern und Gruppen“ (Hofmann, 1997). Staehle (1999, S. 334) versteht darunter „...ein langfristig relativ stabiles, situationsinvariantes Verhaltensmuster des Führers“. Der Mitarbeiter erlebt das Führungsverhalten seines Vorgesetzten immer ganzheitlich als Führungsstil, welcher durch dessen persönliche Grundeinstellungen geprägt wird. Für Birker (1997, S. 128) stellt der „Führungsstil (...) die Grundhaltung und das sich daran orientierende Verhaltensmuster, mit denen jemand seine Führungsaufgaben, bezogen auf andere Einzelpersonen oder Gruppen, wahrnimmt", dar. Nach Baumgarten (1977) ist unter dem Führungsstil ein „einheitliches, durch spezifische Ausprägung einer Reihe von Einzelhandlungen beschreibbares Führungsverhalten“ zu verstehen.

Abbildung 8: Klassischer Führungsstil-Ansatz nach Neuberger[27]

[27] Vgl. auch: Neuberger, 2002, S. 52

Wegge & Rosenstiel (2004, S. 475-512) zufolge ist die Begrifflichkeit des „Führungsstils" veraltet und durch den Begriff des „Führungsverhaltens" zu ersetzen. Heutzutage habe sich der Vorgesetzte den Mitarbeitern gegenüber unterschiedlich bzw. situationsgerecht zu verhalten.

Der klassische Führungsstilansatz, entsprechend der vorhergehenden Abbildung 8, geht davon aus, dass die Wahl eines bestimmten Führungsstils erfolgsrelevant ist. Der Führungsstil stellt ein charakteristisches Merkmal der jeweiligen Führungskraft dar und wirkt ungeachtet der jeweils zu führenden Mitarbeiter auf den (nicht näher spezifizierten) Erfolg ein. Aus diesem Grunde sei es erforderlich, diesen erfolgsrelevanten Stil zu identifizieren und zielgerichtet einzusetzen.

Die Führungsstilforschung begann im Wesentlichen mit den Arbeiten des US-amerikanischen Sozialpsychologen Kurt Lewin und seinen Mitarbeitern Mitte der 30er Jahre (Lewin, Lippitt & White, 1934, S. 271-299; siehe auch Seidel, 1978, S. 325-494). Sie untersuchten den Einfluss von unterschiedlichen Führungsstilen auf die Leistung und Zufriedenheit von Kindern in Gruppen. Im Rahmen der Forschungen von Lewin und Mitarbeitern wird zwischen „autoritären", „demokratischen" und „Laisser-faire" Stilen differenziert. Deren Untersuchungen ergaben, dass ein demokratischer Führungsstil zu mehr Zufriedenheit führt, im Gegensatz zu einem autoritären, der eher ein aggressives Klima fördert. Ebenso konnte festgestellt werden, dass in autoritär geführten Gruppen die Leistung bei Anwesenheit des Führers höher lag. In demokratisch geführten Gruppen wirkte die Abwesenheit des Führers jedoch leistungssteigernd. Daraus wurde die Überlegenheit des demokratischen Führungsstils gegenüber den beiden anderen abgeleitet. Zahlreiche, in den folgenden Jahren, durchgeführte Studien konnten dieses Ergebnis nicht bestätigen. Methodisch gesichert lässt sich nicht, wie auch schon die Diskussion der vorhergehenden Kapitel gezeigt hat, die Überlegenheit eines bestimmten Führungsstils belegen.

Eine Unterscheidung in klassische[28] und tradierende Führungsstile nimmt Hofmann vor. Er versteht unter „klassischen Führungsstilen", diejenigen charakteristischen Stile, die

[28] Anmerkung: Der Begriff „klassischer Führungsstil" wird in der Literatur nicht einheitlich verwendet. Er steht zum einen für das grundlegende Kausalmodell „Führungsstil -> Geführte -> Erfolg, zum anderen ver-

sich auf Grundlage der Untersuchungen von Lewin herausgebildet haben. Der tradierende Führungsstil bzw. die tradierenden Führungsstile finden sich hingegen vor allem im Führungsalltag von Institutionen und Organisationen vergangener Jahrhunderte. Die Relevanz in der heutigen Zeit, dieser auf institutionellen Herrschaftsstrukturen beruhenden Führungspraxis ist daher eher umstritten. Die Arbeiten von Burns (1978) u.a. zur Unterscheidung von transformationaler und transaktionaler Führung im Zusammenhang der Charismatischen Führung stellen jedoch in gewisser Weise eine Wiederbelebung dar.

Nachfolgende Abbildung 9 stellt eine Übersicht der klassischen Führungsstile im Sinne Lewins dar. Der autoritäre Führungsstil zeichnet sich bspw. durch die klare Trennung der Aufgabenfelder von Vorgesetztem und Untergebenem aus. Der Vorgesetzte befiehlt, der Untergebene führt aus. In der Konsequenz hat dies im Allgemeinen ein distanziertes Verhältnis zur Folge.

Autoritärer Führungsstil	▪ Klare Trennung: Vorgesetzte entscheidet und kontrolliert; Mitarbeiter führen aus. ▪ Folge ist ein distanziertes Verhältnis
Kooperativer Führungsstil	▪ Mitarbeiter werden in den Entscheidungsprozess mit einbezogen ▪ Delegation ist möglich ▪ Fremdkontrolle wird durch Eigenkontrolle ersetzt (teilweise) ▪ Vorteile: besseres Verständnis über die Zusammenhänge, Motivation
Laisser-faire-Führungsstil	▪ Mitarbeiter haben volle Freiheit ▪ Entscheidung und Kontrolle liegt bei der Gruppe

Abbildung 9: Übersicht klassische Führungsstile

Die Einbeziehung der Mitarbeiter in den Entscheidungsprozess, die Delegation von Aufgaben prägt den vorgestellten kooperativen Führungsstil. Wohingegen sich der Laisser-faire-Führungsstil durch die gegebenen Freiräume der Mitarbeiter bzw. deren Gruppe und deren innewohnende eigenständige Entscheidungskontrolle beschreiben lässt (Herbig, 2005).

körpert er die auf Lewin et al. zurückgehende Führungsstil-Konzeptionen im Sinne des autoritären, kooperativen und Laisser-faire-Führungsstil. Im Rahmen dieser Arbeit lassen sich diese Begrifflichkeiten Kontextbezogen erschließen.

Die so genannten tradierenden Führungsstile entstammen einem herrschaftlichen, gesellschaftlichen, jedoch nicht unternehmensnahen Kontext. Sie wurden jedoch in diesen Bereich adaptiert. Ursprünglich gehen sie auf die Unterscheidung der drei Idealtypen der Herrschaft nach Weber (1972) zurück. Zum einen gebe es die „Traditionale Herrschaft“, die auf dem Glauben an die geltenden Traditionen und die Legitimität der durch sie Berufenen beruhe. Daneben existiere die „Charismatische Herrschaft“, d.h. ein Herrschaftsanspruch, der auf dem Glauben an die Heiligkeit oder Heldenkraft einer Person und der durch sie geschaffenen Ordnung aufbaue. Die dritte Form stellt Weber zufolge die „bürokratische oder rationale Herrschaft“ dar. Sie basiere auf dem Glauben an die Legalität der gegebenen Ordnungen und Gesetze.

Nachfolgende Abbildung 10 spiegelt die, aus diesem Herrschaftsanspruch abgeleiteten und leicht modifizierten Führungsstile wider. Sie findet sich in einer ähnlichen Form auch bei Hentze, Kamel & Lindert (1997, S. 257) und Staehle (1999, S. 335f.). Der autokratische Führungsstil entspricht dabei dem traditionellen Herrschaftsanspruch, im Sinne einer unumschränkten Alleinherrschaft, einem streng hierarchischen Aufbau, wie auch unbedingtem Gehorsam und Disziplin. Der patriarchalische, wie auch charismatische Führungsstil hat seine Ursprünge im charismatischen Herrschaftsanspruch. Dementsprechend zeichnen sich diese Führungsstile eher durch die Persönlichkeit und Ausstrahlung, die natürliche Autorität des Führenden aus. Sie sind geeignet, auch in Krisensituationen Vertrauen und Güte auszustrahlen. Der bürokratische Führungsstil greift, wie der Name auch schon sagt, auf die „bürokratische und rationale“ Form der Herrschaft zurück. Arbeitsplatzbeschreibungen und formale Vorgaben reglementieren die Tätigkeit und Vorgehensweisen. Darüber hinaus ist festzuhalten, dass der bürokratische Führungsstil zeitlich definiert und nicht mehr personengebunden ist (Herbig, 2005). Staehle (1994, S. 315) formuliert es folgendermaßen: „An die Stelle der Willkür des Autokraten tritt die Sachkompetenz des Bürokraten, die als Legitimation der Herrschaft von den Geführten akzeptiert wird.“

Autokratischer Führungsstil	▪ Unumschränkte Alleinherrschaft ▪ Mitarbeiter werden an Entscheidungen nicht beteiligt ▪ Streng hierarchisch ▪ Unbedingter Gehorsam und Disziplin
Patriarchalischer Führungsstil	▪ Alleinherrschaft basiert auf Autorität und Güte
Charismatischer Führungsstil	▪ Starke persönliche Ausstrahlung ▪ In Krisenzeiten kann die charismatische Führung Zuversicht vermitteln und Dinge nach vorne bringen
Bürokratischer Führungsstil	▪ Führungsanspruch leitet sich aus den bürokratischen Regeln ab. ▪ Funktion ist nicht an eine Person gebunden, sondern auf Zeit verliehen und übertragbar. ▪ Richtlinien, Stellenbeschreibungen und Dienstanweisungen

Abbildung 10: Übersicht tradierende Führungsstile

Im Gegensatz zu dieser rein deskriptiven Aufgliederung der Führungsstile beinhalten die nachfolgend vorgestellten Führungstheorien eine systematische Aussage über die Zusammenhänge zwischen Führer, Geführtem und Führungserfolg (Staehle, 1999, S. 347f). Eine weitergehende und deutlich vertiefende Betrachtung der noch zahlreich existenten Führungsstile erfolgt an dieser Stelle nicht. Verwiesen werden kann jedoch auf Weinert (1998, S. 348ff.), der entsprechend dem Aufbau des Kapitels „Führung" dieser Arbeit, die zugehörigen Führungsstile der jeweiligen Theorien eingehend beschreibt.

Kritisch ist übrigens auch im Bereich der Führungsstilforschung - gemäß den Äußerungen von Janda (1960, S. 345-363) - anzumerken, das weitaus mehr „Studien als Wissen über Führung angehäuft wurde". Dementsprechend unbefriedigend stellt sich die empirische Aussagekraft einer Vielzahl der Arbeiten dar.

1.5.2.2 Das eindimensionale Kontinuum-Modell von Tannenbaum & Schmidt

Einer der bekanntesten verhaltensorientierten (eindimensionalen) Ansätze stellt das Ende der 50er Jahre publizierte Führungskontinuum von Tannenbaum & Schmidt (1959, S. 95-101) dar. Nachfolgende Abbildung 11 verdeutlicht den Aufbau des Führungskontinuum von Tannenbaum & Schmidt. In Abhängigkeit der Beteiligung der Mitarbeiter an

Entscheidungen unterscheiden Tannenbaum & Schmidt sieben Führungsstile. Ein Extrempunkt dieses Kontinuums stellt auf der linken Seite die autoritäre Führung mit einer zentralisierten Entscheidungsfindung und konzentrierter Macht dar. Der andere Extrempunkt, die rechte Seite spiegelt eine demokratische Führung bzw. eine autonome Willensbildung bei der Entscheidungsfindung mit einem hohen Partizipationsgrad wider (Hentze & Brose, 1990, S. 122ff.). Zwischen diesen beiden Extremen lassen sich kontinuierlich abgestuft Führungsstile benennen, die in Abhängigkeit der Willensbildung bzw. der Einbindung des Mitarbeiters an der Entscheidungsfindung variieren.

Willensbildung beim Vorgesetzten						Willensbildung beim Mitarbeiter
Vorgesetzter entscheidet ohne Konsultation der Mitarbeiter	Vorgesetzter entscheidet; er versucht aber die Mitarbeiter von seiner Entscheidung zu überzeugen, bevor er sie anordnet	Vorgesetzter entscheidet; er gestattet jedoch Fragen zu seinen Entscheidungen, um dadurch Akzeptanz zu erreichen	Vorgesetzter informiert Mitarbeiter über beabsichtigte Entscheidungen; Mitarbeiter können ihre Meinung äußern, bevor der Vorgesetzte seine endgültige Entscheidung trifft	Mitarbeiter/ Gruppe entwickelt Vorschläge; Vorgesetzter entscheidet sich für die von ihm favorisierte Alternative	Mitarbeiter/ Gruppe entscheidet nachdem der Vorgesetzte die Probleme aufgezeigt und die Grenzen des Entscheidungsspielraums festgelegt hat	Mitarbeiter/ Gruppe entscheidet; Vorgesetzter fungiert als Koordinator nach innen und außen
„Autoriät"	„Patriarchalisch"	„Informierend"	„Beratend"	„Kooperativ"	„Delegativ"	„Autonom"

Abbildung 11: Führungskontinuum nach Tannenbaum & Schmidt

Aufgrund seiner Eindimensionalität weist dieser Ansatz nur einen geringen Realitätsbezug auf. Dennoch ist sein Einfluss als Ausgangspunkt für weitere Führungsstil-Ansätze wie bspw. der kooperativen und delegativen Führung unverkennbar. Gerade in einem gesellschaftlichen Umfeld, welches auf hochqualifizierte Mitarbeiter angewiesen und durch demokratische Wertvorstellungen geprägt ist, sind verstärkt kooperative und delegative Modellansätze zu beobachten. Diese Entwicklung spiegelt auch das Selbstverständnis vom ausführenden Befehlsempfänger hin zum gestaltenden Mitarbeiter wider (Kieser & Oechsler, 1999).

1.5.2.3 Der Ohio-State-Leadership-Quadrant

Die Eindimensionalität des Kontinuum-Modells stellt sich jedoch als nicht ausreichend dar, um Führungsverhalten adäquat zu beschreiben. Ende der 40er Jahre des letzten

Jahrhunderts begann ein interdisziplinäres Forscherteam der Ohio-State University umfangreiche Untersuchungen mit der Zielsetzung durchzuführen, die verschiedenen Aspekte und Bestandteile des Führungsverhaltens zu messen (Halpin & Winer, 1957, S. 39-51). Mittels eines Fragebogens, bei dem in seiner anfänglichen Fassung[29] 150 Items abgefragt wurden, die sich auf neun Kategorien bezogen (Integration, Kommunikation, Leistung, Repräsentation der Gruppe, Fraternisierung, Organisation, Anerkennung, Initiative und Dominanz), identifizierte Hempell zwei wesentliche Faktoren des Führungsverhaltens, nämlich „Consideration“ (Beziehungsorientierung)[30] und „Initiating of Structure“ (Aufgabenorientierung) (vgl. auch: Halpin & Winer, 1957, S. 39-51).

Dabei wird mit Beziehungsorientierung ein Verhalten erfasst, welches auf gegenseitiges Vertrauen und Achtung hinweist. Aufgabenorientierung hingegen beschreibt ein Verhalten der Führungskraft, das sich durch Planung der Aufgabe, Aufgabenzuweisung und effektive Aufgabenerledigung auszeichnet. Die Ohio-State-Forscher konnten damit erstmals zeigen, dass die beiden Führungskategorien Beziehungs- und Aufgabenorientierung voneinander unabhängig sind. Die Verhaltensweise eines Vorgesetzten kann somit sowohl beziehungs- als auch aufgabenorientiert sein.

Spätere Studien belegen, dass die Aufgabenorientierung in der Tendenz zu einer größeren Arbeitsleistung im Gegensatz zur Beziehungsorientierung führt. Hinsichtlich der Arbeitszufriedenheit stellte sich jedoch Beziehungsorientierung im Gegensatz zur Aufgabenorientierung als wesentlicher Einflussfaktor dar (Puch & Westermeyer, 1998, S. 11). Erfolgreiches Führungsverhalten war somit nicht mehr nur einer Dimension zuzuschreiben, sondern an zwei Faktoren gebunden. Eine anschauliche Darstellung dazu liefert der Ohio-State-Leadership-Quadrant in einer 2x2 Matrix, in der die Aufgaben- und Beziehungsorientierung als unabhängige Dimensionen aufgetragen werden.

1.5.2.4 Der Führungsansatz von Likert

Die sog. „Michigan-Schule“ um Likert (1961), Katz & Kahn (1966) stellte dem Ansatz der Ohio-Schule lange Zeit eine entgegengesetzte Annahme gegenüber. Beide Ansätze unter-

[29] Anmerkung: Der Fragebogen wurde in den folgenden Jahren kontinuierlich angepasst und erweitert. Weitere Informationen dazu finden sich auch im nachfolgenden Kapitel „Messung von Führungsverhalten“.
[30] Anmerkung: In verschiedenen Arbeiten wird Beziehungsorientierung“ auch als „Mitarbeiterorientierung“ bezeichnet. Im Kontext dieser Arbeit werden diese Begriffe synonym verwand.

scheiden sich dabei kaum in deren jeweils identifizierten Dimensionen des Führungsverhaltens, jedoch in der Frage nach der Abhängigkeit der Dimensionen. Likert zufolge stellen Leistungs- und Mitarbeiterorientierung gegenüberliegende Extrempunkte eines Kontinuums (und in diesem Sinne einer Dimension) dar, die in einem nicht kompatiblen Verhältnis zueinander stehen. Das bedeutet, dass mit zunehmender Aufgabenorientierung einer Führungsperson, deren mitarbeiterorientierte Handlungsweise kontinuierlich abnimmt. Ein entsprechender Ansatz findet sich bspw. auch im Kontingenz-Modell von Fiedler (1967).

Um diese Annahmen zu belegen, verweisen die Autoren auf die Arbeiten von Bales & Slater (1955, S. 259-306), die zeigen konnten, dass die Wahrscheinlichkeit dafür, dass eine Person gleichzeitig die Rolle eines Aufgabenspezialisten und eines sozial-emotionalen Spezialisten innehatte, im Verlauf von vier von den Autoren betrachteten Problemlösegruppensitzungen rapide abnahm.

Deutliche Kritik an den Annahmen der „Michigan-Schule" üben Weissenberg & Kananagh (1972, S. 119-130). Sie können aufzeigen, dass die Dimensionen „Consideration" und „Initiating Structure" - im Gegensatz zur postulierten Annahme der „Michigan-Schule" - in 34 von 48 analysierten Untersuchungen signifikant positiv miteinander korrelierten. Nach Weissenberg & Kananagh (1972, S. 119-130) weisen diese Erkenntnisse darauf hin, dass die Führungsarbeit im Allgemeinen sowohl aus sich ergänzenden mitarbeiter- als auch aufgabenbezogenen Verhaltensweisen einer Führungskraft besteht und damit in einem kompatiblen Verhältnis zueinander stehen. In der Konsequenz bestätigen sie damit auch die Folgerungen von Bales & Slater (1955, S. 259-306), die die Annahme der Existenz zweier komplementärer Führer derart relativieren, dass sie die Rolle des Führers demjenigen Gruppenmitglied zuordnen, welches in der Lage ist, sowohl aufgaben- als auch sozial-emotionale Probleme der Gruppe zu lösen. Ein in diesem Sinne „verallgemeinertes Führungsverhalten" löst in der Konsequenz die Kluft zwischen den beiden Dimensionen durch eine Integration und Kombination der mitarbeiter- und aufgabenbezogenen Funktionen auf (Donaubauer, 2004, S. 45ff.).

1.5.2.5 Das Verhaltensgitter von Blake & Mouton

Blake & Mouton (1981) entwickelten den zuvor beschriebenen zweidimensionalen Ohio-State-Leadership-Quadranten weiter, zum so genannten Verhaltensgitter, dem „Managerial Grid-Modell" mit einer 9x9 Matrix. In ihrem Modell trugen sie die Beziehungsorientierung auf der vertikalen und die Aufgabenorientierung auf der horizontalen Achse des Koordinatensystems auf. Darüber hinaus unterteilten sie die Achsen jeweils in eine neunstufige Skala. Daraus ergeben sich theoretisch 81 mögliche Führungsstile. Im Allgemeinen werden in der Literatur jedoch nur die vier Extrempunkte und die Skalenmitte eingehend betrachtet. Die nachfolgende Abbildung 12 entspricht der gängigen Darstellung dieses Modells.

Abbildung 12: Das Managerial Grid Modell in Anlehnung an Blake & Mouton[31]

Der Ansatz von Blake & Mouton zeichnet sich durch eine einfache und übersichtliche Darstellung aus. In anschaulicher Weise wird der breite Spielraum möglicher Führungsstile und deren Abstufungen dargelegt (Olfert & Steinbuch, 1999).

[31] Siehe auch: Blake & Mouton, 1965, S. 173.

Gerade in diesem Punkt der Bezeichnungen der Führungsstile unterscheiden sich jedoch die Begrifflichkeiten am häufigsten. Bspw. wird der Typ 1.1. als „Laisser-Faire"-Stil oder der Typ 9.9. als „Partizipativ" bezeichnet. Berücksichtigt man jedoch die ursprüngliche Version von Blake & Mouton (1981), so stellen sich die fünf charakteristischen Führungsstile entsprechend der nachfolgenden Abbildung 13 dar. „Impoverished Management", die Führung vom Typ 1.1. zeichnet sich bspw. durch ein Minimum an Einsatz bzw. dem geringstmöglichen Arbeitsaufwand aus. Wohingegen das „Country Club Management", vom Typ 1.9. die Bedürfnisse der Mitarbeiter im Blick hat.

▪ Typ 1.1. - Impoverished Management - Überlebensmanagement - Minimale Anstrengung zur Erledigung der geforderten Arbeit genügt gerade noch, sich im Unternehmen zu halten
▪ Typ 1.9. - Country Club Management - Glacehandschuh Management - Rücksichtnahme auf die Bedürfnisse der Mitarbeiter nach zufriedenstellenden zwischenmenschlichen Beziehungen bewirkt freundliches Betriebsklima und gemütliches Arbeitstempo
▪ Typ 5.5. - Middle of the Road - Organisationsmanagement - Eine angemessene Leistung wird erreicht durch die Herstellung eines Gleichgewichtes von Notwendigkeit Arbeit zu tun und zufriedenstellende Betriebsmoral
▪ Typ 9.1. - Men are a commodity just like machines - Befehl-Gehorsam-Management - Die Einrichtung der Arbeitsbedingungen, welche die Wirkung persönlicher Faktoren auf ein Minimum beschränkt, ist die Grundlage des Betriebserfolges
▪ Typ 9.9. - Team Management - Eine hohe Arbeitsleistung wird erreicht durch begeisterte Mitarbeiter, die Verfolgung eines gemeinsamen Ziels erzeugt ein hervorragendes Arbeitsklima

Abbildung 13: Die fünf charakteristischen Führungsstile des Managerial Grid Modells[32]

Führung wie „Middle of the Road" erfasst die Anforderungen an Beziehung und Aufgabe gleichermaßen und ausgewogen. Bei einem Stil vom Typ 9.1. steht die Aufgabenorientierung ganz klar im Mittelpunkt der Führungsaktivitäten. Ein Höchstmaß an Aufgaben- und Beziehungsorientierung spiegelt das „Team Management" vom Typ 9.9. wider.

Das Modell von Blake & Mouton ist normativ begründet. Es weist den Führungsstil vom Typ 9.9., das so genannte „Team Management", als denjenigen Stil aus, der in jeder Führungssituation zum Erfolg führt. Aus diesem Grunde sei es empfehlenswert, dass er von

[32] Blake & Mouton, 1965, S. 173; Siehe auch: Blake & Mouton, 1992.

jedem Vorgesetzten erlernt werde. Blake & Mouton haben dazu ein entsprechendes Trainingskonzept entwickelt.[33] Gerade durch die Zweidimensionalität des Modells könne jede Führungskraft individuell ihre Entwicklungspotenziale erkennen und systematisch daran arbeiten.

Die Kritik der Literatur setzt nicht nur an dem Anspruch dieses Ansatzes an, dass ein bestimmter Führungsstil, das „Team Management" für universell anwendbar empfohlen und für allgemeingültig erklärt wird. Wunderer & Grunwald (1980, S. 172) zufolge sei daneben „die spezifische Situation zu berücksichtigen, in der das Führungsverhalten auftritt. Ein und derselbe Führungsstil kann aufgrund unterschiedlicher Umweltbedingungen zu ganz verschiedenen Ergebnissen führen." Neuberger (2002) merkt darüber hinaus an, dass „Feldexperimente (...) außerdem ergeben (haben), dass zwischen einem bestimmten Führungsstil und den resultierenden Konsequenzen (z.B. Arbeitszufriedenheit, höhere Produktivität) keine eindeutige Beziehung besteht" (Neuberger, 1987). Fragwürdig stellt sich ihm nicht nur die „Operationalisierung der beiden Dimensionen (dar), der (...) keine große methodische Sorgfalt gewidmet wird", vielmehr sei das Grid-Modell ein „eingängig gestyltes Designer Modell", dass für den Trainingsbereich konzipiert ist und wenig neue Einsichten liefere (Neuberger, 2002, S. 511f.).

Aus diesem Grunde gelte es die weiteren Bemühungen in der Führungsdiskussion auf die Identifizierung von situativen Faktoren, die das Führungsgeschehen beeinflussen, zu konzentrieren.

Der Führungstest nach Blake & Mouton stellt ein in der Beratungspraxis häufig eingesetztes und variiertes Verfahren zur Bestimmung von Führungsverhalten dar. Es basiert auf dem "Managerial Grid" nach Blake & Mouton (1981). Deren Ansatz zufolge gibt es zwei Orientierungen im Führungsverhalten. Diese unterscheiden sich in ihren Ausprägungen hinsichtlich Mitarbeiter- und Aufgabenorientierung. Durch die Unterteilung der Aufgaben- bzw. Produktionsorientierung, wie auch der Mitarbeiterorientierung in jeweils neun

[33] Anmerkung: Die jeweiligen Seminarprogramme sind auf eine Woche ausgelegt. Im Vorfeld wird dabei der individuelle Führungsstil des Vorgesetzten wie auch das Klima innerhalb der jeweiligen Organisation analysiert. Mit verschiedenen praktischen Übungen wird dann im tatsächlichen Seminar, die Fähigkeit geschult, Gruppen-spezifische Probleme zu lösen und das Führungsverhalten in Richtung des Führungsstils vom Typ 9.9. weiterzuentwickeln.
Siehe auch: Steyrer, 1996, S. 157ff.

Bereiche, ergeben sich theoretisch 81 verschiedene Führungsstile. Entsprechend des Aufbaus des „Verhaltensgitters" stellen Blake & Mouton einen idealtypischen Führungsstil dar. Trotz dieser „Präferenz" erscheint dieses Verfahren - ungeachtet seiner als kritisch angesehenen Validität - als geeignet im Hinblick auf die Zielsetzung dieser Untersuchung.[34] Lediglich in Bezug auf die Praktikabilität und die Bereitschaft diesen Test ohne direkte persönliche Ansprache im Unternehmen durchzuführen, scheinen Zweifel angebracht.

1.5.2.6 Der 3-D-Ansatz von Reddin

Auch Reddin greift Anfang der 70er Jahre auf die beiden Grunddimensionen der Ohio-State-Forschungen zurück. Er unterteilt sie in zwei Stufen. Dadurch entstehen vier Grundstile, die im Gegensatz zu Blake & Mouton in Abhängigkeit situativer Variablen (Organisation, Arbeitsweise, Vorgesetzte, Untergebene) alle effektiv sein können.

Aus den Faktoren „Führungsstil", „Situation" und „Erfolg" entsteht der dreidimensionale Ansatz von Reddin (Neuberger, 2002, S. 511f.). Nachfolgende Abbildung 14 stellt die unterschiedlichen Ausprägungen bzgl. der Effektivität der von Reddin definierten Stile dar.

Auch Reddin verkauft sein Konzept in Managementseminaren. Der Schwerpunkt seiner Arbeit liegt - im Unterschied zu Blake & Mouton - auf der Analyse der Situation, auf den das Unternehmensumfeld beeinflussenden Faktoren. Als Stärke des Ansatzes von Reddin kann man aus diesem Grunde auch dessen situativen Charakter hervorheben. Führungseffektivität ergebe sich immer nur durch die Kombination von Führungssituation und Führungsverhalten.

[34] Vgl. auch Ausführungen zur Validität des Führungstest von Blake & Mouton (1981) im Kapitel 7.5.2.4

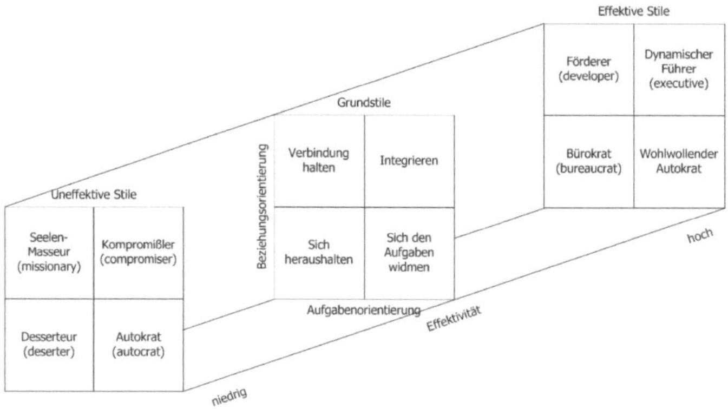

Abbildung 14: Das 3-D-Modell von Reddin[35]

„Reddins Theorie ist ein anregender Entwurf, bei dem der Verfasser keine große Mühe auf systematisch entwickelte und geprüfte Messverfahren, empirische Untersuchungen oder eine theoretische Reflexion des Erfolgskriteriums verschwendet hat. Das Modell gibt dem Anwender extremen Interpretationsspielraum - das Schicksal falsifiziert zu werden, hat es nicht zu befürchten. Es suggeriert Orientierung und Handlungsanweisung, wo es letztlich nur recht allgemeine und unverbindliche Weisheiten zum Besten gibt" (Neuberger, 2002, S. 517).

1.5.2.7 Die Zielsetzungstheorie menschlicher Aufgabenleistungen

Intensiv mit der Rolle von Zielen setzen sich Locke & Latham (1990) in der Zielsetzungstheorie menschlicher Aufgabenleistungen auseinander. Ausgehend aus der Selbstbeobachtung argumentieren sie, dass Ziele das Handeln aktivieren, ihr damit eine Richtung geben und auch die Maßstäbe für die Bewertung der Ergebnisse liefern. Große Bedeutung wird in der Zielsetzungstheorie dem Schwierigkeitsgrad der jeweiligen Ziele zugeschrieben. Demnach führen herausfordernde, spezifische Leistungsziele zu einer höheren Arbeitsmotivation und entsprechend besseren Leistungen als mittelschwere und leichte Ziele, wie auch Vorgaben im Stile eines „Tun Sie ihr Bestes ..." (Wegge & Rosenstiel, 2004, S. 475-512).

[35] Neuberger, O.: Führen und führen lassen. 6te völlig neu bearbeitete und erweiterte Auflage, Lucius & Lucius, Stuttgart, 2002, S. 5117f

Diese Grundannahme konnte in zahlreichen Studien belegt werden, jedoch mit der Einschränkung, dass sich die Leistungssteigerung durch definierte Ziele nur bei einfachen Aufgaben signifikant nachweisen lässt. Bei komplexeren Anforderungen fördern gesetzte Ziele verstärkt die Entwicklung von Strategien (Locke & Latham, 2002, S. 705-717). Wesentlich für die positive Wirkungsweise von Zielsetzungen ist, dass die mit der Zielerreichung beauftragte Person regelmäßig Feedback zu ihrer Leistung erhält. Diese Rückmeldung erhöht die Wirksamkeit der gesetzten Ziele. Die Aufgabe des Vorgesetzten sollte somit vor allem darin bestehen, die Mitarbeiter zur Zielbildung im Sinne der jeweiligen Aufgabe anzuregen u.a. auch deshalb, damit diese sich dem Erreichen dieser Ziele besonders stark verpflichtet fühlen. Voraussetzung dazu sei, dass die gesetzten Ziele seitens des Mitarbeiters akzeptiert werden und die zielsetzende Person entsprechend legitimiert und überzeugend erscheint und das Vertrauen des jeweiligen Mitarbeiters genieße (Wegge & Rosenstiel, 2004, S. 475-512).

Einer der Wirkmechanismen kann die von Bandura (1977) beschriebene „Selbstwirksamkeit" darstellen. Unter Selbstwirksamkeit ist die persönliche Überzeugung des Einzelnen zu verstehen, dass man in einer bestimmten Situation die angemessene Leistung erbringen kann. Diese Empfindung und Einschätzung einer Person hinsichtlich ihrer eigenen Fähigkeiten beeinflusst ihre Wahrnehmung, Motivation und Leistungen auf vielfältige Weise (Bandura, 1997).

Nachfolgende Abbildung 15 verdeutlicht diesen Ansatz. Ausgehend vom Schwierigkeitsgrad der Aufgabenstellung bzw. der definierten Zielsetzung, lässt sich zeigen, dass die jeweils Involvierten besonders hohe Anstrengungen und Ausdauer aufwenden um mit entsprechender Aufmerksamkeit und Mühe, Strategien zur Zielerreichung zu entwickeln (Dargel, 2005). Die in der Abbildung 15 als Moderatorvariablen bezeichneten Variablen hingegen, beeinflussen die Höhe des Zusammenhangs zwischen Zielen und Leistung. Kluger & DeNisi (1996, S. 254-284) konnten in einer Metaanalyse nachweisen, dass Rückmeldungen mit Zielvorgabe einen höheren Effekt haben als Rückmeldungen ohne Zielvorgabe. Neubert (1998) erzielte in seinen Untersuchungen vergleichbare Ergebnisse. Darüber hinaus konnte er jedoch aufzeigen, dass der Effekt bei komplexen Aufgaben und der Kombination von Zielen und Rückmeldungen höher ist als bei einfachen. Auch hinsichtlich der Auswirkung der Partizipation der Mitarbeiter bei der Zielfindung bzw. -

festlegung ließen sich positive Korrelationen feststellen, wie bspw. Klein, Wesson, Hollenbeck & Alge (1999) aufzeigen konnten. Auch hier ließ sich bei komplexeren Zielen ein höherer Zusammenhang belegen als bei einfachen Zielen.

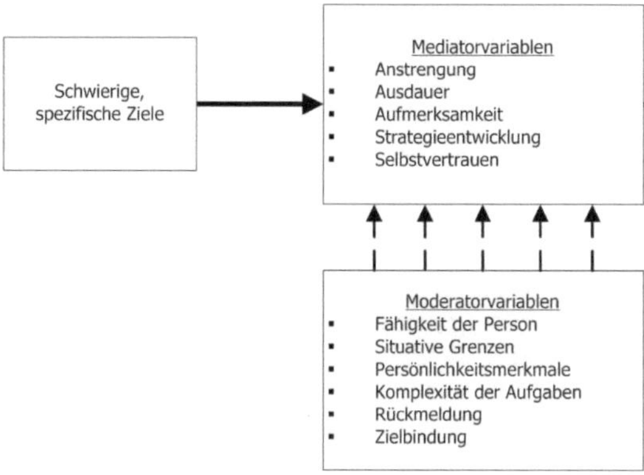

Abbildung 15: Annahmen der Zielsetzungstheorie menschlicher Aufgabenleistungen[36]

Weitere interessante Erkenntnisse sind durch Putz & Lehner (2002) zu erwarten, die eine deutsche Fassung des Zielvereinbarungsbogens von Locke entwickelt haben und dadurch in der Lage sind die wesentlichen Aspekte der Zielsetzungstheorie quantitativ zu erfassen.

1.5.2.8 Kritische Würdigung

Der Verdienst der verhaltensorientierten Ansätze im Sinne einer Zuwendung zu den Bedürfnissen der Geführten ist unbestreitbar. Die soziale Interaktion rückt mehr und mehr in das Blickfeld der Führungsanalyse. Zielsetzung dieses Ansatzes ist es herauszufinden, wie sich Führungskräfte verhalten sollten, um Erfolg zu haben. Damit gilt das Interesse vor allem den Handlungsweisen, die vollzogen werden müssen, um Effizienz und Arbeitszufriedenheit zu erreichen (Neuberger, 2002, S. 213).

[36] In Anlehnung an: Wegge & Rosenstiel, 2004, S. 500

Die verhaltensorientierte Theorie bleibt dennoch stark den Ansätzen der klassischen Führungsstilforschung verhaftet. Es treffen damit auch einige Kritikpunkte dieses Forschungszweigs auf die verhaltensorientierte Führung zu. Kritische Anmerkungen finden sich vor allem bei Neuberger (1995, S. 137ff und 135f.), Bryman (1996, S. 278 und 1999, S. 28) oder Northouse (1997, S. 42f.). Letztlich handele es um einen situativ anzuwendenden „Ideal-Ansatz". Dieses „Konzept", welches teils normative Aussagen über „richtiges" Führungsverhalten trifft, ist jedoch in einer Vielzahl der Fälle theoretisch nur wenig fundiert und weist bei den empirischen Befunden zahlreiche Unschärfen auf. Beispielhaft seien nur der 3-D-Ansatz von Reddin oder das Verhaltensgitter von Blake & Mouton genannt. Selbst die vereinzelt vorgenommene situative Anpassung scheitert an einer meist ungenügenden theoretischen Verankerung sowie einer unangemessenen Übertragung der Ergebnisse auf andere Bedingungen (Neuberger, 2002, S. 146). Als kritisch sieht Fischer (1990, S. 141) die überwiegende Konzentration auf das Verhalten der Führungskraft an. Notwendige Verhaltensänderungen beim Mitarbeiter würden kaum thematisiert. Eine Vielzahl von Faktoren, die diesem Führungsansatz teils entgegenstehen, wie bspw. narzisstische Persönlichkeitsstrukturen von Vorgesetzten, Verschleierung der Entscheidungen, technologische „Sachzwänge" und Verantwortungsstrukturen gelte es miteinzubeziehen (Wunderer, 2001, S. 224f.).

Insgesamt kann man daraus ableitend feststellen, dass der Anwendungsgehalt dieses Ansatzes - abgesehen von der Anschaulichkeit für die Praxis eines Beraters - eher gering ist. Aus diesem Grunde gelte es die weiteren Bemühungen in der Führungsdiskussion auf die Identifizierung von situativen Faktoren, die das Führungsgeschehen beeinflussen, zu konzentrieren (Winkler, 2004, S. 38ff.).

1.5.3 Situationstheorie

In Abhängigkeit der Situation kann unterschiedliches Führungsverhalten zum Erfolg führen. Ansätze, die rein eigenschafts- bzw. verhaltensorientiert sind, haben gezeigt, dass die Dimension der ,,Situation" hinsichtlich des Führungsverhaltens nicht außer acht gelassen werden kann. Im Mittelpunkt situationstheoretischer Ansätze steht daher die Erfassung und Bestimmung konkreter situativer Faktoren, d.h. die Identifikation von Bedingungen, unter denen verschiedenartige Führungseigenschaften oder Verhaltensweisen von Führern sich als effizient erweisen können.

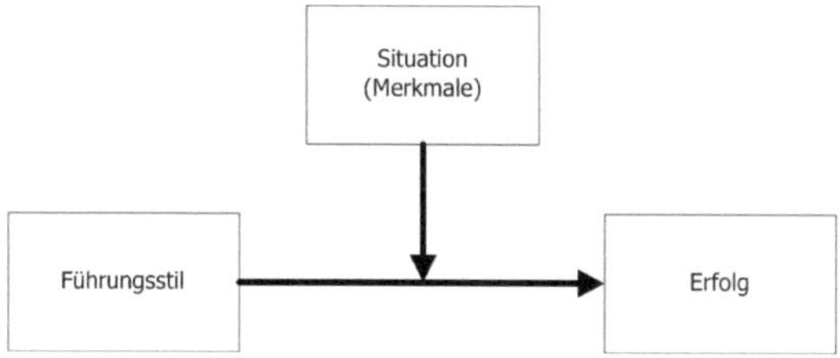

Abbildung 16: Situative Führungstheorie (Variante I) in Anlehnung an Neuberger[37]

Die oben stehende Abbildung 16 unterstellt, dass die Führungsstil-Erfolg-Beziehung durch situative Einflüsse moderiert wird. Ein ausgewählter Führungsstil kann - in Abhängigkeit der Umstände, wie Schwierigkeitsgrad der Aufgabenstellung, Zusammensetzung und Qualifikation der Mitarbeiter oder verfügbare Ressourcen - mit Erfolg in den unterschiedlichsten Ausprägungen, positiv wie negativ, korreliert sein (Schreyögg, 1995, Sp. 996; Neuberger, 2002, S. 52).

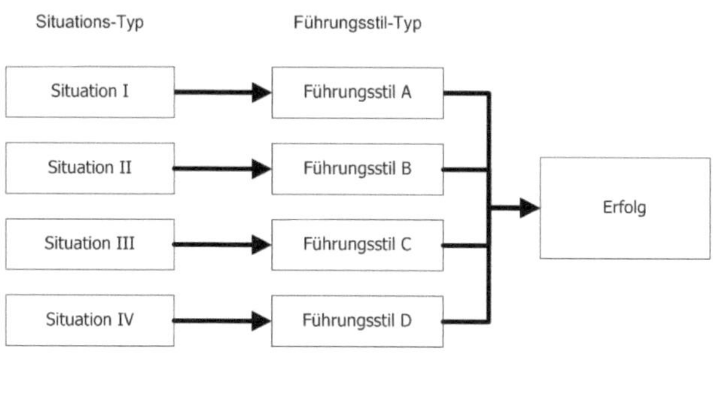

Abbildung 17: Situative Führungstheorie (Variante II) in Anlehnung an Neuberger[38]

Obenstehende Abbildung 17 variiert den vorhergehenden Ansatz. Im Gegensatz dazu wird davon ausgegangen, dass es mehr als einen erfolgsrelevanten Führungsstil gibt. Es gilt nun die jeweils charakteristischen Merkmale der spezifischen Situation zu identifizie-

[37] Neuberger, 2002, S. 52
[38] Neuberger, 2002, S. 52

ren, um auf dieser Grundlage den geeigneten Führungsstil auszuwählen. Vorbehaltlich der richtigen Wahl, sollte diese Entscheidung dazu führen, wiederum Erfolg zu haben. Denkbar ist bei diesem Ansatz auch, dass eine Führungskraft in der Lage ist bzw. die Fähigkeit besitzt, verschiedenste Stile zu praktizieren und situationsspezifisch einzusetzen (Neuberger, 2002, S. 53ff.).

Die nachfolgend vorgestellten Ansätze verdeutlichen unterschiedliche Vorgehensweisen, wie sich situative Einflüsse in das Führungsverhalten integrieren lassen bzw. wie diese Einflüsse auf den Führungsalltag einwirken.

1.5.3.1 Der Kontingenz-Ansatz von Fiedler

Der auf Fiedler zurückgehende Kontingenz-Ansatz erweitert den bisherigen Fokus auf das Führungsverhalten um situative Umstände bzw. um das angrenzende Führungsumfeld, in dem diese tätig wird. Darüber hinaus hat Fiedlers Entwurf den Anspruch, als erster „eine falsifizierbare Führungstheorie zu sein, da er (...) scheinbar exakte Meßmethoden für die zentralen Variablen vorgegeben hat“ (Neuberger, 2002, S. 497).

„Dieses Führungsmodell gehört zu den vieldiskutierten Führungsmodellen der Gegenwart. Es wird von Fiedler als Kontingenzmodell bezeichnet, weil unter dem Wort „contingency“ die Bedingtheit bzw. Abhängigkeit von verschiedenen Situationen verstanden wird. Das Ziel des Modells besteht darin, die Effektivität der Führung in Abhängigkeit von verschiedenen Situationen zu untersuchen“ (Rahn, 1992, S. 103). Entsprechend der jeweiligen Führungssituation gebe es einen optimalen Führungsstil. Fiedler (1967) unterscheidet zwischen einem aufgaben- und einem personen- bzw. beziehungsorientierten Führungsstil in Abhängigkeit davon, in welchem Umfang die Situation die Einflussnahme des Führers begünstige oder erschwere (Schreyögg, 1995, Sp. 996). Zur Bestimmung dieser so von Fiedler (1967) bezeichneten „Situationalen Günstigkeit“, entwickelte er ein Konstrukt bestehend aus drei Variablen, - mit unterschiedlicher Gewichtung - die sich aus der „Positionsmacht“, d.h. dem Umfang der Sanktionsbefugnisse des Vorgesetzten, der „Aufgabenstruktur“, d.h. der Überschaubarkeit der Anforderungen und der „Führer-Geführten-Beziehung“, dem so genannten Gruppenklima zusammensetzt. Darauf baut Fiedler ein Klassifikationssystem von Führungssituationen auf.

Parallel dazu wird der persönliche Führungsstil über den LPC-Wert ermittelt.[39] Die „Least-Preferred-Co-worker" (LPC) Skala umfasst 18 Paare bipolarer Adjektive, die mittels einer 8-Punkte-Skala untergliedert ist und beschreibt - über einen Mittelwert, der den Führungsstil repräsentiert -, wie die Führungskraft über seinen „am wenigsten beliebten Mitarbeiter" urteilt und empfindet (Arnold & Kelsey, 1995, S. 283). Niedrige LPC-Werte entsprechen einer aufgabenorientierten Führung und hohe LPC-Werte stehen für Beziehungsorientierung. Die aufgabenorientierte Führung befriedigt das Bedürfnis nach Aufgabenlösung und Zielerreichung. Dieser Führungsstil bezieht sich also auf die Leistungsorientierung. Die personenorientierte Führung befriedigt das Bedürfnis nach guten menschlichen Beziehungen zwischen Führer und Geführten.

Fiedler benennt im Rückgriff auf frühere empirische Untersuchungen für jede Führungssituation eine geeignete Bandbreite von erforderlichen LPC-Werten der Führungskraft, um eine bestmögliche Arbeitsleistung zu erhalten.[40] In sehr ungünstigen und sehr günstigen Situation könne ein aufgabenorientierter Führer am erfolgreichsten agieren, ein beziehungsorientierter Führer vor allem in Situationen mit „mittlerer Günstigkeit" (Schreyögg, 1995, Sp. 996). Eine Unterscheidung in prinzipiell gute oder schlechte Führungskräfte erfolgt nicht mehr, sondern nur noch in für die jeweilige Situation gut oder schlecht geeignete Führungskräfte. Nach Fiedler (1967) gibt es keinen allgemeingültigen Führungsstil, sondern es gibt nur Führer, die sich in Bezug auf bestimmte Situationen nach einem bestimmten Stil richten (Rahn, 1992, S. 105ff.). Dieser Umstand sollte gerade in der Personalentwicklung beachtet werden.[41] Mit einer Beförderung oder einem Jobwechsel ändert sich oftmals auch die Führungssituation. Eine zuvor geeignete Führungskraft muss nicht mehr zwangsläufig passend sein (Weinert, 1981, S. 362).

---

[39] Anmerkung: Im Gegensatz zu allen anderen Autoren stellt der Führungsstil bei Fiedler nicht eine „zeit- und situationsstabile Verhaltensweise" dar, sondern einen persönlichkeitstypischen Wahrnehmungsstil des bzw. der Führenden.
Siehe auch: Neuberger, 2002, S. 497

[40] Anmerkung: Für Fiedler bedeutet Erfolg „Aufgabeneffektivität". Er ist nicht an Stimmung, Moral, Zufriedenheit oder ähnlichem interessiert. Aus diesem Grunde ist es ihm auch möglich Kriterien, wie Treffergenauigkeit von Panzer- oder Bomberbesatzungen, mit Umsätzen von Supermärkten und Anstichraten von Hochofen-Mannschaften zu vergleichen.
Siehe auch: Neuberger, 2002, S. 496ff

[41] Anmerkung: Fiedler steht klassischen Personalentwicklungsmaßnahmen eher skeptisch gegenüber, er befürwortet vielmehr ein „situational engineering", d.h. einer Anpassung der Situation an den vorherrschenden Führungsstil bzw. die entsprechende Führungskraft.
Siehe auch: Neuberger, 2002, S. 496

Diskussionswürdig erscheint, dass das Modell keine systematische Begründung bzw. Erläuterung darüber liefert, warum die benannten Situationstypen mit den identifizierten Führungstypen eine Kongruenzbeziehung bilden sollten (Schreyögg, 1995, Sp. 996). Fiedler (1978, S. 59-112) verweist zwar auf die Empirie und liefert einige ad hoc-Überlegungen um seine Folgerungen zu belegen, dennoch zeichnen zahlreiche nachfolgende Untersuchungen ein gänzlich anderes Bild seines Ansatzes. Von einer empirischen Bestätigung seiner Thesen kann Bass (1990) und Vecchio (1983, S. 404-408) zufolge nicht gesprochen werden. Dies gilt auch, trotz einer Übersichtsarbeit aus dem Jahre 1995, in der Fiedler, in Zusammenarbeit mit Mai-Dalton (1995, S. 940-953), kritische Studien ausblendet.

Neben der theoretischen Einzelkritik und den von Shiflett (1981, S. 765-769) diskutierten Meßschwierigkeiten, steht hauptsächlich die Konzeptualisierung des Situationseinflusses im Brennpunkt der Kritik. Es wird bezweifelt, dass der „Situationalen Günstigkeit" ein derart herausragender Einfluss zugesprochen werden kann. Dies gilt auch unter dem Gesichtspunkt, dass die - laut Modell, nicht gegebenen - jedoch potentiell vorhandenen Interaktionen zw. den Konstrukt-Variablen fragwürdig erscheinen. Eine hohe Positionsmacht sollte bspw. die Einflussmöglichkeiten des Führenden verbessern. Sie erzeugt aber gleichzeitig - in einem Großteil der Fälle - soziale Distanz, was wiederum der positiven Wirkung der Einflussmöglichkeiten entgegenwirkt (Schreyögg, 1977, S. 109-144).

McMahon (1972, S. 697-710) erachtet dagegen die nicht gegebene Interaktion von Führungsstil und Situation, d.h. der scheinbar nicht vorhandenen Einflussmöglichkeit der Führungskraft auf die Situationsausprägung, als diskussionswürdig.

Der Großteil der Kritiker fokussiert sich jedoch darauf, dass die Bestimmung des Situationseinflusses mittels der gegebenen Variablen nicht angemessen erfolgen kann (Wunderer & Grunwald, 1980). Neuberger (2002, S. 499) zufolge sind außer den drei Situationskomponenten noch eine Reihe anderer situativer Größen entscheidend. Die Charakteristika des Führers, wie auch Merkmale der Persönlichkeit der Geführten und deren Verhalten seien von Bedeutung. Damit schneidet Neuberger (2002, S. 499ff.) einen weiteren, von ihm überaus ausführlich behandelten Kritikpunkt an, den der Interpretation des LPC-Wertes. Fiedler habe - in Abhängigkeit der „Markterfordernisse" - den LPC-Wert als Persönlichkeitseigenschaft, als Indikator der motivationalen Hierarchie, als Ausdruck von Führungsstil u.v.m. gedeutet um die Ergebnisse verschiedener Untersuchungen theoriekonform auslegen zu können. Fiedler sei ein klassisches Beispiel für die „Exhaustionsstrategie", d.h. einer Vorgehensweise, die „durch immer neue Zusatzannahmen eine radikale Neukonzeption eines Ansatzes umgeht" (Neuberger, 2002, S. 501).

Die Anregungen der Literatur zur Verbesserung bzw. Weiterentwicklung des Fiedlerschen Kontingenzansatzes zielen im Wesentlichen auf eine Ausweitung der Situationsvariablen ab. Auf Grundlage einer kritischen Literaturdurchsicht identifiziert Kerr et al. (1974, S. 62-82) bspw. zehn Faktoren, die elementar für eine Situationstheorie der Führung seien. Dazu seien u.a. Zeitdruck, Rollenambiguität[42] und Hierarchieebene zu zählen. Eine Vielzahl weiterer relevanter Situationsfaktoren benennt Bass (1990).

Schreyögg (1977, S. 109-144) zufolge steige aber auch mit der zunehmenden Berücksichtigung von Situationsvariablen, die theoretisch zu bewältigende Anzahl der Verknüpfungen. Eine Alternative zur Auflistung „zahlloser Einzelkonstellationen" stelle das Führungsmodell von Yukl dar.

1.5.3.2 Das Multiple Verknüpfungsmodell von Yukl

Das Multiple Verknüpfungsmodell oder auch Führungsmodell nach Yukl unterscheidet zwei Arten von Situationsvariablen. Entsprechend der nachfolgenden Abbildung 18 benennt Yukl intervenierende und moderierende Variablen, die zwischen Führungsverhalten und Führungserfolg treten. In Abhängigkeit deren Ausprägung und Anknüpfungspunkt wirken sie unterschiedlich auf eben diesen Erfolg ein (Yukl, 1989).

Intervenierende Variablen stellen dabei Prozessvariablen dar, die „Kausal- in Endresultat-Variablen transformieren" (Schreyögg, 1995, Sp. 996). Yukls Modell weist sechs derartige intervenierende Variablen auf, die teilweise aus dem individuellen Umfeld stammen, wie Leistungsbereitschaft, Aufgabenklarheit und Qualifikation, dem Gruppenbereich, wie Arbeitsorganisation und Gruppenkohäsion und dem Organisationsbereich mit Ressourcenausstattung und der so genannten funktionsübergreifenden Koordination. Prinzipiell

[42] Anmerkung: Von „Ambiguität", die (lat. ambiguitas: Zweideutigkeit, Doppelsinn) oder Mehrdeutigkeit spricht man, wenn ein Zeichen bzw. Ausdruck mehrere Bedeutungen hat.

kann gesagt werden, dass die (Gruppen-)Leistung umso höher ausfällt, umso positiver diese intervenierenden Variablen ausgebildet sind (Yukl, 1989).

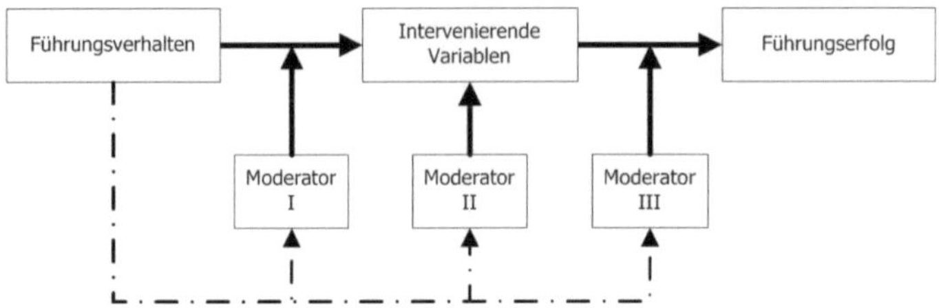

Abbildung 18: Das Multiple Verknüpfungsmodell in Anlehnung an Yukl[43]

Betrachtet man hingegen die moderierenden Variablen, unterscheiden sich diese nach dem Angriffspunkt an der Wirkungskette zwischen Führungsverhalten und Führungserfolg. Die in o.g. Abbildung 18 als „Moderator I" bezeichnete Variablen-Gruppe umschreibt die Gestaltungsmöglichkeiten bzw. auch Restriktionen des Führenden, die intervenierenden Variablen in seinem Sinne zu beeinflussen. Die Gruppe der „Moderator II"-Variablen erfasst „überformende" Faktoren wie Organisationsstruktur, Lohnsystem, Betriebsklima und deren unmittelbare Auswirkungen auf die intervenierenden Variablen. Die dritte Gruppe, die „Moderator III"-Variablen zielen auf die Kräfte ab, die die intervenierenden Variablen untereinander beeinflussen. Die Kooperationsbereitschaft spielt bspw. dann eine geringe Rolle, wenn Mitarbeiter an eigenständigen Projekten tätig sind (Yukl, 1989).

Kurzfristig spiegeln die Moderatorvariablen - entsprechend ihrer Konzeption - die situativen Gegebenheiten wider. Langfristig jedoch kann deren Beeinflussbarkeit durch die Führungskraft festgestellt und festgehalten werden.

Yukl (1989) geht davon aus, dass der Führungserfolg maßgeblich davon abhängt, wie bzw. ob es dem Führenden möglich ist, vorherrschende Defizite in den intervenierenden Variablen auszugleichen. Der Einfluss der Moderatorvariablen definiere, welche Bedeu-

[43] In Anlehnung an: Yukl, 1989.

tung einer intervenierenden Variablen zukomme, wie groß das Ausmaß möglicher Defizite sei und welcher Handlungsspielraum der Führungskraft zur Verfügung steht. Durch ein situativ passendes Führungsverhalten sei es jedoch möglich, diesen „Ausgleich" zu realisieren und „erfolgreich" zu führen. Dazu habe sich die Führungskraft vor allem darauf zu konzentrieren, dass sie Entscheidungen treffe, Einfluss nehme, Beziehungen aufbaue und Informationen gebe und besorge (Schreyögg, 1995, Sp. 997).

Yukl (1989) hat sein Modell sehr offen formuliert, noch hat er es empirisch fundiert. Über eine Vielzahl nicht benannter Bezüge erscheint das Multiple-Verknüpfungsmodell eher intransparent. Eine Ableitung von konkreten Handlungsanleitungen ist somit kaum möglich. Kritisch merkt Neuberger (2002, S. 522f) an, dass die „Theorie" bei Yukl darin bestehe, für jede seiner Variablen zahlreiche Einzelstudien und Ergebnisse zu referieren um diese damit scheinbar empirisch zu fundieren. Die Zusammenstellung der Studien und Erkenntnisse sei jedoch „willkürlich und kontextfrei" erfolgt.

Eine Möglichkeit, trotz vielfältiger situativer Einflüsse, eine klare Handlungsempfehlung zu entwickeln, bietet das nachfolgend vorgestellte Modell, der situationsanalytische Ansatz von Vroom & Yetton (1973).

1.5.3.3 Der situationsanalytische Ansatz nach Vroom & Yetton

Der auch als Vroom & Yetton-Modell bezeichnete situationsanalytische Ansatz verfolgt die Zielsetzung, - im Sinne einer Entscheidungsheuristik - die Führungssituation derart zu gestalten bzw. zu formalisieren, dass sich aus einem Bündel von Führungsstilen, der jeweils spezifisch geeignete ermitteln lässt (Vroom & Yetton, 1973). Grundlage dieses Ansatzes stellt die Erkenntnis dar, basierend auf zahlreichen empirischen Untersuchungen und entsprechenden Zusammenfassungen u.a. von Locke & Schweiger (1978, S. 265-339), dass sich kein allgemein überlegener Führungsstil benennen lässt. Es sei vielmehr erforderlich, die Wahl des Führungsstils von der jeweiligen Situation abzuleiten (Jago, 1995, Sp. 1058ff.)

Um die Situation zu bestimmen, werden in der ersten Fassung des Vroom-Yetton-Modells sieben charakteristische Merkmale erfasst, die sich in „Aufgabenmerkmale", wie Problemstruktur, Qualitätserfordernisse u.ä. und „Mitarbeitereinstellungen", wie die mutmaßliche Akzeptanz der Entscheidung, untergliedern (Schreyögg, 1995, Sp. 997). Um die Komplexität des Modells überschaubar zu gestalten, wird die Auswahl des entsprechenden Führungsstils wie ein sukzessiver Prozess gestaltet, vergleichbar der Vorgehensweise mit einem Entscheidungsbaum. Mit Hilfe von sieben Filterfragen, die sich auf die Situationsmerkmale beziehen, erfolgt die schrittweise Reduktion des „Entscheidungsfeldes" (Schreyögg, 1995, Sp. 997). In der Konsequenz lässt sich daraus, der für die spezifische Situation geeignete Führungsstil ableiten.

1988 erweitern Vroom & Jago die Selektionskriterien um die Komponenten Zeitdruck, Verteilung der Mitarbeiter und Informationsstand der Mitarbeiter um die Auswahl des Führungsstils weiter zu optimieren.

Field (1979, S. 249-257) und Sydow (1981, S. 1-17) kritisieren das Modell u.a. wegen seiner starren, mechanistischen Anlage. Fragwürdig sei die häufig anzutreffende, jedoch per Definition, ausgeschlossene Mehrdeutigkeit von Entscheidungssituationen. Die schrittweise Reduktion der Komplexität der Entscheidungssituation erzeuge eine künstliche Situationsbeschreibung, der man keinerlei praktische Relevanz mehr zuweisen könne. Zweifelhaft erscheine auch die angenommene vollständige Kontrolle der Führungskraft über sein Führungsverhalten. Kritisch wird darüber hinaus das hoch reflexive, nicht spontane Handlungskonzept angesehen. Zwar stützen einige empirische Untersuchungen, wie die von Böhnisch & Jago & Reber (1987, S. 85-93) oder von Tyosvold et al. (1986, S. 125-138), die Wahl des jeweiligen Führungsstils innerhalb der konstruierten Situationstypen. Eine empirische Überprüfung des gesamten Modells erscheint aufgrund dessen analytischen Charakters jedoch schwer möglich und wurde dementsprechend nicht realisiert (Schreyögg, 1995, Sp. 997).

1.5.3.4 Der Weg-Ziel-Ansatz

Der in seiner heutigen Form bekannte und auch als „Path-Goal-Theory" bezeichnete Ansatz wurde von Evans (1970) und House (1971) jeweils unabhängig voneinander Anfang der 70er Jahre publiziert. Er greift auf Arbeiten des Instituts for Social Research an der University of Michigan zurück. Georgopoulos et al. (1957, S. 345-353) veröffentlichten ihre Tests der Erwartungstheorie der Motivation (Evans, 1995, Sp. 1076ff). Vrooms erweitert 1964 in seinem Werk „Work and Motivation" die Theorie, indem er Entscheidungsmöglichkeiten der Mitarbeiter bzw. des Vorgesetzten im Sinne einer Gestaltung der Rahmenbedingungen miteinbezieht im Hinblick auf die Arbeitsaufgabe, die Organisation und die Stärke des Arbeitseinsatzes (Evans, 1995, Sp. 1076ff). Ebenfalls beeinflusst werden Evans und House durch die zwischenzeitlichen Veröffentlichungen von Kahn (1958). Kahn geht davon aus, dass der Einfluss des Führenden auf die Produktivität und Zufriedenheit der Mitarbeiter auch von deren persönlichen und damit individuell unterschiedlichen Motivation und Akzeptanz abhängt. Die Akzeptierbarkeit des Führerverhaltens durch die Mitarbeiter und die motivationale Funktion des Führenden stellen damit auch die zwei Grundhypothesen des Weg-Ziel-Ansatzes dar (House & Mitchell, 1974, S. 81-97).

Im Gegensatz zur gängigen Betrachtungsweise, bei der der Führungskraft alle Aufmerksamkeit gilt, steht der Geführte im Blickfeld der Forscher. Der Rückgriff auf die Erwartungstheorie der Motivation führt zu einer Orientierung an den Handlungsentscheidungen des Geführten. Grundlegend ist die Annahme, dass sich Menschen bei Vorliegen mehrerer Handlungsmöglichkeiten für die Alternative entscheiden, von der sie sich den größten Nutzen versprechen. Dementsprechend wird ein Mitarbeiter den günstigsten Weg und die für ihn sinnvollste Methode wählen, um seine Ziele im Rahmen der Organisation zu erreichen (Wunderer, 1993, S. 17). Optimale Arbeitsergebnisse sind dann zu erwarten, wenn der Geführte seine individuellen Ziele durch Erreichung der ihm vorgegebenen bzw. gemeinsam entwickelten Gruppenziele erreichen kann. Dem Prozess der Zielfindung und Zielvereinbarung kommt damit eine wesentliche Rolle zu (Vroom & Jago, 1991, S. 51). Die Führungsaktivität sollte demzufolge darin bestehen, realistische Ziele zu setzen und zu vereinbaren. Darüber hinaus sollte die Führungskraft den Mitarbeitern nicht nur Mittel und Wege (path) aufzeigen bzw. zur Verfügung stellen sondern auch die erfolgreiche Zielereichung (goal) entsprechend honorieren[44]. In der Entwicklung und dem Aufzeigen entsprechender Wege kann die Führungskraft nachhaltigen Einfluss auf die subjektive Erfolgswahrscheinlichkeit des einzelnen nehmen. Entsprechend stellt sich auch die Akzeptanz des eingesetzten Führungsstils ein. Umso mehr dieser Stil für das Erreichen bestimmter Zielvorstellungen der Mitarbeiter dienlich ist, umso eher wird er deren Akzeptanz finden und unterstützend wirken.

[44] Anmerkung: Unter der Honorierung der Leistung sind sowohl extrinsische wie auch intrinsische Anreize zu verstehen.

„Das Maß, in welchem die Führungskraft bei der operativen Tätigkeit unterstützend einwirken sollte, wird in Abhängigkeit der Strukturiertheit und dem Anspruch der Aufgabe gegliedert. Dem Mitarbeiter soll genügend Verantwortung überlassen werden, um aus der Arbeit selber und dem Erreichen der anspruchsvollen Ziele Befriedigung zu ziehen. Die Fokussierung auf den Geführten, der die eigentliche Arbeit zu erbringen hat und die zentrale Aufgabe der Führungskraft, ihm geeignete Wege zu ebnen, lassen diesen Ansatz (...) erfolgsversprechend erscheinen (Staehle, 1999, S. 357ff).

Der Weg-Ziel-Ansatz stellt sich als durchgängiges und logisch nachvollziehbares Modell dar. „Angesichts des Nichtvorhandenseins von Studien, die die kritischen motivationalen Hypothesen der Theorie überprüft haben, ist es (jedoch) schwer zu behaupten, dass die Theorie eine hinreichende Überprüfung gefunden hat“ (Evans, 1995, Sp. 1076ff.).

1.5.3.5 Kritische Würdigung

Die Situationstheorien haben einen wesentlichen Beitrag dazu geleistet, das Verständnis über und die Zusammenhänge innerhalb der Führungsprozesse zu erweitern. Dennoch erscheinen einige Punkte weiterhin diskussionswürdig.

Auch wenn eine Abkehr von früheren Theorien, die dem „one best approach“ verhaftet sind, feststellbar ist, verfolgt der Großteil der Ansätze weiterhin die Zielsetzung den idealen Führungsstil zu finden. Der Unterschied besteht jetzt nur darin, dass die Suche situationsspezifisch erfolgt. Inwieweit sich die Komplexität einer Situation jedoch reduzieren lässt, um dennoch eine einzige praxisrelevante Handlungsoption abzuleiten, erscheint mehr als fragwürdig. Die strenge Kausalität, der Determinismus des Aufbaus der gängigen „Theorien“ scheint den praktischen Gegebenheiten des Führungsalltags nicht zu genügen (Schreyögg, 1995, Sp. 1003). Die postulierten Abhängigkeiten zwischen Führung, Situation und Erfolg stellen sich in der Realität weitaus weniger zwingend dar als in der Theorie. Es könnte sich aus diesem Grunde empfehlen, zukünftig verstärkt die Freiheitsgrade und Interaktionsmöglichkeiten der Situation zu betrachten als den Zwängen der Situation zu folgen (Schreyögg, 1995, Sp. 1003).

Ungeklärt ist theoretisch bislang auch die Kongruenz, die Übereinstimmung („Fit“) von Führungsstil und Situation. Der Verweis auf die Empirie hilft dabei nicht weiter. Kongruenz liegt nicht notwendigerweise vor, wenn eine entsprechende Konstellation aus Situation und Führungsstil zu Erfolg führt. Ob Kongruenz als Strukturgleichheit oder Komplementarität zu verstehen sei, ist nach Schreyögg noch gänzlich ungeklärt (Schreyögg, 1995, Sp. 1003). „Dies zeigt, dass „Kongruenz" eben kein objektives Faktum ist, das quasi als Code in der Situation steckt und nur entschlüsselt werden müsste, sondern erst das Ergebnis einer theoretischen Argumentation sein kann" (Schreyögg, 1982, S. 73-78).

1.5.4 Der Interaktions-Ansatz

Bisherige Ansätze haben die Situations-, wie auch die Verhaltensvariablen als gegeben angenommen und deren Zusammenwirken auf eine Resultatsvariable untersucht (Schreyögg, 1995, Sp. 996). Der Interaktionsansatz versteht die Situation und die Führung nicht als unabhängige Variable, sondern als sich gegenseitig beeinflussende Faktoren. Führung stellt sich hierbei als ein interaktiver, dynamischer Prozess dar, der durch das Zusammenwirken verschiedener Einflussgrößen bestimmt ist. Dazu gehören die Persönlichkeitsmerkmale der Beteiligten, die objektiven Bedingungen der Situation sowie deren subjektive Wahrnehmung. Führung ist demgemäß ein Wechselwirkungs-, ein Interaktionsprozessprozess zwischen Vorgesetzten, Mitarbeitern und Situation.

In der Literatur, bspw. bei Schreyögg (1995, Sp. 996), wird der Interaktionsansatz teils den Situationstheorien zugerechnet, teils als eigenständiger Ansatz, wie bspw. bei Herbig (2005) geführt.

1.5.4.1 Die Reifegradtheorie

Die personen- und geführtenorientierte Reifegradtheorie, auch bekannt unter der Bezeichnung „Situationale Führungstheorie", von Hersey & Blanchard (1988) wurde in der Praxis breit aufgenommen (Wunderer, 1995, S. 1369ff.). Sie basiert auf dem 3-D-Modell von Reddin (1977). Hersey & Blanchard (1988) formulieren eine „Reifezyklustheorie" der Führung, bei dem der Führende seinen Führungsstil in Abhängigkeit der jeweiligen Mitarbeiter(-reife) variiert (Schreyögg, 1995, Sp. 1000).

Entsprechend dem 3-D-Modell von Reddin zugrunde liegenden Leadership-Quadranten der Ohio-State-Studien kombinieren sie die Dimensionen Aufgaben- und Personenorientierung zu vier Führungsstilen. Daneben berücksichtigen Hersey & Blanchard (1977) in ihrem ursprünglichen Modell die Situation mit einer Variablen, der Reife der Mitarbeiter. Diese setzt sich aus zwei Faktoren zusammen, der so genannten Funktionsreife und der psychologischen Reife. Die Fertigkeiten, Kenntnisse und Erfahrungen, die ein Mitarbeiter benötigt um seine Aufgaben zu realisieren, umschreibt die Funktionsreife. Die psychologische Reife wiederum beschreibt die Motivation, Leistungsorientierung und Verantwortungsbereitschaft eines Mitarbeiters (Schreyögg, 1995, Sp. 1000).

Im Zeitverlauf ändert sich die Bezeichnung dieser dritten Dimension bei Hersey & Blanchard (1993, S. 130). „We call the third dimension effectiveness because in most organizational settings various performance criteria are used to measure the degree of effectiveness or ineffectiveness of a manager or a leader. (...) Although effectiveness appears to be an either/ or situation in this model, in reality it should be represented as continuum."

Inhaltlich lässt sich diese Aussage dergestalt verstehen, dass mit einem zunehmenden Reifegrad der Mitarbeiter, deren Effektivität zunimmt. Ungeachtet dessen identifizieren Hersey & Blanchard vier Reifegrade, denen sie dementsprechend vier Führungsstile zuweisen. Diese bezeichnen sie als Unterweisen bzw. Anweisen („Telling"), Verkaufen („Selling"), Beteiligen („Partizipating") und Delegieren („Delegating"). Nachfolgende Abbildung 19 verdeutlicht die Kongruenz von Führungsstil und Reifegrad. Verfügt der Mitarbeiter hinsichtlich der anstehenden Aufgabe bspw. über geringe Fähigkeiten und eine ebensolche Motivation, empfiehlt sich ein anweisender, direktiver Führungsstil. Sollte der Mitarbeiter jedoch über eine hohe Kompetenz und dementsprechende Motivation verfügen, stellt sich ein delegativer Führungsstil als effizient dar. Mit zunehmender Reife verliert die Aufgabenorientierung mehr und mehr an Bedeutung, wohingegen die Mitarbeiterorientierung bis zu einem gewissen Punkt zunimmt (Übergang vom II. zum III. Quadranten). Ab diesem Moment ist aus Sicht des Führenden die Aufgaben- wie auch Beziehungsorientierung zu reduzieren, um ein Höchstmaß an Effektivität zu erzielen. Im fortgeschrittenen Reifestadium, im IV. Quadranten ist eine breite Delegation zu empfehlen mit der Betonung auf Selbständigkeit.

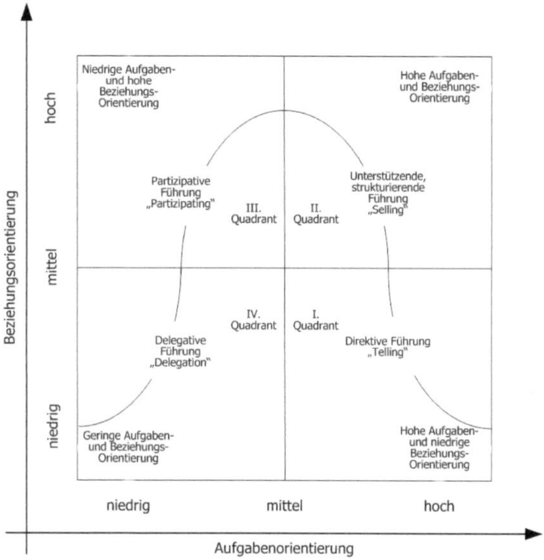

Abbildung 19: Das Reifegradmodell von Hersey & Blanchard[45]

Da der Reifegrad der Mitarbeiter sich jedoch in Abhängigkeit des Führungsverhaltens und entsprechend des Arbeitskontexts entwickle, ist das Modell dynamisch und als Prozess zu verstehen.[46] Im Zeitverlauf haben die Führungskräfte damit die Aufgabe die Situation mittels ihres Führungsverhaltens positiv zu beeinflussen, d.h. den Reifungsprozess der Mitarbeiter zu fördern, sowohl in Bezug auf deren Fertigkeiten als auch in Bezug auf deren Selbstachtung und Selbstvertrauen (Hersey & Blanchard, 1993, S. 206). Aus diesem Grunde sollte die Führungskraft in der Lage sein, jeden der vier Stile gleichzeitig zu praktizieren bzw. über ein entsprechend variables Führungsverhalten verfügen. Inwieweit ein derartiges Verhalten überhaupt erlernbar ist, darüber liegen keinerlei Erkenntnisse vor.

[45] Anmerkung: Die Grafik ist in Anlehnung an Hersey & Blanchard entstanden, jedoch nicht entsprechend deren Ausrichtung der x-Achse von stark bzw. hoch zu wenig bzw. niedrig sondern, aus Gründen der Anschaulichkeit und Verständlichkeit, in der entgegengesetzten Richtung.
Vgl.: Hersey & Blanchard, 1993, S. 186

[46] Anmerkung: Konzeptionell betrachtet stellt das Reifegradmodell von Hersey & Blanchard eine dynamisierte Version des „Moderator-Ansatzes" dar.

Empirische Untersuchungen der Kongruenz-Annahmen liegen nach Veccio (1987, S. 444-451) nur in widersprüchlicher Form vor. Die bisherigen empirischen Forschungsergebnisse sind daher eher unbefriedigend.[47] Was die theoretische Fundierung anbelangt, wird u.a von Graeff (1983, S. 285-291) die ungeklärte Auswahl der Dimensionen und deren Abhängigkeiten untereinander kritisiert. Fragewürdig erscheint auch, aufgrund der subjektiven Beurteilung, die Einschätzung des Reifegrads des Mitarbeiters durch die Führungskraft selbst.

Einen weiterer Kritikpunkt stellt außerdem die Nicht-Berücksichtigung des Einflusses der Mitarbeiter auf den Führenden dar. Gerade Neuberger (2002) hatte sich mit diesem Aspekt intensiv auseinander gesetzt.

1.5.4.2 Die Differenzierungstheorie der Führung nach Graen

Die Differenzierungstheorie der Führung ist auch unter dem Namen „leader-member exchange theory" (LMX-Theorie) bekannt. Dieser auf Graen & Cashman (1975, S. 143-166) bzw. Graen, Novak & Sommerkamp (1982, S. 109-131) zurückgehende Ansatz hebt den prozessartigen Charakter der Führung besonders hervor.

Graen et al. (1975 und 1982) setzen bei der Differenzierungstheorie der Führung an den diversen und unterschiedlichen Interaktionsmustern bzw. den Austauschbeziehungen des Führenden zu den ihm unterstellten Mitarbeitern an. Der Vorgesetzte entwickelt im Laufe der Zeit eine intensive Beziehung zu einem ausgewählten Kreis einiger weniger seiner Mitarbeiter, die Graen & Cashman (1975, S. 151) als so genannte „in-group" bezeichnet. Die Ursachen dieses Beziehungsaufbaus sind sowohl persönlichen Eigenschaften der Beteiligten, wie bspw. Alter, Geschlecht, charakterlichen Merkmalen etc. ge-

[47] Anmerkung: Nach Aussage von Hersey & Blanchard haben „mehr als zehntausend Vorgesetzte" den LEAD-Test absolviert. 84% lägen im Bereich zwischen +/- 6. Für die Theorie wie auch die Vermarktungspraxis ist das ein sehr günstiges Ergebnis, da die größte Zahl der Führungskräfte nicht so schlecht ist, dass sie das Modell als ungünstig ablehnen müsste, aber andererseits auch nicht so gut, dass sie nichts mehr dazulernen könnten.
Das Diagnose-Instrument LEAD (Leader-Effectiveness and Adaptability Description) erfasst die Gesamt-Reife in Form eines einzigen Summenwerts. Es besteht aus 12 Items, die jeweils eine bestimmte Situation skizzieren und dann entsprechend der vier Führungsstile vier Antwortmöglichkeiten zur Auswahl vorgegeben.
Vgl.: Neuberger, 2002

schuldet. Sie können aber auch auf situativen Einflüssen, wie bspw. Aufgabenstellung, Zeitdruck usw. beruhen.

Die Ausgrenzung der restlichen Mitarbeiter, der so genannten „out-group“ führt zu einem stark differenzierenden Interaktionsmuster. D.h. die beiden Gruppierungen werden unterschiedlich geführt und integriert (Schreyögg, 1995, Sp. 1002). Die „in-group“ genießt in diesem Sinne ein hohes Maß an Vertrauen und Förderung durch den Vorgesetzten. Sie wird im Allgemeinen partizipativ geführt und an Entscheidungsprozessen beteiligt. Die auf diese Weise geförderten und eingebundenen Mitarbeiter sind der LMX-Theorie zufolge weitaus produktiver und zufriedener als die Mitarbeiter der „out-group“. Im Laufe der Zeit führt dies dazu, dass sich die Differenzierung der Gruppierungen weiter festigt. Dies wiederum hat zur Folge, dass der Vorgesetzte noch weniger geneigt ist, „seine Aufmerksamkeit neu zu verteilen“ und seine Verbundenheit mit bzw. die Abhängigkeit von der „in-group“ zunimmt (Schreyögg, 1995, Sp. 1002).

Empirische Untersuchungen von Vechio & Gobdel (1984, S. 5-20) stützen in Teilbereichen die „Differenzierungstheorie der Führung“. Dunegan et al. (2002, S. 275-285) können in ihrer Arbeit sogar einige offene Fragenstellungen früherer Untersuchungen ausräumen.

Diskussionswürdig erscheint der Ansatz von Graen et al. (1975 und 1982) jedoch aus ethischen Gründen. Die Entwicklung einer „Zwei-Klassen-Gesellschaft“ erzeugt nicht nur Unzufriedenheit, Neid und nachlassende Motivation bei einem Teil der Gruppe. Es reduziert nach Yukl (1989) auch die Möglichkeiten auf breiter Ebene, Formen der Kooperation und Zusammenarbeit zu praktizieren.

Dennoch kann dieser Ansatz - vielleicht auch deshalb - als bemerkenswert bezeichnet werden, da er nicht nur eine alternative Sichtweise des Führungsprozesses darstellt, sondern „konzeptionell (...) eine andere (Möglichkeit) zur statischen Zuordnungsmechanik der meisten situativen (im Kontext dieser Arbeit interaktiven) Ansätze bietet“ (Schreyögg, 1995, Sp. 1002).

1.5.4.3 Die Soziale Lerntheorie der Führung

Die Soziale Lerntheorie der Führung stellt eine Spielart der behaviouristischen Theorie des sozialen Lernens dar (Luthans & Rosenkrantz, 1995, Sp. 1005ff.). Diese versucht die Ursachen und Einflussmöglichkeiten auf Verhaltensänderungen zu erläutern. Obwohl Lerntheorien in ihren Ursprüngen als „geführtenzentriert" angesehen werden, und damit den verhaltensorientierten Ansätzen zuzurechnen sind, erfolgt in diesem Kontext eine Betrachtung innerhalb der Interaktionsansätze. Speziell die Soziale Lerntheorie der Führung findet sich im interaktionalen Wechselspiel von Situation, Führungsverhalten und Geführtem wieder.

Einer der populärsten Ansätze dieses Forschungszweigs setzt sich mit der Arbeitsmotivation auseinander um Verhalten zu erklären. Bekannteste Vertreter dieser Ausrichtung sind Maslow (1954), Vroom (1964), Adams (1965) und Locke (1968). Sie gehen davon aus, dass das Verhalten von der jeweiligen Person eigenständig gesteuert wird. Typische Persönlichkeitsmerkmale, Einstellungen, Bedürfniszustände, Motivationsausprägungen, Werte etc. seien die Steuerungselemente, die das Verhalten des einzelnen bestimmen (Luthans & Rosenkrantz, 1995, Sp. 1005ff.).

Ein weiterer Ansatz geht davon aus, dass das Verhalten maßgeblich durch Umweltbedingungen beeinflusst wird. Unter Umweltbedingungen sind in diesem Kontext externe Einflussfaktoren, wie bspw. tarifliche Gegebenheiten oder Risikoneigung des Arbeitsplatzes zu verstehen, die eine nachhaltige Anpassung der Verhaltensweise zur Folge haben. Luthans & Rosenkrantz (1995), wie auch sinngemäß Skinner (1953) und Nord (1969) betonen, dass man Kontingenzen durch operantes Lernen bzw. operantes Konditionieren verstärken, wie auch „bestrafen" kann (Luthans & Rosenkrantz, 1995, Sp. 1005ff.). Aus diesem Ansatz heraus entwickelten sich verschiedene behaviouristische Führungspraktiken, wie die von Frederiksen (1982), Miller (1978) oder Luthans & Kreitner (1985).

Die dritte Ausrichtung der Theorie des sozialen Lernens verknüpft diese beiden Ansätze. Demzufolge wird das Verhalten sowohl von der Person als auch der Umwelt beeinflusst. Ein Großteil der bekannten Theoriemodelle, die das Verhalten in Organisationen erläutern, wie bspw. das 7-S-Modell, diese basieren auf diesem Ansatz.

Die Soziale Lerntheorie der Führung stellt einen vierten und den derzeit aktuellsten Forschungsansatz dar. In wesentlichen Elementen basiert sie auf den Arbeiten Banduras (1977). Er integriert in das komplexe, dynamische Zusammenspiel der gegenseitigen Beeinflussung von Führendem, Geführtem und Umwelt das so genannte „Modelllernen". Kerngedanke dieses Ansatzes ist es, das Personen nicht nur aus den Konsequenzen ihres eigenen Handelns lernen, sondern auch aus den Erfahrungen und Erkenntnissen anderer (Herbig, 2005).

Dieser Ansatz liefert nicht nur einen weiteren, vertiefenden Einblick in die komplexen, vielschichtigen Aspekte des Führungsverhaltens. In zahlreichen Führungstrainings konnte auch von guten Erfahrungen des „Modelllernens" gegenüber anderen Trainingsformen berichtet werden (Neuberger, 2002, S. 585). Eine gute Übersicht bieten die Arbeiten von Robertson (1990), Sims & Lorenzi (1992) und Sonntag & Stegmaier (2000).

1.5.4.4 Kritische Würdigung

Der Interaktionsansatz stellt in seiner Komplexität, der Vielfalt der gegebenen Interaktionsmöglichkeiten ein hervorragendes Modell dar, um existente Verhaltensweisen nachvollziehbar und erklärbar zu beschreiben. Er liefert damit einen ausgezeichneten Ansatz zur Erklärung der verschiedenen, vorherrschenden Zusammenhänge. Darin begründet sich jedoch genau die Diskussionswürdigkeit des Ansatzes. Aufgrund dieser Vielfältigkeit bestehen gewisse Schwierigkeiten bei der Erfassung der zahlreichen Interaktionen, der Bestimmung einer stringenten Kausalität. Eine empirische Überprüfung der getätigten Aussagen ist in den wenigsten Fällen ausreichend gegeben. Die bisherigen empirischen Forschungsergebnisse sind daher eher unbefriedigend.[48] Was die theoretische Fundierung anbelangt, wird u.a von Graeff (1983, S. 285-291) speziell in Bezug auf das Reifegradmodell von Hersey & Blanchard (1993) die ungeklärte Auswahl der Dimensionen und

[48] Anmerkung: Nach Aussage von Hersey & Blanchard haben „mehr als zehntausend Vorgesetzte" den LEAD-Test absolviert. 84% lägen im Bereich zwischen +/- 6. Für die Theorie wie auch die Vermarktungspraxis ist das ein sehr günstiges Ergebnis, da die größte Zahl der Führungskräfte nicht so schlecht ist, dass sie das Modell als ungünstig ablehnen müsste, aber andererseits auch nicht so gut, dass sie nichts mehr dazulernen könnten.
Das Diagnose-Instrument LEAD (Leader-Effectiveness and Adaptability Description) erfasst die Gesamt-Reife in Form eines einzigen Summenwerts. Es besteht aus 12 Items, die jeweils eine bestimmte Situation skizzieren und dann entsprechend der vier Führungsstile vier Antwortmöglichkeiten zur Auswahl vorgegeben.
Vgl.: Neuberger, 2002

deren Abhängigkeiten untereinander kritisiert. Dennoch sind zukünftig weitere interessante Erkenntnisse aus dem Umfeld des Interaktionsansatzes und speziell der Sozialen Lerntheorie der Führung zu erwarten und zu begrüßen (Regnet, 1999, S. 47-59).

1.6 Messung von Führungsverhalten im Allgemeinen

Kernelement aller empirischen Forschungsbemühungen stellt die Bestimmung der Verhaltensdimension der Führung dar. Determinanten der Führung oder die sich daraus ableitenden Konsequenzen lassen sich empirisch nicht „ohne adäquate Methoden zur Einschätzung des Führerverhaltens selbst“ untersuchen (Korman, 1974, S. 62-82). Staehle (1999, S. 329) weist jedoch darauf hin, dass bei der empirischen Führungsforschung ein erhebliches Messproblem besteht. Aus diesem Grunde erfolgt in diesem Kapitel ein Überblick über die gängigen Methoden der empirischen Führungsforschung, deren Entstehung bzw. Hintergründe und deren Eignung im Hinblick auf die Erfüllung von Validitäts- und Reliabilitäts-Kriterien[49]. Die nachfolgende Abbildung 20 stellt den Aufbau des Kapitels dar.

Beginnend mit den Fragebogenmaßen werden die am besten dokumentierten Verfahren wie die Ohio-State-Skalen, die Least-Preferred-Coworker (LPC) Skala und der Managerial Behaviour Survey erläutert. Der Multifactor Leadership Questionnaire (MLQ), der in den vergangenen Jahren zunehmend an Bedeutung gewann, erfährt aufgrund der zahlreichen Untersuchungen, die sich ihm widmeten und aktuell noch widmen, ebenfalls eine umfangreiche Würdigung.

Hinsichtlich der Beobachtungsmaße liegt das Augenmerk auf dem Leader Observation System von Luthans & Lockwood. Abschließend werden alternative Maße diskutiert, die u.a. auf der Untersuchung bzw. Auswertung von Autobiographien, Reportagen, Antrittsreden, Fallstudien etc. beruhen (Arnold & Kelsey, 1995, Sp. 278).

[49] Siehe auch: Campbell & Stanley 1963; Cook & Campbell 1973; Campbell 1979; Ghiselli et al. 1983; Kerlinger 1973;

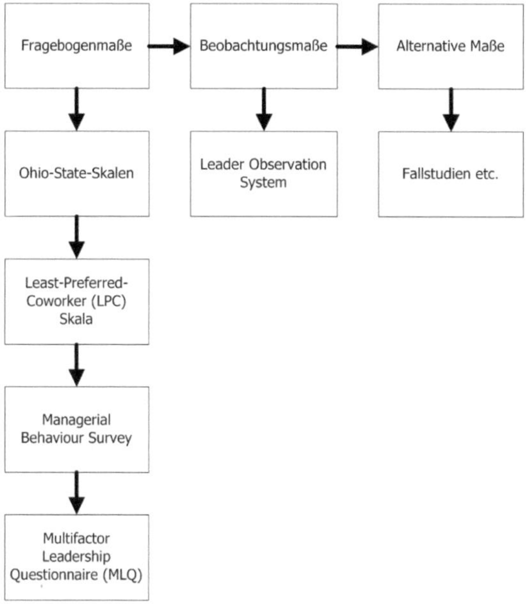

Abbildung 20: Übersicht Empirische Methoden der Führungsforschung

1.6.1 Fragebogenmaße

In den vergangenen 60 Jahren wurden mehrere Tausend Studien durchgeführt, die Fragebögen zur „Messung von Führerverhalten und seiner Kriteriumsvariablen einsetzten" (Yukl, 1989). Allein zw. 1960 und 1976 konnten Schriesheim & Kerr (1977, S. 51-56) in einer Übersicht zur Führungsforschung mehr als 120 unterschiedliche Fragebogenmaße identifizieren. Bedauerlicherweise entsprach die Anzahl der Fragebogenmaße in etwa der Anzahl der Studien. Dementsprechend liegen keinerlei aussagekräftigen Einschätzungen über die psychometrischen Eigenheiten des Großteils der verwandten Skalen vor.

Es finden sich mittlerweile jedoch vier Skalen, der „Leader Behaviour Description Questionnaire" (LBDQ) der Ohio State Forscher, die Least-Preferred-Coworker (LPC) Skala von Fiedler, der „Managerial Behavior Survey" von Yukl und seinen Mitarbeitern, sowie der „Multifactor Leadership Questionnaire" (MLQ) von Bass, die eine erfreuliche Ausnahme bilden und zu den wohl am meisten erforschten und untersuchten Instrumenten der empirischen Führungsforschung zählen (Arnold & Kelsey, 1995, S. 278). Eagly & Johnson (1975, S. 736-741) stellten bspw. 1990 in einer Metaanalyse von 162 Studien zu Geschlecht und Führungsstil fest, dass der „Leader Behavior Description Questionnaire" (LBDQ) der Ohio State Forscher in 135 dieser Untersuchungen eingesetzt wurde. Die Führungsforschung der vergangenen Jahrzehnte bis Mitte der 90er Jahre dominierte der LBDQ zusammen mit dem LPC (bass, 1990). Seit diesem Zeitpunkt hat der MLQ mehr und mehr das Interesse der Wissenschaft erlangt, mit einer dementsprechend stetig steigenden Anzahl von Studien (Avolio & Bass, 2004).

1.6.1.1 Ohio-State-Skalen

Beginnend mit 1800 Fragebogen-Items verfolgte Hempell & Coons (1957, S. 6-38) Ende der 40er Jahre des letzten Jahrhunderts die Zielsetzung, die verschiedenen Aspekte und Bestandteile des Führungsverhaltens zu messen. In mehreren Schritten reduzierte er die Item-Anzahl zunächst auf 150 Fragen und dann auf 40, die den ursprünglichen „Leader Behavior Description Questionnaire" (LBDQ) kennzeichneten. Über weitere Faktorenanalysen kam er zu dem Schluss, dass „die LBDQ-Skala zwei grundlegende Faktoren oder Komponenten des Führungsverhaltens aufzeigen konnte (Halpin & Winer, 1957, S. 39-51). Diese Faktoren wurden „Consideration" (Mitarbeiterorientierung) und „Initiating of Structure" (Aufgabenorientierung) genannt" (Arnold & Kelsey, 1995, S. 278).

In der Folge entstehen in Abhängigkeit der Adressaten des LBDQ verschiedene Skalen, wie der „Leadership Opinion Questionnaire" LOQ, der auf eine Selbsteinschätzung des Führenden zu seiner Führungsrolle abzielt oder der „Supervisory Leadership Opinion Questionnaire" (SBDQ), der speziell auf den Einsatz in der Industrie ausgelegt ist (Fleishman, 1957, S. 103-119 und Fleishman, 1957, S. 120-133) Allen Ohio-State-Skalen gemein ist, dass sie darauf abgestimmt sind Aufgaben- und Mitarbeiterorientierung zu messen. Eine nachfolgende Revision des LBDQ, die so genannte „LBDQ-Form XII" oder einfach LBDQ-XII zielt mit zusätzlichen Skalen auf die Erfassung von zehn weiteren Dimensionen des Führerverhaltens ab (Stogdill, 1963).

Die nachfolgende Diskussion der Reliabilität und Validität konzentriert sich auf den LBDQ-XII, da er nicht nur innerhalb der Ohio-State-Skalen zu den am häufigsten eingesetzten

Fragebögen zählt, sondern auch innerhalb der empirischen Führungsforschung der letzten 30 Jahre (Bryman, 1986).

Die Abschätzung der Reliabilität einer Skala erfolgt in der Regel auf zwei Wegen.[50] Interne Konsistenzreliabilität beschreibt das Ausmaß, in welchem die Skalenitems untereinander korrelieren. Sofern alle Items einer Skala das zugrunde liegende Konstrukt ansprechen, sollten die Werte der unterschiedlichen Items, die die Skala bilden, hoch miteinander korrelieren. Kronbachs Alpha ist die einem Korrelationskoeffizienten vergleichbare Statistik, die als Standardindex der internen Konsistenzreliabiliät angesehen werden kann (Arnold & Kelsey, 1995, S. 279).

Die Ermittlung der Test-Retest-Reliabilität stellt die zweite gängige Möglichkeit dar, um die Reliabilität einer Skala einzuschätzen. Im Vergleich der Korrelationen zwischen den Werten der Skala, die vom gleichen Untersuchungsobjekt zu unterschiedlichen Zeitpunkten erfasst wurden, lässt sich schließen, wie gut die Skala das zugrunde liegende Konstrukt misst (Arnold & Kelsey, 1995, S. 279). Umso eher sich diese Werte ähneln, umso eher ist davon auszugehen, dass die Skala das zu erfassende Konstrukt abbildet.

Bei der Betrachtung des LBDQ-XII werden bei einem Großteil der Untersuchungen Werte für Interne Konsistenzreliabilitäten von 0,75 oder höher erreicht.[51] Blank, Weitzel & Green (1990, S. 579-597) erzielen bspw. in einer Studie für die Dimension Mitarbeiterorientierung eine Reliabilität von 0,84 und bei der Aufgabenorientierung 0,78. In einer anderen Studie messen Goodson McGee & Cashman (1989, S. 446-461) eine Reliabilität von 0,88 und 0,4 für die Dimensionen Mitarbeiterorientierung bzw. Aufgabenorientierung.

Hinsichtlich der Test-Retest-Reliabilität liegen deutlich weniger Untersuchungen vor. Diese stützen jedoch auch den LBDQ-XII. Greene (1973) erzielte Test-Retest-Koeffizienten

[50] Siehe auch die nachfolgenden Arbeiten und Studien zur Beschreibung und Einschätzung von Methoden zur Bewertung der Reliabilität und Validität: Campbell & Stanley, 1963; Cook & Campbell, 1975; Ghiselli, Campbell & Zedeck, 1981

[51] Anmerkung: Eine interne Konsistenzreliabilität von mindestens 0,70 wird im Allgemeinen als ein akzeptabler Wert angesehen.

von 0,71 bis 0,79 in einem Ein-, Zwei- und Dreimonatszeitraum in den Dimensionen Mitarbeiterorientierung und 0,57 bis 0,72 bei der Aufgabenorientierung.

Um die Validität einer Skala einzuschätzen, kann man auf eine Vielzahl unterschiedlicher empirischer Vorgehensweisen zurückgreifen.[52] Nach Arnold & Kelsey (1995, S. 279f.) stellt die „Konstruktvalidität (die) wahrscheinlich fundamentalste Form der Validität (dar). Sie umfasst die Einschätzung des Ausmaßes, in dem eine Skala tatsächlich das misst, was sie vorgibt zu messen." Komponenten der Konstruktvalidität sind zum einen die konvergente, zum anderen die diskriminate Validität. Von konvergenter Validität kann ausgegangen werden, wenn verschiedene Skalen für das gleiche Konstrukt hoch miteinander korrelieren. Diskriminate Validität liegt dann vor, wenn die Maße des Konstrukts, die differenzieren sollten auch wirklich unkorreliert sind.

Inwieweit die Fragen, die in einer Skala enthalten sind, tatsächlich die gesamte, mögliche, inhaltliche Bandbreite eines Konstrukts umfassen, damit setzt sich die Inhaltsvalidität auseinander.

Prognostische und gleichzeitige Validität beschreibt den Umfang, in dem die Skalenwerte mit anderen Variablen von theoretischem Interesse korrelieren. Arnold & Kelsey (1995, 1995, Sp. 281) drücken es folgendermaßen aus: „Der Nachweis für gleichzeitige Validität wird aus Studien abgeleitet, in denen Daten über alle Variablen zum gleichen Zeitpunkt gesammelt werden. Studien der prognostischen Validität beschäftigen sich mit dem Zusammenhang zwischen den Skalenwerten als den Prädiktoren und prognostizierten Kriterien, Ereignissen also, die erst in der Zukunft eintreten."

Auf die Belegbarkeit einer deutlichen konvergenten Validität des LBDQ-XII deuten eine Vielzahl von Untersuchungen hin, u.a. von Schriesheim & Kerr (1977, S. 9-44), Yunker & Hunt (1976, S. 45-65) wie auch Zacaro, Foti & Kenny (1991, S. 308-315). Dies gilt jedoch

[52] Anmerkung: Bortz & Döring unterscheiden bspw. „Interne" und „Externe Validität". „Interne Validität liegt vor, wenn Veränderungen in den abhängigen Variablen eindeutig auf den Einfluss der unabhängigen Variablen zurückzuführen sind bzw. wenn es neben der Untersuchungshypothese keine besseren Alternativerklärungen gibt."
„Externe Validität liegt vor, wenn das in einer Stichprobenuntersuchung gefundene Ergebnis auf andere Personen, Situationen oder Zeitpunkte generalisiert werden kann."
Vgl.: Bortz & Döring, 2005, S. 56f

nur unter der Voraussetzung, dass die Messungen des Konstrukts aus verschiedenen Quellen stammen und darüber hinaus die Führungskraft nicht miteinschließen (Arnold & Kelsey, 1995, S. 280). Bei einer gleichzeitigen Einschätzung durch Führer und Geführten lassen sich - Arbeiten von Graham & Gleno (1970) und Solomon (1976) zufolge - nur sehr geringe Abhängigkeiten zwischen den beiden Gruppen wie auch bzgl. der Ausprägung der Dimensionen zu Mitarbeiter- bzw. Aufgabenorientierung feststellen.

Zusammenfassend kann festgehalten werden, dass sich keine einheitlichen Belege der Konstruktvalidität finden lassen. Da bei einer Vielzahl von Untersuchungen die Beobachtenden ähnliche Feststellungen bzw. Wahrnehmungen machen, diese jedoch deutlich von der Selbstwahrnehmung des Führenden divergieren, lässt sich gemäß den Aussagen Arnold & Kelsey (1995, Sp. 281) vermuten, dass die Mitarbeiter-, wie auch Aufgabenorientierung keine durchgängig eigenständig und unabhängigen Dimensionen des Führerverhaltens darstellen. Arbeiten von Castaneda (1993) und Lucas et al. (1992, S. 19-22) deuten darüber hinaus darauf hin, dass sich diese beiden Dimensionen nicht als Endpunkte des gleichen Spektrums erfassen lassen.

Kritisch setzte sich Schriesheim & Kerr (1977, S. 9-44) mit der Inhaltsvalidität auseinander. Deutliche Belege einer gleichzeitigen Validität lassen sich Kerr et al. (1974, S. 62-82) und Schriesheim & Kerr (1974, S. 756-765) zufolge jedoch finden.

Insgesamt muss dennoch gesagt werden, dass die LBDQ-XII-Maße Führungsverhalten bei weitem nicht in dem Umfang abbilden, wie dies gemeinhin angenommen und dargestellt wurde.

1.6.1.2 Least-Preferred-Coworker-Skala

Die Least-Preferred-Coworker (LPC) Skala wurde von Fiedler im Rahmen seiner Kontigenztheorie der Führung entwickelt. Die aktuellste Fassung der LPC-Skala umfasst 18 Paare bipolarer Adjektive, die mittels einer 8-Punkte-Skala untergliedert ist. Nachfolgende Abbildung 21 stellt beispielhaft ein Paar bipolarer Adjektive mit der entsprechenden Untergliederung dar (Arnold & Kelsey, 1995, Sp. 283).

Freundlich	---	---	---	---	---	---	---	---	Unfreundlich

Abbildung 21: Beispielhafte Darstellung eines bipolaren Adjektiv-Paars der LPC-Skala

Mittels dieser 18 Paare von gegensätzlichen Adjektiven haben nun die Anwender der LPC-Skala die Möglichkeit, die Person mit der sie in der Vergangenheit am wenigsten gerne zusammengearbeitet haben, zu beschreiben. Auf dieser Grundlage lässt sich nach Fiedler der Führungsstil des Führenden bestimmen.

Die Reliabilitätsanforderungen von Fiedlers Ansatz wurden vielfach untersucht. Rice (1979, S. 291-294) ermittelte bspw. bei der Untersuchung der internen Konsistenz der LPC-Skala Reliabilitäts-Koeffizienten zwischen 0,79 und 0,81. Mit einem Alpha-Koeffizienten von 0,89 konnten Bryman et al. (1987, S. 13-19) die vorhergehenden Ergebnisse weiter belegen und bestätigen.

Der Test-Retest-Reliabilitäten des LPC stehen ebenfalls im Mittelpunkt zahlloser Arbeiten. Die Schwankung der Reliabilitäten zwischen Werten von 0,01 bis 0,91 bei den Untersuchungen von Chemers & Skzzypek (1972, S. 172-177), Fielder, O´Brien & Illgen (1969, S. 503-514), Hardy, Sack & Harpine (1973, S. 3-16), Hardy (1975, S. 958-964) und Hardy & Bohren (1975, S. 159-163) lassen jedoch Zweifel daran aufkommen, ob das von der Skala erfasste Konstrukt im Zeitverlauf überhaupt stabil ist (Arnold & Kelsey, 1995, Sp. 283f.).

Mittlerweile haben sich zahllose Arbeiten mit der Validität der LPC-Skala auseinandergesetzt. Dennoch war es nicht möglich Einigkeit darüber zu erzielen, was die LPC-Skala tatsächlich misst. In dem Maße und Umfang, in dem Arbeiten Fiedlers Ansatz stützen, finden sich gleichzeitig ebenso viele, die ihn widerlegen und zu gänzlich gegenteiligen Aussagen kommen. Arnold & Kelsey (1995), wie auch Neuberger (2002) liefern dazu einen vertiefenden Einblick. Selbst Fielder & Chemers (1974) räumen ein, dass „ ... (wir) versucht haben, den LPC mit jeder vorhandenen Persönlichkeitseigenschaft und jeder vorliegenden Verhaltensbeobachtung zu korrelieren. Generell kann man sagen, dass diese Analysen sich als einheitlich fruchtlos erwiesen haben."

Fiedlers Ansatz wird in diesem Sinne empirisch nicht gestützt, sondern in vielfältiger Form widerlegt. Um in den Worten Neubergers (2002, S. 499) zu bleiben, hat „Fiedler hohe Kreativität gezeigt, oder etwas weniger freundlich gesagt, alle paar Jahre eine völlig andere Interpretation angeboten. Der LPC-Wert war bspw. Ausdruck von Führungsstil, eine Persönlichkeitseigenschaft, Indikator der motivationalen Hierarchie usw.."
Meyer (1982, S. 427-439) und Sashkin & Burke (1990, S. 297-325) zufolge, kann abschließend festgehalten werden, dass es keinen haltbaren Beweis dafür gibt, dass Führungsverhalten derart verallgemeinert werden kann, wie es Fiedler in seinem Modell darstellt.

1.6.1.3 Managerial Behaviour Survey

Das Managerial Behaviour Survey (MBS) geht auf ein 1975 durch Yukl begonnenes Forschungsprogramm zurück, dass darauf ausgerichtet war, Kategorien von Führungsverhalten zu identifizieren, die ursächlich für effektives Management sind (Arnold & Kelsey, 1995, Sp. 283f.). Eine Grundüberlegung stellte dabei die Zusammenführung früherer Verhaltenskategorien aus der Führungseffektivitätsforschung dar (Yukl, Wall & Lepsinger, 1990, S. 86-102.). Relevante Taxonomien wie bspw. die von Stogdill (1963) zum Führerverhalten, wie die von Morse & Wagner (1978, S. 23-35) zum Managementverhalten und bspw. die von Mintzberg (1973) und Luthans & Lockwood (1984, S. 117-141) zu beobachtbaren Managementaktivitäten, wurden berücksichtigt und in diese neue Verhaltenstaxonomie integriert.[53] Über Faktoranalysetechniken, theoretischen Ableitungen, Evaluationen von Begutachtern etc. gelang es Yukl in den folgenden Jahren den ursprünglichen „Managerial Behaviour Survey" in mehreren Schritten von 115 in 23 Skalen gruppierten Items zum so genannten „Managerial Pracitices Survey" mit 110 Items in 11 Hauptskalen und drei Ergänzungsskalen zu verfeinern. Nachfolgende Abbildung 22 stellt die von Yukl (1989) parallel entwickelte integrative Taxonomie des Managerverhaltens dar. Die identifizierten Begrifflichkeiten wie „Networking", „Unterstützen", „Konfliktmanagement und Teamaufbau", „Motivieren", „Anerkennen und Belohnen", „Planung und Organisation", „Problemlösen", „Konsultation und Delegation", „Arbeitsabläufe und Umwelt überwachen", „Informieren", „Rollenabklären und Ziele setzen" werden vertiefend beschrieben.

[53] Arnold & Kelsey, 1995, S. 285f.
Siehe auch: Yukl & Nemeroff, 1979, S. 164-200

Die Formulierungen der elf Hauptskalen sind derart aufgebaut, dass sie sowohl von Untergebenen als auch von Mitarbeitern der gleichen Hierarchieebene genutzt werden können. Die Ergänzungsskalen, die sich auf das Führerverhalten fokussieren, sind im Wesentlichen auf Untergebene ausgerichtet.

- Networking - Informelle zwischenmenschliche Kontakte zur Informationsbeschaffung und Unterstützung durch regelmäßige private und geschäftliche Kontakte
- Unterstützen - Freundliches und verständnisvolles Verhalten, Sympathiebekundungen und Unterstützung von verärgerten Mitarbeitern; aktive Karriereunterstützung
- Konfliktmanagement und Teamaufbau - Konstruktive Konfliktlösungen; Förderung von Teamwork und Kooperationen; Aufbau von Identifikationsmöglichkeiten
- Motivieren - Einflußnahme über Emotionen; unterstützendes, vorbildhaftes Agieren, Generierung von Enthusiasmus und Engagement für Arbeit und Aufgabenstellungen
- Anerkennen und Belohnen - Für Lob und Anerkennung für wichtige Leistungen sorgen; Respekt und Anerkennung gegenüber der Leistungen anderer zum Ausdruck bringen
- Planung und Organisation - Langfristige Zielsetzungen und Strategien entwickeln und festlegen; Notwendigkeit verdeutlichen; Ressourcen einteilen; Projektmanagement
- Problemlösen - Arbeitsspezifische Probleme erkennen, analysieren, Lösungsmöglichkeiten entwickeln und schnell umsetzen; entscheidungsfreudig und krisensicher agieren
- Konsultation und Delegation - Rücksprache bei Veränderungsprozessen mit Betroffenen; Ermutigen zu Eigeninitiative, Integration von Verbesserungsvorschlägen anderer
- Arbeitsabläufe und Umwelt überwachen - Informationen über die Qualität des Arbeitsfortschritts sammeln; Kundenbedürfnisse erfassen; Risikomanagement betreiben
- Informieren - Weitergabe von relevanten Informationen und Entscheidungen; Reputation der Organisationseinheit fördern; Mitarbeiter informativ unterstützen
- Rollenabklären und Zielsetzen - Arbeitsaufgaben zuteilen, Richtlinien für den Arbeitsprozeß definieren; klares Verständnis der Verantwortlichkeiten und Zielsetzungen entwickeln

Abbildung 22: Definitionen der Managerial Behaviour Kategorien in Anlehnung an Yukl

Die interne Konsistenz-Reliabilität der „Managerial Behaviour Survey" in seiner Fassung von 1986 erzielte in vier unabhängigen Studien mit insgesamt 1373 Untergeben und Managern aus einer Krankenversicherung, der U.S. Air Force und einem Chemie-Konzern interne Konsistenz-Koeffizienten zwischen 0,80 und 0,93 (Yukl, Wall & Lepsinger, 1990, S. 86-102).

Ebenfalls gute Test-Retest-Reliabilitäten mit Werten zw. 0,48 und 0,94 fanden sich bei drei wiederum unabhängigen Studien aus den Jahren 1984, 1985 und 1986 (Yukl, Wall & Lepsinger, 1990, S. 86-102). Da die Wiederholung der Messungen jeweils in einem Zeitraum von drei bis sechs Wochen erfolgte, sind Aussagen bzgl. der Stabilität des „Managerial Behaviour Survey" über einen längeren Zeitraum nicht möglich (Arnold & Kelsey, 1995, S. 285f.).

Yukl, Wall & Lepsinger (1990, S. 86-102) überprüften die Konstruktvalidität des MBS in verschiedenen Tests bzw. auf Grundlage diverser Studien, bei denen unabhängigen Beurteilern die Aufgabe zukam, die jeweiligen Items den verschiedenen Verhaltenskategorien zuzuordnen. In über 80% der Fälle wurden die Einordnungen korrekt vorgenommen. Eine Ausnahme bildete ein Test im Jahre 1986, bei der Studenten aus unteren Semestern den Kategorien „Konfliktmanagement" und „Motivierung" nur in 73% bzw. 72% der Fälle die richtigen Items zuordneten. Sowohl die vermutete geringe Berufserfahrung der Studenten, wie auch das dennoch positive Ergebnis, stellen die grundsätzliche Konstruktvalidität des MBS nicht in Frage.

Bei der Überprüfung der gleichzeitigen Validität des MBS kommen Yukl et al. (1990) zu deutlich weniger klaren Ergebnissen. Yukl & Van Fleet (1982, S. 87-102) müssen sogar in einer von fünf Studien eine negative Korrelation für die Kategorien „Konsultation und Delegation" und „Planung und Organisation" feststellen. Auf zwei Studien, zum einen der von Yukl & Van Fleet (1982) und zum anderen bei der von Yukl & Cayer (1995, S. 276-296) trifft dies sogar für die Kategorie „Unterstützung" zu.

Zusammenfassend kann festgehalten werden, dass es deutliche Hinweise dafür gibt, dass die Verhaltenskategorien des „Managerial Behaviour Survey" (MBS) tatsächlich die Konstrukte messen, die es vorgibt zu messen. Eindeutige Aussagen über gleichzeitige Validität lassen sich jedoch nicht treffen.

1.6.1.4 Multifactor Leadership Questionnaire

Auf der Grundlage der Arbeiten von Burns (1978) zur transformationalen und transaktionalen Führung entwickeln Bass und seine Mitarbeiter (1985) den Multifactor Leadership Questionnaire (MLQ).

In seiner heutigen Form bildet er auf einem Kontinuum von „Laisser-faire“ bis „Idealized Influence“ („Charisma“) das „gesamte Führungsspektrum“, den „Full Range of Leadership“ ab (Bass & Steyrer, 1995, Sp. 2054f.). Nachfolgende Abbildung 23 verdeutlicht diese Bandbreite der Führungsstile. Die Frage ob oder inwieweit diese Begrifflichkeit dem gerecht wird, stellt sich den Autoren zufolge jedoch nicht. Bass & Avolio (2000) erklären, dass sie lediglich dazu ermuntern wollen, ein entsprechend breit gefächertes Spektrum von Führungsverhaltensweisen zu untersuchen.

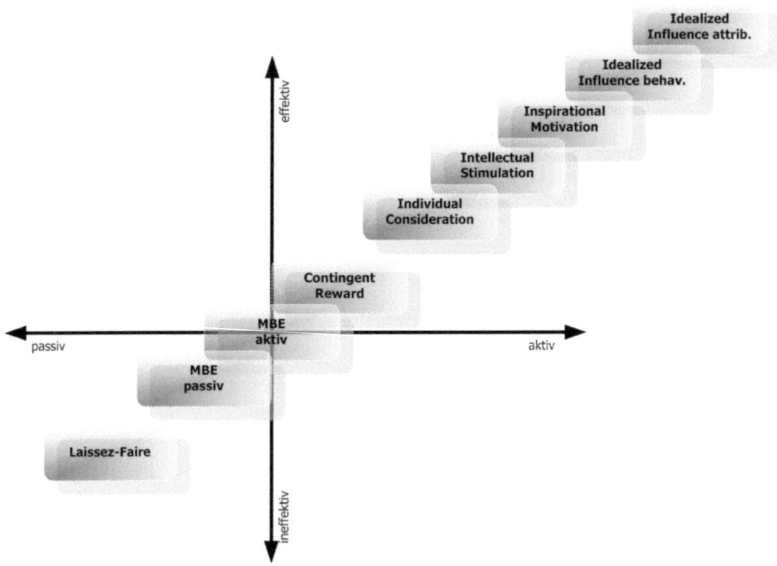

Abbildung 23: Übersicht Führungsstile des „Full Range of Leadership“

Im Gegensatz zu Burns (1978), der transaktionale und transformationale Führung an entgegengesetzten Enden des Führungskontinuums positioniert und implizit davon ausgeht, dass eine Führungskraft nicht gleichzeitig beide Führungsverhaltensweisen ausfüllen kann, hebt Bass (1985) diese Bipolarität auf. Er versteht transaktionale und transformationale Führung als unabhängige Dimensionen, die sich jeweils in empirisch generierte Subfaktoren unterteilen.

Mit „Idealized Influence“ beschreiben Bass & Avolio (1994, S. 1) „ideally, influential leadership“, was zum damaligen Zeitpunkt soviel bedeutete wie Beeinflussung hin zu einem Ideal bzw. Einfluss einer idealisierten Quelle. In der aktuellen Konzeption der transformationalen Führung ist diese Bedeutung im dritten Subfaktor, der „Inspirational Motivation“ aufgegangen. „Idealized Influence“ erfasst in seinem heutigen Kontext charismatische Führung, die sich in einen behavioralen und einen attributionalen Subfaktor aufgliedert. Darunter sind die Einflüsse zu verstehen, die sich auf Glaubwürdigkeit und Vorbildwirkung gründen. Diese Unterscheidung erschließt sich aus der Definition von Charisma, da charismatische Führung bzw. „Idealized Influence“ sowohl auf entsprechenden Verhaltensweisen, wie auch Ergebnissen beruht. In diesem Sinne wird die Ausstrahlung der verantwortlichen Führungskraft - ungeachtet ihrer sonstigen Kompetenzen - für die Besonderheit eines Ergebnisses mitverantwortlich gemacht. In der Folge erfährt die Führungskraft Bewunderung und Respekt - ihr wird Vertrauenswürdigkeit und Charisma zugeschrieben (attributional) - und dadurch entwickelt sie sich zu einer Identifikationsfigur, die motivierend und begeisternd wirken kann.

Betrachtet man das Verhalten der Führung aus dem Blickwinkel ihrer Mitarbeiter, lässt sich feststellen, dass diese sehr hohe Erwartungen hinsichtlich deren moralischer Integrität und Leistungsbereitschaft entwickeln. Gelingt es der Führungskraft diese beispielhafte Vorbildwirkung zu erzeugen, sind die Mitarbeiter auch bereit, diese Verhaltensweise nachzuahmen (behavioral) und die eigenen Bedürfnisse hinter die des Unternehmens zu stellen (Rathgeber, 2005).

Die Ansätze der „Inspirational Motivation“ beruhen auf Yukls (1981) „inspirational leadership“ und greifen auf die Konzepte der visionären Führung zurück. Transformierend wirkt diese Form der Führung, wenn sich sowohl die Zielsetzung als auch die zugrunde liegenden Bedürfnisse der Mitarbeiter überschneiden und sich dadurch Enthusiasmus und überdurchschnittliche Motivation für die Zielerreichung auslösen lässt. Dementsprechend inspirierende Führungskräfte kommunizieren und verkörpern nicht nur ihre Visionen, sie sind auch in der Lage, die Sinnhaftigkeit und Bedeutung der Zielsetzung begeisternd zu formulieren. Dadurch setzt sich bei den Mitarbeitern die Überzeugung durch, sich für eine erstrebenswerte, positive Zukunft zu engagieren. Beispielhaft seien die Worte von Jack Welch (2003, S. 401) aufgeführt: „Ich machte unermüdlich Propaganda für alles, was wir taten (...). Wenn ich eine Idee oder Botschaft hatte, die ich in der Organisation etablieren wollte, konnte ich nicht oft genug darauf hinweisen. Ich wiederholte sie immer und immer wieder (...), um hunderttausende Menschen restlos davon zu überzeugen." Gestützt wird dieser Ansatz auch durch Brodbeck, Frese & Akerblom (2000, S. 1-29), die im Rahmen einer europaweiten Studie, Attribute hervorragender Führung untersuchten. Deren Arbeit zufolge lässt sich auch der inspirierende wie auch visionäre Führungsansatz zählen.

Unter intellektueller Stimulierung („Intellectual Stimulation") wird ein Führungsverhalten verstanden, welches die Mitarbeiter zu kreativen und innovativen Problemlösungsansätzen anregen soll. D.h. die Mitarbeiter werden gefordert, gängige Annahmen in Frage zu stellen, Paradigmen ggf. zu wechseln und neue Sichtweisen zu entwickeln und einzunehmen (Bass & Avolio, 1994). Dieser Ansatz sollte Bass (1985) zufolge vor allem bei unklaren Problemstellungen und bei neuen, über Routine-Tätigkeiten hinausgehende Aufgaben zur Anwendung kommen. Für eine intellektuell stimulierende Führungskraft bedeutet dies, Mitarbeiter dergestalt zu fördern, dass sie kreative, kritische Verhaltensweisen annehmen und auch bereit sind getroffene Entscheidungen in Frage zu stellen (Keller, 1992, S. 489-501.). Kennzeichnend für dieses Führungsverhalten ist die aktive Bereitschaft zu sehen, innovative Rahmenbedingungen zu schaffen, die zu Kreativität anregen, wie auch die positive Akzeptanz von Fehlern und ein entsprechend konstruktiver Umgang mit Kritik.

Bei der so genannten individualisierten Berücksichtigung („Individualized Consideration") handelt es sich um ein Führungsverständnis, welches die spezifischen Wesenszüge und Charakteristika der Mitarbeiter und deren jeweiligen Bedürfnisse nicht nur erkennt, sondern diese auch individuell fördert. Dies bedeutet für die Führungskraft, gezielt die Kompetenzen und Potentiale des einzelnen Mitarbeiters in dessen persönlicher Entwicklung zu unterstützen. Erkennbar wird diese „individualisierte Berücksichtigung" u.a. durch eine Arbeitsatmosphäre in der die Delegation von Verantwortung bzw. von Aufgaben als Entwicklungschance zum Lernen verstanden wird (Kuhnert, 1994, S. 10-25.). Dahinter verbirgt sich eine Geisteshaltung, in welcher sich die Führungskraft als Coach seiner Mitarbeiter begreift.

„Ich merkte, dass dies nicht einfach dahingesagt war, er meinte es wirklich so. Und obwohl ich nur zufällig Zeugin dieser Szene geworden war, konnte ich erkennen, wie das Gesicht des Hausmeisters vor Stolz aufleuchtete. Echte Führungskräfte, das erkannte ich an diesem Morgen, müssen in der Lage sein, Grenzen zu überschreiten. Mein Vater sagte immer: „Die Leute arbeiten nicht für eine Firma. Sie arbeiten für andere Menschen" (Morgan, 1998, S. 99.).

Bei der kontingenten Belohnung („Contingent Reward") handelt es sich um den ersten transaktionalen Subfaktor. Im Rückgriff auf das Prinzip des operanten Lernens ist - Luthans & Kreitner (1975) und Oldham (1976, S. 66-86) zufolge - anzunehmen, dass kontingente Belohnung auch in einem Führungsverhältnis wirksam ist. In diesem Zusammenhang ist unter „kontingent" vor allem leistungsorientiert zu verstehen, d.h. dass diese Führungsdimension im Wesentlichen darauf abzielt, das Rollenverständnis untereinander und die Leistungsanforderungen zueinander zu klären. Sofern der Mitarbeiter mit seinen Handlungsweisen den Anforderungen seines Vorgesetzten entspricht, erhält er dann eine angemessene Belohnung, die sich dementsprechend mit den Erwartungen des Mitarbeiters decken sollte. In ganz frühen und später widerlegten Untersuchungen zeigen Podsakoff, Todor & Skov (1982, S. 810-821) auf, dass nicht-kontingente Belohnung ebenso wirkungsvoll sei wie kontingente.

„Management by Exception (MbE)", so genannte „Führung durch Eingreifen nur im Ausnahmefall" - neuere Literatur zufolge -, auch als „Problemmanagement" bezeichnet, wird durch den zweiten transaktionalen Subfaktor beschrieben. Er untergliedert sich infolge verschiedener Modellanpassungen in einen aktiven und einen passiven Part, was in ersterem Fall bedeutet, dass die Führungskraft aktiv nach Normabweichungen der Mitarbeiter sucht, wohingegen sie im passiven Part abwartet, bis diese eintreten und sie erst dann korrigierend eingreift.

Führungskräfte die aktives „Management by Exception" praktizieren, zeichnen sich im Allgemeinen dadurch aus, dass sie die Arbeitsabläufe ihrer Mitarbeiter im Hinblick auf mögliche Probleme, Risikofaktoren und Fehlerquellen kontrollieren, was bei Routinetätigkeiten auch angemessen sein kann. Werden jedoch projektspezifische, nicht alltägliche

Zielsetzungen verfolgt, erweist sich diese Form der Führung als ineffektiv (Rathgeber, 2005).

Einen Schritt weiter geht passives „Management by Exception". Erst bei tatsächlich eingetretenen Fehlern bzw. aufgetretenen Problemen wird die Führung korrigierend aktiv, was im allgemeinen bedeutet, dass die Führungskraft erst dann interveniert, wenn tatsächlich schon Fehler bzw. Probleme aufgetreten sind. In diesem Sinne zeichnet sich passives „MbE" durch „Nicht-Führung" aus. Im Unterschied zum nachfolgend beschriebenen „"Laisser-faire" wird der Ist-Zustand jedoch beobachtet, reglementiert und korrigiert. Der Grundgedanke lässt sich dergestalt beschreiben, dass bei Abweichungen von der zuvor definierten Rolle - gemäß der vereinbarten Austauschbeziehung - ein Ausnahmezustand eintritt und dadurch die in Aussicht gestellte Belohnung unterbleibt. Da sich diese Führungsart nur an fehlerhaften, unerwünschten Verhaltensweisen der Mitarbeiter ausrichtet, kann nicht belohnend sondern nur bestrafend reagiert werden. Die Erkenntnislage zu kontingenter Bestrafung stellt sich darüber hinaus - nach Aussagen von Bass & Aviolo (1997) - nicht einheitlich dar. Eine negative Abhängigkeit zw. nicht-kontingenter Bestrafung und Leistung konnten Podsakoff & Schriesheim (1985, S. 175-196) sogar aufzeigen.

Nicht überraschend erinnert die Beschreibung der Subskalen der transaktionalen Führung an die Weg-Ziel-Theorie von Evans (1995, Sp. 1076ff.) oder House (1974, S.: 81-97).[54] Bass (1985) bezieht sich sogar ausdrücklich auf deren Ansatz, wie auch auf die begrenzenden Gedanken von House und Mitchell (1974), denen zufolge diese Art der Führung nicht in jeder Situation höchste Nützlichkeit verspricht - dann nämlich nicht, wenn Ziele und die entsprechenden Belohnungen bereits deutlich geklärt sind. Die in verschiedenen Konstellationen durch transaktionale Führung zu erwartenden Effektivitätssteigerungen, sollten Bass & Avolio (1988, S. 30) zufolge, jedoch nicht den Blick auf mögliche damit verbundene Herausforderungen, wie nicht konsistente Verstärkung, kurzfristige Zielorientierung etc. verstellen.[55] Nicht transformationale Führung allein, sondern trans-

[54] Siehe auch House & Shamir, 1995, Sp. 878ff.

[55] Anmerkung: Potentielle Verstärker können nicht immer individuell abgestimmt werden, so dass sie streckenweise ohne Konsequenzen bleiben. Zum anderen haben externe Leistungsverstärker konkurrierende Kontingenzen im Feedback von anderen Personen oder in selbstbelohnenden Konsequenzen, die direkt aus der Arbeit bezogen werden zur Folge und verlieren dadurch ihre Wirksamkeit. Drittens forcieren Führungskräfte, die die kontingente Verstärkung als wichtigstes Führungsmittel favorisieren, insbesondere kurzfristige Zielverfolgung - zulasten von langfristiger. Dieser Effekt tritt vor allem dann ein, wenn Mitarbeiter den

formationale Führung auf der Basis transaktionaler Führung ist modellgemäß also erfolgreich. Bass (1999) schlägt daher vor, bei Routinetätigkeiten eher transaktional, bei neuen Prozessen jedoch transformational zu führen. Effektive transaktionale Führung sollte also die Bedingungen schaffen, die dann höhere Ebenen der Zusammenarbeit und des Vertrauens ermöglichen.

Das linke untere Ende der Darstellung des „Full Range of Leadership" ist durch außerordentliche Passivität gekennzeichnet und wird aus diesem Grunde auch als Nicht-Führung bzw. Verweigerung von Führung und Einfluss bezeichnet. Im Gegensatz zur transaktionalen Führung lässt sich Laisser-faire auch durch eine nicht existente bzw. nicht definierte Austauschbeziehung beschreiben (Bass, 1994, S. 4). Darüber hinaus zeichnet sich Laisser-faire durch ein Höchstmaß an Ineffektivität aus, da bei zu bewältigenden Aufgaben bspw. nicht entschieden gehandelt oder eingegriffen wird und dadurch zusätzliche Probleme erst entstehen. Die Erkenntnislage dazu ist eindeutig. Schon Lewin, Lippitt & White (1939, S. 271-299) identifizieren Laisser-faire als die am wenigsten erfolgreiche Führungsverhaltensweise.

In der Konsequenz besteht das „Full Range of Leadership"-Modell von Bass (1994, S. 4) aus zwei Dimensionen. Entsprechend der Aktivität und Effektivität des Führungsverhaltens sollte im Idealfall - entsprechend des Führungskontext - die Einsatzhäufigkeit der verwandten Führungsverhaltensweisen von Laisser-faire über passives „Management by Exception", aktives „Management by Exception", „Contingent Reward" (Kontingente Belohnung) bis hin zu den fünf Bestandteilen der transformationalen Führung steigen. Effektivität versteht sich dabei als: „Motivating others to achieve higher levels of development and performance"(Bass & Avolio, 1994, S. 137).

Betrachtet man die aufgeführten Erfolgskriterien des Multifactor Leadership Questionnaire (MLQ) eingehender, ist „Extra Effort" als Bereitschaft der Mitarbeiter zu zusätzlicher Anstrengung zu interpretieren. „Effectiveness" lässt sich erfassen als wahrgenommene Effektivität des Führungsverhaltens des Einzelnen, der Gruppe und Organisation

Eindruck gewinnen, das Belohnungsverhalten ihres Vorgesetzten manipulieren zu können. Avolio und Bass (1988) schließen, dass kontingente Verstärkung sinnvoll ist, um Rollenverhalten zu erlernen, weniger um Extra Effort zu generieren.

gegenüber. Mit „Satisfaction" ist die Mitarbeiterzufriedenheit, die Zufriedenheit mit der Führungskraft zu verstehen.

Wie die meisten Fragebögen ist der Multifactor Leadership Questionnaire (MLQ) nicht situationsbezogen aufgebaut. Er begründet sich auf der impliziten Annahme, dass Führungsverhalten „transsituativ" wirksam sei (Neuberger, 2002, S. 452ff). Dadurch verfügt jede Führungskraft über den Raum, die einzelnen Führungsdimensionen eher direktiv oder auch partizipativ umzusetzen (Bass & Avolio, 1993). Damit erhält eine überwiegend transformational führende Führungskraft den Raum, auch auf ihren Einfluss in bestimmten Situationen zu verzichteten bzw. sich gänzlich passiv zu verhalten (Rathgeber, 2005).

In den letzten zwanzig Jahren wurde der Multifactor Leadership Questionnaire (MLQ) permanent weiterentwickelt und überprüft (Avolio & Bass, 2004). Mittlerweile entspricht er dem „state of the art"-Instrument um transformationale, transaktionale und Laisser-Faire-Führungsverhaltensweisen zu erfassen. In zahlreichen, weltweit durchgeführten Studien konnte die Effektivität dieses Ansatzes belegt werden (Fuller, Patterson, Hester & Stringer, 1996; Lowe, Kroeck & Sivasubramaniam, 1996; Judge & Piccolo, 2004; Lowe et al., 1996). Dennoch hat es bis Ende der 90er Jahre gedauert bis erste Arbeiten im deutschsprachigen Raum durchgeführt und publiziert wurden (Geyer & Steyrer, 1998, S. 377-401). Rowold (2004) kommt es maßgeblich zu, auch im deutschsprachigen Raum für die Übersetzung und die empirische Überprüfung der psychometrischen Eigenschaften des Multifactor Leadership Questionnaire (MLQ) gesorgt zu haben.

In weitergehenden Arbeiten können Avolio & Bass (1988, S. 29-50) feststellen, dass erst durch die aufeinander aufbauende Wirkung verschiedener Führungsverhaltensweisen überdurchschnittliche Leistungen erzielbar sind. Speziell der transformationalen Führung wird dieser, in frühen Arbeiten als „add-on effect" bezeichnete und heutzutage als „Augmentationseffekt" bekannte Wirkungsweise zugeschrieben.[56] Die Augmentationshypothese besagt, dass die Effektivität transaktionaler Führung - erwartete Anstrengung und entsprechend erwartete Leistung - gesteigert und in der Konsequenz zu weiterer Anstrengungsbereitschaft (Extra Effort) und damit zu einem über die Erwartungen hi-

[56] Avolio & Bass, 1988, S. 29-50

nausgehenden Erfolg führen kann. Nachfolgende Abbildung 24 verdeutlicht diese Reaktionsweise.

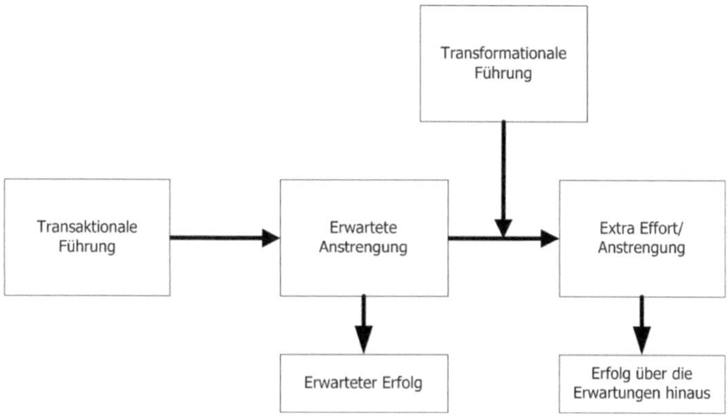

Abbildung 24: Der Augmentationseffekt der Transformationalen Führung[57]

Unter der Prämisse, dass transformationale Führung einen eigenen und damit zusätzlichen, über den der transaktionalen Führung hinausgehenden Anteil zur Erklärung der Varianz der Erfolgsmaße leistet, stellt sich nicht länger die Frage, ob - entsprechend den Aussagen von Burns - transaktional oder transformational geführt wird, sondern in welchem Maße (Rathgeber, 2005).

Die Augmentationshypothese wird durch zahlreiche Studien bestätigt[58], die belegen, dass transformationale Führung - über kontingente Belohnung beziehungsweise über transaktionale Führung im Allgemeinen hinaus - einen zusätzlichen Beitrag zur Vorhersage folgender Erfolgsmaße leistet: Extra Effort, Effektivität, Zufriedenheit, Arbeitszufriedenheit, Gesundheit, Kunden- und Marktausschöpfung im Bankgewerbe, subjektiv geschätzte

[57] In Anlehnung an: Bass, 1985, Abbildung 10

[58] Anmerkung: Neben den empirischen Ergebnissen werden regelmäßig Fallbeispiele von Führungspersönlichkeiten wie bspw. Franklin Roosevelt oder Charles de Gaulle herangezogen, um zu belegen, dass sich die Komplementarität der Führungsdimensionen mit unterschiedlicher Schwerpunktsetzung erfolgreich realisieren lässt (Waldman et al., 1990).
Es sei daran erinnert, dass sich die neo-charismatischen Führungslehre auf überwiegend historischer, qualitativer bzw. biografischer Führungsliteratur bzw. entsprechenden Arbeiten basiert.
Siehe auch: Rathgeber, 2005.

Arbeitsleistung der Mitarbeiter, affektives Commitment und Intention zum Arbeitsplatzwechsel.[59]

Einzelne Studien, deren Resultate gegen ein hierarchisches Führungsmodell sprechen und darauf hindeuten, dass transaktionale Führung einen ebenso hohen Beitrag zu Erfolgsmaßen leistet wie transformationale Führung und keinen Augmentationseffekt aufweisen, bleiben in der Minderheit (Bass, Avolio, Jung & Berson, 2003, S. 207-218). Häufig lassen sich derartige Ergebnisse durch Besonderheiten der Stichprobe oder der Operationalisierung der abhängigen Variablen erklären. So wurden bei Bass et al. (2003) Leistungen in Gefechtssituationen als Kriterien herangezogen, bei denen mehr als fraglich ist, inwieweit es in solchen Situationen überhaupt um mehr als Anweisungen gehen kann.

1.6.1.4.1 Befunde zur Überprüfung des Multifactor Leadership Questionnaire

Im Verlauf der weiteren Arbeit wird der Multifactor Leadership Questionnaire (MLQ) als Erhebungsinstrument verwendet werden. Aus diesem Grunde werden nachfolgend relevante Studien und empirischen Befunde zur Überprüfung des MLQ dargestellt. Die Arbeiten, die bislang zur Überprüfung des charismatischen und transformationalen Führungsansatzes herangezogen wurden, beziehen sich vor allem auf den Multifactor Leadership Questionnaire (MLQ) von Bass & Avolio (1993b) bzw. Bass (1985) und der entsprechenden Weiterentwicklung des MLQ 5x durch Bass & Avolio (1995). Messungen der charismatischen Führung mit der „Conger-Kanungo-Skala“, die stark positiv mit der Skala des MLQ korrelieren, werden an dieser Stelle erläuternd betrachtet (Conger & Kanungo, 1994, S. 439-452.). Dies gilt auch für das Transformational Leadership Inventory (TLI), das von Podsakoff, MacKenzie, Moorman & Fetter (1990) und Podsakoff, MacKenzie & Bommer (1996) entwickelt und von Heinitz & Rowold (2007) auf seine Eignung zur Beurteilung deutschsprachiger Führungskräfte überprüft wurde.

Der MLQ ist das derzeit am häufigsten verwandte Instrumentarium zur Erfassung charismatischer und transformationaler Führung. Bass & Avolio, (1993b), Bass & Avolio (1995) und Bass (1999) zufolge hat sich der MLQ mit Reliabilitäten von Werten zwischen 0.74

[59] Siehe auch: Avolio & Bass, 1988, S. 29-50; Bass, 1985; Bycio, Hackett & Allen, 1995, S. 468-478; Geyer & Steyrer, 1998, S. 377-401; Hater & Bass, 1988, S. 695-702; Martin & Epitropaki, 2001, S. 247-262; Vandenberghe, Stordeur & D'hoore, 2002, S. 16-29; Waldman, Bass & Yammarino, 1990, S. 381-394.

und 0.94 weitgehend bewährt. Die Konstruktvalidität erwies sich ebenfalls als zufriedenstellend, zumindest für die transformationalen Skalen. Effektivität weist bspw. einen stärkeren Zusammenhang zu transformationalen Skalen auf als vergleichbare Führungsdimensionen anderer Instrumente wie dem Leader Behavior Describtion Questionnaire (LBDQ) oder dem Fragebogen zur Vorgesetzten - Verhaltens - Beschreibung (FVVB) (Geyer & Steyrer, 1994, S. 961-979). Den Arbeiten von Conger & Kanungo (1987), House et al. (1991), Hunt (1999) oder Yukl (1999) zufolge, lassen sich dennoch einige kritische Hinweise und Bereiche aufzeigen. Diese beziehen sich jedoch im Wesentlichen auf die hohen Interkorrelationen und die unterschiedliche Replizierbarkeit der Faktorenstruktur des MLQ (Dörr, 2006, S. 31ff.).

Rowold (2004) zufolge wird das Instrument durch unabhängige Faktorenanalysen kontinuierlich überprüft und verbessert. Als gesichert gilt die Kriteriumsvalidität. Kritisch erscheint dagegen, dass transformationale Führung meist mit dem MLQ erfasst wird. Ein Vergleich mit anderen Skalen, die charismatische Führung messen, konnte jedoch keine wesentlichen Unterschiede feststellen, wie die Meta-Analyse von DeGroot, Kiker & Cross (2000, S. 356-371) bestätigt. Auch Messungen der charismatischen Führung mit der „Conger-Kanungo-Skala" korrelieren hochpositiv mit der Charisma-Skala des MLQ (Conger & Kanungo, 1994, S. 439-452).

Dies gilt auch für das Transformational Leadership Inventory (TLI), das von Podsakoff, MacKenzie, Moorman & Fetter (1990) und Podsakoff, MacKenzie & Bommer (1996) entwickelt wurde und von Heinitz & Rowold (2007) auf seine Eignung zur Beurteilung deutschsprachiger Führungskräfte überprüft wurde. In Testanalysen wurden die Gütekriterien der deutschen Adaptation anhand zweier Stichproben (N1 = 404, N2 = 267) ermittelt. Konfirmatorische Faktorenanalysen bestätigten das siebenfaktorielle Modell des TLI (Heinitz & Rowold, 2007, S. 1-14.).

1.6.1.4.2 Untersuchungen zu objektiven und subjektiven Erfolgskriterien

Zahlreiche Studien und verschiedene Meta-Analysen (Fuller et al. (1996); Lowe, Kroeck & Sivasubramaniam (1996); DeGroot, Kiker & Cross (2000); Judge & Piccolo (2004)) wurden in den letzten Jahren zur Überprüfung der Wirkung charismatischer und transformationaler Führung durchgeführt. Sie vermitteln einen breit gefächerten Überblick über den empirischen Stand der Forschung. Daneben berücksichtigen sie methodische Aspekte zu Untersuchungsdesigns, Stichproben und Auswertungsmethoden. Aus diesem Grunde werden einige ausgewählte Arbeiten zu Erfolgskriterien eingehender beschrieben (Dörr, 2006, S. 31ff.). Nachfolgende Abbildung 25 liefert eine knappe Übersicht über die Arbeiten in diesem Umfeld.

Fuller et al. (1996), sowie Lowe et al. (1996) haben als Erste den Stand der empirischen Forschung mit Hilfe von Meta-Analysen aufgearbeitet. Ihren Forschungsschwerpunkt legten Fuller et al. (1996) auf die Abhängigkeiten bzw. die Beziehungen zwischen charismatischer Führung und verschiedenen Erfolgskriterien. Insgesamt 19 Studien bezogen Fuller, Patterson, Hester & Stringer (1996, S. 271-287) in ihre Untersuchung ein. Sie konnten einen mittleren Zusammenhang von 0.45 zwischen Charisma und objektiven Leistungsvariablen wie bspw. Produktivität und Wachstumssteigerung wie auch subjektiven Leistungsmerkmalen wie Extra-Effort, Satisfaction, so genannter Arbeitszufriedenheit und Commitment feststellen. Die Korrelationen schwanken dabei zwischen Werten von 0.08 und 0.71. Fuller et al. (1996) berücksichtigen in ihrer Analyse kontextbezogene bzw. methodische Besonderheiten. Sie können dabei aufzeigen, dass die gefundenen Zusammenhänge bezogen auf Effektivität, bei Führungskräften oberer Führungsebenen höher ausfallen als auf unteren Hierarchieebenen. Fuller et al. (1996) erklären diesen Befund dadurch, dass eine höhere hierarchische Position eher die Möglichkeit bietet, unkonventionell zu handeln und die vorherrschenden Gegebenheiten in Frage zu stellen als auf einer untergeordneten Ebene.

Daneben zeigen sie auch Kontextunterschiede auf. Im militärischen Bereich finden sich im Gegensatz zum zivilen Bereich bspw. höhere Korrelationen für Leistung und wahrgenommene Effektivität. Bei der Erhebung subjektiver Leistungsdaten lagen die Korrelationen erwartungsgemäß signifikant höher als bei der Erhebung objektiver Leistungsdaten. (Dörr, 2006, S. 32).

Effektivität	Überblick	Literatur (Auszug)
Methoden, mit denen die Effektivität transformationaler Führung nachgewiesen wurde	▪ Fallstudien ▪ Fragebogenuntersuchung ▪ Beobachtungsstudien ▪ Meta-Analysen ▪ Interviewstudien ▪ Inhaltsanalysen von historischem Datenmaterial ▪ Simulationsstudien im Labor ▪ andere Laborstudien	▪ Roberts, 1985 ▪ Hater & Bass, 1988; Rai & Sinha, 2000 ▪ Trice & Beyer, 1986 ▪ Fuller et al., 1996; Lowe, Kroeck, Sivasubramaniam, 1996; DeGroot, Kiker & Cross 2000; Judge & Piccolo 2004 ▪ Bennis & Nanus, 1985; Howell & Higgins, 1990 ▪ House et al., 1991 ▪ Avolio et al., 1988 ▪ Howell & Frost, 1989
Länder, in denen die Effektivität transformationaler Führung nachgewiesen wurde	▪ USA ▪ Kanada ▪ Deutschsprachiger Raum ▪ Belgien ▪ Niederlande ▪ Israel ▪ Indien ▪ Russland ▪ Japan, Taiwan, Neuseeland	▪ Bass, 1985 ▪ Howell & Avolio, 1993 ▪ Rowold, 2004; Felfe & Goihl, 2002; Geyer & Steyrer, 1998 ▪ Vandenberghe et al., 2002 ▪ Koene et al., 1992 ▪ Dvir et al., 2002 ▪ Rai & Sinha, 2000 ▪ Elenkov, 2002 ▪ Übersicht: Bass, 1997

Abbildung 25: Übersicht Effektivität transformationaler Führung mit verschiedenen Methoden und Ländern[60]

Eine Übersicht zum Forschungsstand der empirischen transformationaler bzw. charismatischer Führung und den entsprechenden objektiven bzw. subjektiven Erfolgsindikatoren nimmt auch die Meta-Analyse von Lowe, Kroeck & Sivasubramaniam (1996, S. 385-425) vor. In deren Untersuchung werden insgesamt 47 Studien mit 7163 Befragten betrachtet. Dabei zeigen die transformationalen Skalen sehr gute Reliabilitäten und hohe durchschnittliche Interkorrelationen. Im Non-Profit-Bereich konnten tendenziell höhere Korrelationen festgestellt werden als im Profit-Bereich. Erwartungsgemäß fielen auch alle Zusammenhänge bei objektiven Kriterien - im Gegensatz zu subjektiven Kriterien - signifikant niedriger aus. Ebenfalls feststellen ließ sich ein Zusammenhang von Führung und Effektivität in Bezug auf die Führungsebene. Transformationale Führung erscheint dem-

[60] In Anlehnung an: Rathgeber, 2005, S.72

zufolge erfolgreicher auf oberen Hierarchieebenen. In diesem Sinne ähneln und bestätigen diese Ergebnisse sehr stark die Studie von Fuller et al. (1996).

36 Forschungsstudien und 62 korrelative Zusammenhänge haben DeGroot, Kiker & Cross (2000, S. 356-371) in einer Meta-Analyse über die Effekte charismatischer Führung untersucht. Ihren Ergebnissen zufolge, fallen die Zusammenhänge zwischen Charisma und entsprechenden Erfolgskriterien deutlich geringer aus, sofern das Kriterium auf der individuellen Ebene und nicht auf der Gruppenebene gemessen wird. Die Autoren vertreten die Ansicht, dass charismatische Führung einen weitaus stärkeren (positiven) Effekt auf die Leistungsfähigkeit und Zufriedenheit einer Gruppe hat als auf das Individuum (Dörr, 2006, S. 34).

In einer aktuellen Meta-Analyse zur Validität transformationaler und transaktionaler Führung berichten Judge & Piccolo (2004, S. 755-768) von 87 verschiedenen Studien mit insgesamt 626 korrelativen Zusammenhängen. Sie ermittelten über Längsschnittstudien mit Multisource-Designs für transformationale Führung eine Gesamtvalidität von 0.44, für die transaktionale Skala „Contingent Reward" einen Wert von 0.39 und für „Laisser-Faire" einen Wert von -0.37. Management by Exception (active und passive) lieferte inkonsistente Ergebnisse. Die höchsten Korrelationen transformationaler Führung ließen sich bei „Satisfaction" mit 0,71, „Extra Effort" mit 0.58 und „Effectiveness (0.68) ermitteln. Objektive Erfolgsgrößen zeigten dagegen mit 0.26 deutlich geringere Effekte. Gute Ergebnisse fanden sich dahingegen bei „Contingent Reward" im Gegensatz zu „Management by Exception (passive)" und „Laisser-faire".

Den oben genannten Analysen, wie auch zahlreichen Einzelstudien gemein ist, wie Yukl (2002) und Brodbeck et al. (2002) zusammenfassend feststellen, dass charismatische, transformationale Führung positive Effekte auf verschiedenste Erfolgsgrößen hat. Eine Übersicht und Auszug unterschiedlicher Erfolgskriterien und dementsprechender Arbeiten findet sich in nachfolgender Abbildung 26. Darüber hinaus werden in dieser Abbildung verschiedene Settings bzw. Bereiche aufgezeigt, in denen die Effektivität transformationaler Führung nachgewiesen werden konnte.

Effektivität	Überblick	Literatur (Auszug)
Settings, in denen die Effektivität transformationaler Führung nachgewiesen wurde	▪ Militär ▪ Industrie ▪ Politik & politische Verwaltung ▪ Bank- & Dienstleistungsgewerbe ▪ Sport ▪ Bildungsbereich ▪ Gesundheitswesen ▪ verschiedene Randbereiche	▪ Bass 1985, 1998 ▪ Hater & Bass 1988; Martin & Epitropaki, 2001; Waldmann et al., 1987 ▪ Pilai et al., 2003 ▪ Geyer & Steyrer, 1998; Rai & Sinha, 2000 ▪ Charboneau et al., 2001 ▪ Koh et al., 1995 ▪ Bycio et al., 1995; Vandenberge et al., 2002 ▪ Trice & Beyer, 1986
Erfolgsmaße, auf die sich transformationale Führung auswirkt	▪ Extra Effort ▪ Wahrgenommene Effektivität ▪ Zufriedenheit mit Führung ▪ Arbeitszufriedenheit ▪ Commitment ▪ Leistung, z.B. Verkaufszahlen im Kreditgeschäft ▪ Kreativität und Innovation ▪ Selbstwirksamkeit ▪ Wohlbefinden, Burnout ▪ Qualität von Forschungsprojekten	▪ Bass 1985 ▪ Jung & Aviolo, 2000; Pillai, Schriesheim & Williams, 1999 ▪ Felfe & Goihl, 2002 ▪ Judge & Bono, 2000; Felfe & Goihl, 2002b; Bycio et al., 1995 ▪ Geyer & Steyrer, 1998; Rai & Sinha, 2000 ▪ Jansen, 2002 ▪ Kirkpatrick & Locke, 1996; Dvir et al., 2002; Bono & Judge, 2004 ▪ Martin & Epitropaki, 2001 ▪ Keller, 1992

Abbildung 26: Übersicht Effektivität transformationaler Führung mit verschiedenen Erfolgsmaßen und Settings[61]

Überwiegend wurden in den verschiedenen Studien die Effektivität transformationaler Führung auf subjektive Erfolgsgrößen wie Zufriedenheit und Vertrauen untersucht. Beispielhaft seien Podsakoff et al. (1996), Conger & Kanungo, (1998) genannt. Organizational Citizenship Behavior wurde dahingegen von Podsakoff et al. (1990) und Deluga (1995) untersucht. Mit Commitment haben sich Judge & Bono (2000) und Felfe & Goihl (2002b) auseinandergesetzt. Untersuchungen zur Selbstwirksamkeit stammten von Kirkpatrick & Locke (1996), Dvir, Eden, Avolio & Shamir (2002) sowie Bono & Judge (2004).

Die Effektivität transformationaler Führung auf objektive Erfolgsgrößen konnten Howell & Avolio (1993), Barling, Weber & Kelloway (1996), de Hoogh et al. (2002) am Beispiel

[61] In Anlehnung an: Rathgeber, 2005, S.72

finanzieller Größen wie Wachstum und Budgeteinhaltung belegen. Untersuchungen zu Leistung und Produktivität wurden von Ross & Offermann (1997) und Bass (1999) durchgeführt. Positive Effekte konnten Geyer & Steyrer (1994) hinsichtlich Markt- und Kundenausschöpfung aufzeigen, was auch MacKenzie, Podsakoff & Rich (2001) in Bezug auf den Verkaufserfolg gelang. Die positive Wirkung transformationaler Führung im Zusammenhang mit der Wirkung von Visionen auf den Gründererfolg lässt sich Baum, Locke & Kirkpatrick (1998, S. 43-54) zufolge ebenso aufzeigen, wie der Einfluss auf die längerfristige Geschäftsentwicklung, die Waldman Ramirez, House & Puranam (2001, S. 134-143) untersuchte.

Der Großteil der Arbeiten scheint vergleichbaren Grundströmungen, ähnlichen empirischen Zusammenhängen zu folgen. Im Allgemeinen korreliert transformationale Führung stärker mit Führungserfolg als transaktionale Führung, wohingegen „Contingent Reward" höhere Korrelationen zu den verschiedenen Erfolgsgrößen aufweist als „Management by Exception (active)". Negative Zusammenhänge finden sich durchweg bei „Laisser-faire". Ebenso ist allen Arbeiten gemein, dass die Effekte für subjektive Erfolgskriterien durchweg stärker ausfallen als für objektive Kriterien (Bass, 1999, S. 9-32).

Im Zusammenhang mit der praktischen Anwendbarkeit der Untersuchungsergebnisse sind vor allem die empirischen Studien von Interesse, die sich mit dem Zusammenhang von Trainingsinterventionen und der Entwicklung transformationaler Führungskompetenz auseinandersetzen (Dörr, 2006, S. 34). In einer experimentellen Evaluationsstudie konnten Barling, Weber & Kelloway (1996, S. 827-832) bspw. nachweisen, dass Führungskräfte einer Trainingsgruppe in Bezug auf transformationale Führung von ihren Mitarbeitern höhere Einschätzungen erhielten als die einer Kontrollgruppe. Bei Mitarbeitern von Offizieren, die an Trainingsmaßnahmen zur transformationaler Führung teilgenommen hatten, weisen Dvir et al. (2002) ebenfalls höhere Werte bezüglich der Kriterien Selbstwirksamkeit und Gruppenkohäsion nach. Verschiedene Arbeiten von Rowold (2006, S. 106-123; 2007, S. 43-58), Mönninghoff & Rowold (2006), Bass & Avolio (2005) sowie Rowold & Radstaak (2005, S. 25-37) belegen, dass nicht nur Trainingskonzepte für transformationale Führung existieren, sondern, dass transformationale Führung auch trainier- und erlernbar ist.

1.6.1.4.3 Untersuchungen zum Einfluss von Kontextfaktoren

De Hoogh et al. (2004, S. 447-471) untersuchte bereits 2002 im Rahmen des „GLOBE Research Projects" den Zusammenhang zwischen Charisma und verschiedenen betriebswirtschaftlichen Kennziffern sowie Arbeitsmotivation. Die Untersuchung basierte auf den postulierten Annahmen von Yukl (1999, S. 285-305), Pawar & Eastman (1997) und Shamir & Howell (1999), dass in „weak psychological situations", d.h. in Krisenzeiten bzw. in Phasen, die durch erhöhte Unsicherheit gegeben sind, transformationale Führung eine höhere positive Wirkung auf relevante Erfolgsgrößen als in vergleichsweise stabilen Zeiten habe. Zunächst ließen sich keine signifikanten Beziehungen mit objektiven Erfolgsgrößen, wie Liquidität oder Profitabilität feststellen. Lediglich bei der Arbeitsmotivation fanden sich positive Zusammenhänge. Erst als der Faktor Unsicherheit als moderierende Variable miteinbezogen wurden, wies transformationale, charismatische Führung - in Situationen mit hoher Unsicherheit - einen positiveren Einfluss auf die objektiven Erfolgsgrößen auf als in Situationen mit hoher Sicherheit (Dörr, 2006, S. 38).

Die Bedeutung des Führungsverhaltens von CEOs für die Unternehmensentwicklung untersuchten Waldman, Ramirez, House, & Puranam (2001, S. 134-143). Den Autoren zufolge, lässt sich eine signifikante Korrelation zwischen Charisma und der aktuellen wirtschaftlichen Situation feststellen. Jedoch bestehe nur ein schwacher Zusammenhang mit der langfristigen Geschäftsentwicklung über einen Zeitraum von fünf Jahren. Eine deutlich positive Korrelation zwischen Charisma und langfristigem Geschäftserfolg ließ sich nur feststellen wenn das Umfeld als unsicher eingeschätzt wurde.

In einer Feldstudie über das Führungsverhalten in Arbeitsgruppen konnten Pillai & Meindl (1998, S. 643-671) ebenfalls den Einfluss von Kontextvariablen nachweisen.

Auch wenn es bislang noch wenige empirische Studien gibt, die den Einfluss von Kontextvariablen auf die Wirkung transformationaler Führung belegen, stärken die genannten Untersuchungen die Annahmen von Shamir & Howell (1999, S. 257-283) und Pawar & Eastman (1997). In nachfolgender Abbildung 27 findet sich wiederum eine Übersicht verschiedener Studien, in denen die Effektivität transformationaler Führung unter Berücksichtigung diverser Betrachtungsebenen feststellbar war. Im Rahmen dieser Arbeit wird der Einfluss der Unternehmenslebensphase mitberücksichtigt und untersucht.

Effektivität	Überblick	Literatur (Auszug)
Betrachtungsebenen, auf denen Effektivität messbar ist	▪ Dyade	▪ Howell & Frost, 1989
	▪ Informelle Kleingruppe	▪ Howell & Higgins, 1990
	▪ Arbeitsgruppe	▪ Hater & Bass, 1988; Pillai & Meindl, 1998
	▪ Organisationseinheiten	▪ Howell & Avolio, 1993
	▪ Gesamtorganisation	▪ Roberts, 1985, Waldman et al., 2001
	▪ verschiedene Hierarchieebenen	▪ Lowe et al., 1996
	▪ Unternehmenslebensphasen	▪ Klaußner (2007)

Abbildung 27: Übersicht Effektivität transformationaler Führung auf verschiedenen Betrachtungsebenen

1.6.1.4.4 Konfirmatorische Faktorenanalyse

Im Rahmen der Arbeit wird die Eignung der Skala des Multifactor Leadership Questionnaires (MLQ) mittels einer konfirmatorischen Faktorenanalyse überprüft. Die Vorgehensweise entspricht der einer klassischen Faktorenanalyse, mit dem Unterschied, dass die gegebene Zuordnung der verschiedenen Items eines Faktors in Frage gestellt bzw. als nicht bekannt angesehen wird. In einem ersten Schritt wird der erhobene Datensatz einer Hauptkomponentenanalyse unterzogen. Entsprechend Abbildung 28 lassen sich 66,586 % der Gesamt-Varianz mit neun Komponenten erfassen. Verschiedene Untersuchungen von Rowold (2004) weisen vergleichbare Ergebnisse auf.

Komponente	Rotierte Summe der quadrierten Ladungen		
	Gesamt	% der Varianz	Kumulierte %
1	6.193	17.203	17.203
2	3.367	9.354	26.557
3	2.697	7.493	34.050
4	2.566	7.129	41.179
5	2.376	6.601	47.780
6	1.874	5.205	52.985
7	1.849	5.136	58.121
8	1.775	4.932	63.053
9	1.272	3.533	66.586

Extraktionsmethode: Hauptkomponentenanalyse.

Abbildung 28: Erklärte Gesamtvarianz mittels einer Hauptkomponentenanalyse

Nachfolgende Tabelle I. spiegelt die Ergebnisse der Faktorenanalyse wider. Nachträglich wurden die entsprechenden Items „ihren" Faktoren zugeordnet, sowie mit der dazugehörigen Rubrikenbezeichnung versehen. Gemäß gängiger statistischer Konventionen wurden Größen kleiner 0,6 nicht weitergehend betrachtet. Im Anhang findet sich die komplette Darstellung mit allen Werten.

Die Ergebnisse unterstreichen die Eignung der gewählten Skala. Die Zusammengehörigkeit der verschiedenen Items lässt sich klar belegen. Die Interkorrelationen verschiedener Komponenten sind aus der Literatur bekannt und zu erwarten. Sie bestätigen sich auch hier am Beispiel von Idealized Influence (attributed) und Idealized Influence (behavior) bzw. Individualized Consideration. Die entsprechenden Studien und Untersuchungen finden sich aufgeführt in den vorhergehenden Abschnitten.

Die klare Komponentenzuordnung lässt sich auch mit Werten kleiner 0,6 bspw. bei einem Faktor wie Management-by-Exception (passive) zeigen. Mit einem Wert von 0,549 wird das Item „greift erst ein, wenn die Probleme ernst werden" in der nachfolgenden Tabelle, entsprechend der Vorgaben, nicht mehr geführt. Es ist jedoch eindeutig dem Faktor Management-by-Exception (passive) zuzuordnen und belegt auch damit die Eignung der Skala für diese Untersuchung.

Rotierte Komponentenmatrix(a)

	Komponente								
	1	2	3	4	5	6	7	8	9
Idealized Influence (Behavior)									
spricht über seine/ ihre wichtigsten Wertvorstellungen und Überzeugungen.		.613							
führt die Wichtigkeit einer starken Vision auf.		.888							
berücksichtigt die moralischen und ethischen Auswirkungen von Entscheidungen.	.634								
betont die Wichtigkeit einer gemeinsamen Vision.		.795							
Inspirational Motivation									
spricht optimistisch über die Zukunft.				.707					
spricht mit Begeisterung darüber, was erreicht werden muss.		.606							
formuliert eine motivierende Zukunftsvision.									
zeigt Zuversicht, dass die Ziele erreicht werden.				.737					
Idealized Influence (Attributed)									
macht Sie stolz, mit ihm/ ihr zusammenzuarbeiten.	.675								
stellt den persönlichen Nutzen hinter den Gesamtnutzen.									
handelt so, dass man sie/ ihn akzeptiert.	.652								
entfaltet eine Atmosphäre von Stärke und Vertrauen.	.686								
Individualized Consideration									
investiert Zeit, sie zu trainieren und zu "coachen".									
behandelt Sie als Individuum und nicht nur als Mitglied des Teams.	.757								
betrachtet Sie als Individuum mit unterschiedlichen Bedürfnissen, Fähigkeiten und Zielen.	.757								
hilft Ihnen bei der Entwicklung Ihrer Stärken.	.669								
Contingent Reward									
bietet Ihnen im Austausch für ihre Bemühungen Unterstützung an.	.685								
erörtert im Detail, was für die Erreichung von Leistungszielen erforderlich ist.									
macht deutlich, was bei Erreichung der Leistungsziele zu erwarten ist.									
zeigt Zufriedenheit, wenn die Erwartungen erfüllt werden.									
Intellectual Stimulation									
überprüft kritische Annahmen und hinterfragt ihre Sinnhaftigkeit.								.603	
sucht unterschiedliche Perspektiven beim Lösen von Problemen.									
sorgt dafür, dass Sie Probleme von verschiedenen Standpunkten aus sehen.									
schlägt neue Wege vor, wie man an die Bewältigung von Aufgaben herangeht.									
Management by Exception (passive)									
greift erst ein, wenn die Probleme ernst werden.									
wartet, bis etwas schief läuft, bevor er/ sie eingreift.					.778				
demonstriert seine/ ihre feste Überzeugung:"Was nicht zerbrochen ist, muss nicht repariert werden."									
agiert erst, wenn Probleme chronisch sind.					.661				
Management by Exception (active)									
konzentriert sich auf Unregelmäßigkeiten, Fehler, Ausnahmen und Abweichungen von Standards.						.846			
konzentriert sich ganz auf die Bearbeitung von Fehlern, Beschwerden und Misserfolgen.									
verfolgt alle Fehler.									
Laissez-Faire									
vermeidet es bei wichtigen Fragstellungen beteiligt zu werden.								-.752	
ist nicht greifbar, wenn er/ sie gebraucht wird.									
vermeidet es, konkrete Entscheidungen zutreffen.							.753		
verschiebt die Beantwortung dringender Fragen auf später.							.749		

Extraktionsmethode: Hauptkomponentenanalyse.
Rotationsmethode: Varimax mit Kaiser-Normalisierung.
a) Die Rotation ist in 15 Iterationen konvergiert.

Tabelle I: Rotierte Komponentenmatrix

1.6.1.5 Zusammenfassung der empirischen Ergebnisse

Der Überblick der empirischen Forschungsergebnisse zeigt, dass sich in den vergangenen Jahren der charismatische und transformationale Führungsansatz einer Vielzahl von Studien und Untersuchungen unterwerfen musste. Dennoch stehen, nicht nur Brodbeck et al. (2002) zufolge, die vorliegenden Ergebnisse durchweg im Einklang mit den zugrundeliegenden theoretischen Annahmen. Die postulierte Effektivität charismatischer und transformationaler Führung für diverse Kulturkreise, Organisationsformen und Hierarchieebenen konnte anhand einer ganzen Bandbreite von objektiven und subjektiven Erfolgsgrößen belegt werden (Yukl, 2002).

Dennoch finden sich in diesem Forschungsgebiet noch einige weiße Flecken. Doch der gegenwärtige Stand der empirischen Forschung bietet ausgezeichnete Ansätze für weiterführende Studien, speziell im Feld der Führungsforschung in Abhängigkeit von Unternehmenslebensphasen. Diesem Feld wird sich diese Arbeit noch eingehender widmen.

1.6.2 Beobachtungsmaße

Die klassischen Verfahren zur Erfassung von Führungsverhalten stellen fragebogengestützte Datenerhebungen oder Schreibtisch-Analysen dar (Neuberger, 2002, S. 452ff.). Beiden Vorgehensweisen ist gemein, dass sie den jeweiligen Untersuchungsgegenstand aus der Erinnerung mit dementsprechend beeinflussenden Faktoren abbilden.

Fremdbeobachtung	
Fortlaufende unmittelbare Beobachtung	▪ Bspw. Permanente Begleitung des Vorgesetzen durch einen Beobachter ▪ Beobachtung von in sich abgeschlossenen Aufgaben im Rahmen von Laborsituationen
Stichprobenartige unmittelbare Beobachtung	▪ Erstellung von Beobachtungsprotokollen nach einem genau festgelegten Stichprobenplan durch einen Fremdbeobachter
Fortlaufende Verhaltensbeobachtung mittels technischer Medien	▪ Erstellung von Beobachtungsprotokollen mittels technischer Medien, wie bspw. Videoaufzeichnungen, Funküberwachung, lückenlose Tonbandaufzeichnungen etc.
Selbstbeobachtung	
„Tagebuch-Methode"	▪ Eigenständige Dokumentation von Ereignissen und Vorkommnissen mittels strukturierter Protokollbögen durch die Führungskraft selbst

Abbildung 29: Alternative Varianten der Beobachtungsmethoden

Man unterscheidet zwei Formen der Beobachtung. Zum einen gibt es die Fremdbeobachtung, die sich in drei verschiedene Ansätze unterteilt, in die „fortlaufende unmittelbare

Beobachtung", die „stichprobenartige unmittelbare Beobachtung" und die „fortlaufende stichprobenartige Verhaltensbeobachtung durch technische Medien". Nachfolgende Abbildung 29 verdeutlicht die Merkmale dieser alternativen Formen innerhalb der Beobachtungsmethoden. Darüber hinaus beschreibt sie die Selbstbeobachtung mittels der „Tagebuch-Methode", d.h. der eigenständigen Aufzeichnung von Ereignissen bzw. Vorkommnissen anhand eines vorgegebenen Protokolls (Neuberger, 2002, S. 452ff.).

Jede der Methoden weist jedoch spezifische Schwächen auf. Der Einfluss des Fremdbeobachters auf das Verhalten der Führungskraft darf nicht unterschätzt werden, wie auch die möglicherweise gegebene Unkenntnis des Beobachtenden bzgl. der Bedeutung, des Zusammenhangs von Ereignissen bzw. des impliziten Führungsverhaltens des Führenden. Mögliche Verzerrungen in der Dokumentation der Beobachtung lassen sich damit nicht ausschließen. Hinsichtlich der „Tagebuch-Methode" gehen Neuberger zufolge, die „selbstprotokollierenden Führungskräfte erfahrungsgemäß sehr selektiv vor". Sie würden meist nur eine begrenzte Anzahl von Ereignissen dokumentieren. Darüber hinaus sei mit der Fortdauer der Untersuchung mit einer Abnahme der - oftmals auch subjektiv geprägten - Einträge zu rechnen (Neuberger, 2002, S. 454).

Beiden Methoden, Fremd- wie Selbstbeobachtung, ist gemein, dass sich nur bestimmte Führungskräfte mit einer Teilnahme einverstanden erklären würden. Dies bedeute auch, dass Selbstselektionseffekte eine große Rolle in der Bewertung von Beobachtungsmaßen zu spielen haben.[62]

Einen guten Überblick über die verschiedenen Studien mit Beobachtungsmaßen findet sich bei Neuberger (2002).

Innerhalb der Arbeiten mit Beobachtungsmaßen, nimmt das „Leader Observation System" (LOS) von Luthans & Lockwood (1984, S. 117-141) eine Ausnahmestellung ein. Im Gegensatz zu einer Vielzahl ähnlich gearteter Untersuchungen, wie bspw. Caroroll & Gillen (1987) oder Mahoney (1967), die in der Einteilung ihrer Kategorien noch sehr stark

[62] Anmerkung: Neuberger liefert einen umfangreichen und aktuellen Überblick über eine Vielzahl verschiedener Studien im Umfeld von Beobachtungsmaßen.
Siehe auch: Neuberger, 2002, S. 452-489

herkömmlichen, funktionalen Einteilungen von Management-Aktivitäten orientiert sind, gelingt es Luthans & Lockwood verhaltensnahe, trennscharfe Beobachtungskategorien zu entwickeln (Neuberger, 2002, S. 454).

Hauptkategorien	Beobachtungskategorien des Leader Observation System (LOS)
Routine-Kommunikation	▪ Informationsaustausch ▪ Schreibarbeit
Traditionelle Management-Funktionen	▪ Planen/ Koordinieren ▪ Entscheiden/ Problemlösen ▪ Kontrollieren
Beziehungspflege	▪ Interagieren mit Externen ▪ Soziale Kontakte pflegen/ Mikropolitik
Human Ressource Management	▪ Motivieren/ Verstärken ▪ Disziplinieren/ Bestrafen ▪ Konflikte handhaben ▪ Personal beschaffen/ Personal entwickeln

Abbildung 30: Übersicht der Kategorien des LOS in Anlehnung an Luthans et al.

Luthans & Hodgetts & Rosenkranz (1988) benennen vier Hauptkategorien, wie „Routine-Kommunikation", „Traditionelle Management-Funktionen", „Beziehungspflege" und „Human Ressource Management" wie oben stehende Abbildung 30 verdeutlicht. Diese wiederum setzt sich aus zwölf Beobachtungskategorien zusammen, die Aktivitäten wie Informationsaustausch, wie auch die Personalentwicklung erfassen.

Interessant stellen sich die Ergebnisse weiterführender Untersuchungen von Luthans (1995, Sp. 1005ff.) dar. Bei einem Vergleich von Erfolgsmanagern („successful managers"), d.h. von Führungskräften, die auf einen überdurchschnittlichen Karriere-Erfolg[63] verweisen konnten, mit Leistungsmanagern („effective managers"), d.h. Managern, die überdurchschnittliche Ergebnisse erzielten, wurden gänzlich verschiedene Aktivitäts-

[63] Anmerkung: Karriere-Erfolg ist im Rahmen dieser Untersuchung als überdurchschnittliche schnelle Beförderung und entsprechend starker Gehaltsanstieg zu verstehen.

Muster ermittelt. Den Fokus legen Leistungsmanager bspw. auf die „Routine-Kommunikation", wohingegen Erfolgsmanager 48% ihrer Arbeitszeit auf die Beziehungspflege verwenden (Neuberger, 2002, S. 454).

„Beziehungsarbeit hatte bei (den „Erfolgsmanagern") bei weitem die die stärkste Beziehung zu Erfolg, aber die schwächste zu Leistungswirksamkeit. Andererseits hatten „Human Ressource Management- Aktivitäten" eine starke Beziehung zur Wirksamkeit (übertroffen nur von der humanorientierten „Routine-Kommunikation"), aber die relativ schwächste Beziehung zu Erfolg. Mit anderen Worten: In dieser Studie zeigten die erfolgreichen Manager nicht das gleiche Verhalten wie die wirksamen Manager (genau genommen taten sie fast das Gegenteil) (Luthans, 1993, S. 386). Anders ausgedrückt, erfolgreiche Manager, in Bezug auf deren Arbeitsergebnisse, entsprechen nicht notwendigerweise den „karrieremäßig" erfolgreichen Führungskräften.

Die Reliabilität des LOS konnten Luthans & Lockwood (1984) durch den Vergleich zweier independenter Beobachtungsgruppen bestimmen, die die Aktivitäten bzw. das Verhalten der gleichen Führungskraft beobachteten. Die mehr als 93% Übereinstimmung der beiden Gruppen wurde auch in weiteren nachfolgenden Test bestätigt (Arnold & Kelsey, 1995, S. 285f.).

Yukl & Nemeroff (1979, S. 164-200) haben die Konstruktvalidität des LOS mittels des Managerial Behaviour Survey (MBS), sowie des LBDQ-XII überprüft. Sofern die Teilnehmer wie auch außenstehende Beobachter, die auf dem LOS basierenden Beobachtungsmaße als multiple Methoden der Messung von Führungsverhalten anerkennen, lassen sich starke Hinweise für die konvergente wie auch diskriminante Validität des LOS finden. Unter der Annahme, dass der MBS, der LOS und der LBDQ-XII multiple Maße darstellen, lässt sich dieses positive Ergebnis jedoch nicht bestätigen.

1.6.3 Alternative Maße

Die Anwendung von Fragebogen- oder Beobachtungsmaßen wurde in den vergangenen Jahren vermehrt in Frage gestellt. Der Einsatz von traditionellen quantitativen Analysen und vorherbestimmten Kategorien würde Bryman et al. (1987, S. 13-19) zufolge eher eine im Vorfeld konstruierte Struktur widerspiegeln als die tatsächlich zugrunde liegenden Verhaltensmuster aufdecken. Nicht nur wegen der Messungen inhärenten Messartefakten, sondern auch aufgrund der Wirkung, die implizite Führungstheorien[64] sowohl auf Forscher als auch Forschungssubjekte haben (Lord, De Vader & Alliger, 1986, S. 402-410), seien qualitative Methoden zu befürworten. Untersuchungen von Offermann & Kennedy (1987) zur Thematik „implizite Führungstheorien" haben bspw. aufgezeigt, dass bei den selben Dimensionen, die verwand wurden, um „Supervisoren" und „Führer" zu beschreiben, „die Werte in Reaktion auf das Stichwort „Supervisor" signifikant weniger günstig sind als die in Reaktion auf das Stichwort „Führer".

Nach Ansicht von Bass & Aviolo (1990, S. 231-272) stellt die Anerkennung von transformationaler Führung darüber hinaus ein neues Paradigma in der Führungsforschung dar. Die Unterschiede in den Attributionen, die transaktionalen Führern im Gegensatz zu transformationalen Führern beigemessen werden, seien derart deutlich, dass sie nicht nur ein neues Paradigma begründen, sondern gänzlich neue Maße erforderlich machen, um dieses Verhalten zu erfassen. Zur Entwicklung des „Multifactor Leadership Questionnaire", welcher transformationale von transaktionale Führung unterscheiden bzw. identifizieren soll, haben Bass & Aviolo (1990, S. 231-272) bspw. Antworten auf offenen Fragebögen analysiert. Howell & Higgins (1990, S. 317-341) wiederum setzten bei ihrer Analyse auf Interview-Mitschriften, um charakteristische Führungsmerkmale von Managern zu bestimmen, die technologische Entwicklungen vorantrieben. Ein weiteres Verfahren, welches sich mit der Bestimmung bzw. Unterscheidung von effektiven von ineffektiven Führungsverhalten beschäftigt, stellte bspw. die Auswertung von Reportagen in Printmedien zur Erfassung von Führungsmerkmalen durch Chen & Meindel (1991, S. 521-551) dar. Die Analyse von Autobiographien, Antrittsreden und Fallstudien durch House Spang-

[64] Anmerkung: „Implizite Führungstheorien" (Implicit Leadership Theories) erklären, wie der Mensch Informationen und Daten aus seiner Umwelt verarbeitet. Darüber hinaus betonen sie die Bedeutung von Wahrnehmungsprozessen (Lord & Maher, 1991: O´Connell & Lord & O´Connell, 1991). „Implizite Theorien" können so verstanden werden, dass Angehörige bestimmter Kulturkreise oder Unternehmen o.ä. an eine Führungskraft gewisse Erwartung haben, die die Ausübung von Führung fördern, behindern, oder überhaupt erst ermöglichen kann (Lord & Maher, 1991, Hollander, 1985). „Leitgedanke dieser Theorien ist, dass Mitarbeiter einem Vorgesetzten bestimmte Führungsqualitäten attribuieren, wobei auf der Basis des Übereinstimmungsgrades dieses Verhaltens mit den impliziten Erwartungen der Mitarbeiter hervorgeht, wie stark der Vorgesetzte von den Mitarbeitern akzeptiert wird" (House et al., 1997). Hofstede (1993) bemerkt in diesem Zusammenhang, „that managers derive their raison d´être from the people managed: culturally, they are the followers of the people they lead, and their effectiveness depends on the latter".
Siehe auch: Hollander, 1985; Lord & Maher, 1991; Hofstede, 1993, S. 93; O´Connell, Lord & O´Connell, 1991; House, Wright & Aditya, 1997, S. 600.

ler & Woycke (1991, S. 364-396) oder Howell & Higgins (1990, S. 317-341) sind weitere mögliche Methoden.

Doch trotz der Diskussion über alternative Verfahren zur Erfassung von Führerverhalten ist noch unklar in welche Richtung die Führungsforschung ihre Energien zukünftig konzentrieren sollte, sei es die Verbesserung oder Weiterentwicklung der existenten Fragebogen- und Beobachtungsmaße oder die Hinwendung zu gänzlich neuen Maßen.

Bezüglich der Anwendung von Fragebogenmaßen stellt das von Lord (1985, S. 62-82) entwickelte Modell der Verarbeitung sozialer Informationen deutliche Auswirkungen auf die Führungsforschung fest. Er konstatiert, dass der menschliche Informationsverarbeitungsprozess äußerst selektiv ausgerichtet ist. Aus diesem Grunde würden zahlreiche Aspekte, denen der „Beurteiler“ ausgesetzt ist, nicht die angemessene Berücksichtigung finden, noch in Erinnerung bleiben. Außerdem würden die gespeicherten Informationen in Begrifflichkeiten übersetzt werden, die dem Individuum sinnvoll erschienen, aber nicht notwendigerweise mit den verwandten Konzepten und Messverfahren der Führungsforschung in Einklang ständen. Daneben nimmt Lord an, dass komplexere Informationen über das Führungsverhalten, welche sich nicht in einfachere Formen übertragen lassen, der Tendenz unterworfen sind, vergessen zu werden bzw. zum Zeitpunkt der Befragung kaum noch abrufbar seien. Abschließend hält er fest, dass auch der persönliche Eindruck des Vorgesetzen aus Sicht des Geführten, Einfluss auf die Einschätzung und Beurteilung der Effizienz des Führenden in Fragebögen hat (Lord, 1985, S. 62-82).

Die genannten Punkte bzw. Argumente lassen es vertretbar erscheinen, die Anwendung von Fragebogenmaßen in Frage zu stellen. Vorteilhafter sollte es viel mehr sein, die Ressourcen auf die Optimierung der psychometrischen Qualitäten von Beobachtungsmaßen zu lenken.

Besteht die Zielsetzung der Forschung darin, Theorien über tatsächliches Führungsverhalten zu entwickeln und zu testen, ist dies sicherlich ein gangbarer Weg. Sollten wir jedoch daran interessiert sein, die Auswirkungen von Führung auf das Verhalten und die Gedanken der Untergebenen zu verstehen, dann stellen die Mitarbeiter selbst die relevante Informationsquelle dar. In diesem Fall sind sogar fehlerhafte und vorurteilsbeladene Methoden, die Untergebene bei der Informationsverarbeitung zur Einschätzung des Verhaltens ihrer Vorgesetzten nutzen, außerordentlich wichtige Größen um die Auswirkungen von Führungsverhalten zu erfassen. Dies gilt auch dann, wenn sich die tatsächlichen Reaktionen der Geführten von ihren Gedanken, wie auch ihren Aussagen dazu, unterscheiden (Arnold & Kelsey, 1995, Sp. 291).

Letztlich bedeutet dies, dass auch verzerrte und inkorrekte Wahrnehmungen relevante Informationsquellen darstellen, um die Verhaltensweise von Geführten wie auch Führenden nachzuvollziehen und zu verstehen. Aus diesem Grunde wird man auch in Zukunft auf die Anwendung von Fragebogenmaßen nicht verzichten können.

1.7 Messung von Führungsverhalten im Kontext dieser Arbeit

Ausgangspunkt der Betrachtung der vielschichtigen Arbeiten zur Führungsforschung stellt zum einen die thematische Verortung, zum anderen die Recherche nach einem Konstrukt dar, welches in der Lage sein sollte, die Hypothesen von Pümpin & Prange (1991) quantitativ zu erfassen. Pümpin & Prange (1991, Kap. 6.3.) benennen entsprechend der jeweiligen Unternehmenslebensphase - empirisch nicht belegte - charakteristische Stile, die den Ursprung der Untersuchung darstellen.

- Die Pionierphase ist durch einen autoritären, patriarchalischen Führungsstil gekennzeichnet.
- Im Rahmen der Wachstumsphase wird ein delegativer, kooperativer Führungsstil postuliert.
- In der Reifephase wird ein überwiegend partizipativer Führungsstil gepflegt.
- Die Niedergangsphase ist durch keinen eindeutigen Führungsstil gekennzeichnet (Pümpin & Prange, 1999, Kap. 6.3.).

Bei einer eingehenden Untersuchung der dem St. Galler Management verhafteten Arbeiten von Pümpin & Prange wie auch der gängigen Führungstheorien und -modelle lassen sich jedoch unterschiedliche Auffassungen bzw. Interpretationen hinsichtlich der Wortwahl und Bedeutung wie auch der Ausprägung der benannten Führungsstile feststellen. Beispielsweise ist nach Lewin autoritäre Führung dadurch gekennzeichnet, dass der Führende durch ein „Befehl-Gehorsam-Verhalten", ein distanziertes Verhältnis zu seinen

Mitarbeitern entwickelt. Betrachtet man dahingegen Pümpin & Prange, ist unter einem autoritären Gründer, entsprechend der Unternehmenslebensphase, ein visionärer, charismatischer Unternehmer zu verstehen, der ein soziales fast familiäres Miteinander mit seinen Mitarbeitern pflegt.

Eine trennscharfe Unterscheidung der Führungsstile mit gängigen Konstrukten entsprechend der Interpretation von Pümpin & Prange scheint nicht möglich zu sein.[65]

Unter diesen Voraussetzungen bieten sich zwei Alternativen an, um dennoch phasenspezifisches Führungsverhalten quantitativ zu erfassen. Zum einen ist dies die eigenständige Entwicklung eines Konstrukts, welches die Hypothesen von Pümpin & Prange abbildet, zum anderen die Anwendung einer etablierten Skala, die den „Full Range of Leadership" widerspiegelt in Verbindung mit der gleichzeitigen Verwendung der „Aussagen" von Pümpin & Prange als Arbeitshypothese.

Auf beide Ansätze kann diese Arbeit verweisen. Bei erstgenanntem orientierte sie sich an der von Homburg & Gierung (1996) vorgeschlagenen Herangehensweise zur Konzeptionalisierung und Operationalisierung von „mehrdimensionalen komplexen Konstrukten"[66]. In einer Untersuchung im Jahre 2005 mit 65 deutschen Life Science Unternehmen konnten Reliabilitätswerte zwischen 0,917 und 0,829 ermittelt werden. Eine weitergehende Betrachtung dieses Ansatzes erfolgte jedoch nicht, da die Prüfung der Validität des Konstrukts einen nicht vertretbaren Aufwand hinsichtlich des Erkenntnisgewinns und der Zielsetzung dieser Arbeit darstellte.

Der Einsatz des Multifactor Leadership Questionnaire (MLQ) stellt die andere Alternative dar. Wie zuvor schon eingehend beschrieben, zählt der MLQ zu den derzeit am häufigsten eingesetzten und empirisch überprüften Skalen.

---

[65] Anmerkung: Pümpin & Prange benennen in ihren phasenspezifischen Checklisten nur wenige phasenübergreifende gemeinsame Merkmale die einer gemeinsamen Ordnung folgen. Zielsetzung aus methodischer Sicht sollte es daher sein, eine Merkmals-Auswahl vorzunehmen, die über alle Unternehmenslebensphasen hinweg ihre Gültigkeit bewahrt und die eine Vergleichbarkeit der Phasen ermöglicht.

[66] Anmerkung: Man spricht von mehrdimensionalen komplexen Konstrukten, wenn die einzelnen Dimensionen des Konstrukts aus mehreren Faktoren bestehen und sich das Konstrukt nicht unmittelbar über die Indikatoren erfassen lässt.
Vgl. auch: Homburg & Gierung, 1996

In nachfolgender Abbildung 31 wird deutlich, wie die Behandlung der Aussagen von Pümpin & Prange als Arbeitshypothese zu verstehen ist. Entsprechend deren Arbeit kann davon ausgegangen werden, dass der Führungsstil in Abhängigkeit der Unternehmenslebensphase variiert. Inwieweit sich die führungsrelevanten Ausprägungen der jeweiligen Phasen jedoch darstellen, wird nicht mehr „en détail“ im Vorfeld der Studie festgelegt, sondern im Rahmen der Untersuchung erst erhoben. Der ursprünglich Hypothesen-prüfende Ansatz wandelt sich zu einem explorativen.

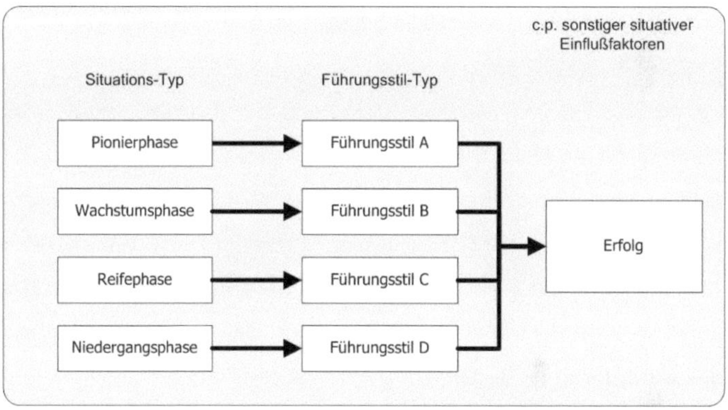

Abbildung 31: Arbeitshypothese phasenangepasste Situative Führungstheorie[67]

Der Multifactor Leadership Questionnaire (MLQ) stellt nicht nur den „state of the art“ in der Führungsforschung dar. Loewe Kroeck & Sivasubramaniam (1996, S. 385-425) zufolge ist der MLQ auch das derzeit einzige Instrument, das auf ein derart breites, empirisch fassbares Spektrum von Führungsverhaltensweisen verweisen kann. Demzufolge ist seine Verwendung bzw. sind seine Einsatzmöglichkeiten deutlich weniger restriktiv ausgerichtet als bei anderen Skalen. Er erscheint dadurch für diese Untersuchung prädestiniert.

Die erfassten Dimensionen spiegeln das theoretische Modell[68] der transformationalen Führung wider. Da jedoch der Modellansatz auf Effektivitätsannahmen mit entsprechend

[67] In Anlehnung an: Neuberger, 2002, S. 52
[68] Anmerkung: Die Basis einer guten Theorie hat Bass & Aviolo zufolge Vorrang vor einem guten Messinstrument, da sie letzteres entsprechend nachfolgender Aussage als zweiten Schritt charakterisiert: „Atoms,

abgeleiteten Erfolgsskalen basiert und Führung - gemäß den Aussagen von Bass & Aviolo (1993) - nicht nur transaktional, sondern zusätzlich auch transformational sein sollte - entsprechend der zuvor beschriebenen Augmentationshypothese -, stellt dies keinen Widerspruch dar.

1.7.1 Prüfung einer Auswahl von standardisierten Skalen

Verschiedenste weitere Persönlichkeitstests setzen sich ebenfalls mit der Messung und Bewertung von Führungsverhalten auseinander. Inwieweit diese Verfahren eher geeignet sind, den Anforderungen dieser Arbeit zu genügen, wird im Folgenden erörtert.

Im Wesentlichen basierend auf dem „Verzeichnis der Testrezensionen" (Ebermann, 2007) wurde eine Auswahl aus 849 Testverfahren nach den Stichworten „Führung", „Persönlichkeit" und „Management" vorgenommen. Die identifizierten und scheinbar geeigneten Verfahren wurden einer tiefergehenden Betrachtung und damit einer erneuten Reduktion unterzogen.[69] In zahlreichen Fällen entsprachen jedoch weder die Zielgruppe, noch der Schwerpunkt der Skalen den Anforderungen dieser Untersuchung. Eingehender betrachtet wurden u.a. das Bochumer Inventar zur berufsbezogenen Persönlichkeitsbeschreibung (BIP) (Hossiep & Paschen, 1998), der Fragebogen zur Vorgesetzten-Verhaltensbeschreibung (FVVB) (Fittkau-Garthe & Fittkau, 1971), die qualitative Führungsstil-Analyse (QFA) (Fennekels, 1995), das Testsystem zur Erfassung von Denk- und Kommunikationsstilen (TED) (Rodà-Leger, 1996), wie auch Management-Fallstudien (MFA) (Fennekels & D´Souza, 1999).

1.7.2 Kritische Würdigung

Die identifizierten und bewerteten Verfahren stellen sich als überaus geeignet im Hinblick auf ihre originäre Zielsetzung dar. Sie entsprechen jedoch nicht bzw. nur in Teilbereichen den Anforderungen dieser Arbeit. Eine Übertragbarkeit der vorgestellten Verfahren

---

X rays, and quarks were discussed and conceptualized long before they could be observed and accurately measured."
Siehe auch Bass & Avolio, 1993, S. 61

[69] Anmerkung: Die Stichworte führten bspw. zu verschiedenen Testverfahren zur Messung berufsbezogener Leistungen, wie den „Differentiellen Fähigkeitstest" oder den "Skill Check Professional", die jedoch weder inhaltlich noch hinsichtlich deren Adressaten in Einklang mit der Zielsetzung dieser Arbeit in Einklang zu bringen waren.

zur Überprüfung der Thesen von Pümpin & Prange (1991) bzw. zur phasenspezifischen Bestimmung von Führungsverhaltensweisen ist demzufolge nicht vollumfänglich möglich.

In diesem Sinne erweist sich der MLQ als ein anwenderfreundliches und theoretisch fundiertes Instrument, dass für eine ausführliche Messung von Führungsverhalten ausgehend von den traditionellen Führungskonzepten bis hin zu den neueren Ansätzen der Führungsforschung geeignet ist.

1.8 Fazit

In jedem Bereich der Organisationsforschung wird sich die Frage der Validität von Feldforschung im Gegensatz zur Laborforschung stellen. Mittels Laborstudien lässt sich ein hohes Maß an Kontrolle der internen Validität gewährleisten, aber leider zu Lasten der Verallgemeinerung der Ergebnisse. Die Vorteile der Verallgemeinerung von Ergebnissen aus der Feldforschung werden wiederum durch die Komplexität realer Organisationssituationen und der damit verbundenen mangelnden Kontrollmöglichkeiten eingeschränkt. Durch diesen Mangel an Kontrolle ist es aber außerordentlich schwierig, eindeutige Schlussfolgerungen zu ziehen. Aussagen über die kausale Wirkung von unabhängigen bzw. für die jeweilige Untersuchung interessanten Variablen ist somit nicht abschließend möglich. Untersuchungen von Cook & Campbell (1975) haben bspw. gezeigt, dass Maßnahmen zur Verbesserung der einen Art von Validität, auf Kosten der anderen erfolgen.

In der Konsequenz bedeutet dies, dass sowohl die Feld- wie auch Laborforschungen weiterhin notwendig sein werden. Arnold & Kelsey (1995) zufolge sind „(...) beide Arten von Studien notwendig, um unser Verständnis von Führer und Führereffizienz zu vertiefen. Experimentelle Kontrolle von Laborstudien ist wesentlich, um unser Vertrauen in die kausalen Auswirkungen von unterschiedlichem Führerverhalten auf abhängige Interessen-Variablen zu verstärken. Feldforschungen, die auf den Ergebnissen aus dem Labor aufbaut, ist wesentlich, um sicherzustellen dass die Phänomene der Laborforschung auch die Dynamik und die Prozesse widerspiegeln, die im Führerverhalten in realen Organisationen vorkommen" (Cook & Campbell, 1975).

1.9 Zusammenfassung

Das Idiosynkrasiekreditmodell der Führung, die Theorie der Führungsdyaden, Symbolische Führung oder der Psychodynamische Führungsansatz - die Auseinandersetzung mit in dieser Arbeit bislang kaum genannten Führungsansätzen ließe sich noch in beliebiger Länge fortsetzen und dies ohne auf das „Handbook of Leadership“ (Bass & Stogdill, 1990) mit seinen mehr als 7.500 Quellen verweisen zu müssen (Winkler, 2004).

Der vorliegende Überblick vermittelt einen Einblick in die Vielschichtigkeit und die verschiedenen Felder der Führungsforschung. Darüber hinaus sollte er ein gemeinsames Verständnis für die verwandten Begrifflichkeiten und deren Verknüpfung untereinander entwickelt haben.

Die diversen Führungsverhaltensweisen des „Full Range of Leadership" stellen sich als fassbar dar. Sie begründen und bedienen sich der verschiedenen, aufgeführten Felder der Führungsforschung. Beginnend beispielsweise mit der historischen Verortung eines „Laisser-faire“-Führungsverhaltens bei Lewin, Lippitt & White (1934, S. 271-299) oder der Berücksichtigung von „Individualized Consideration“ und seinen Wurzeln bei Halpin & Winer (1957, S. 39-51), ebenso wie die verblüffende Ähnlichkeit der Subskalen der transaktionalen Führung mit der Weg-Ziel-Theorie von Evans (1995, Sp. 1076ff.) oder House (1974, S.: 81-97)[70] - der transformationale Führungsansatz und die damit verbundenen Skala, der Multifactor Leadership Questionnaire (MLQ) beruhen auf einer langen und äußerst breit gefassten Entwicklungsgeschichte. Die verschiedenen Anleihen wurden durch den Autor bewusst gewählt. Sie begründen den Aufbau der Arbeit und verdeutlichen die verschiedenen Aspekte des gewählten Ansatzes.

[70] Siehe auch House & Shamir, 1995, Sp. 878ff.

2 Unternehmenslebensphasen

„Leben heißt - sich ändern. Und der erreichbaren Perfektion nahe zu sein, heißt - sich oft geändert zu haben."
(John Henry Kardinal Newman)

Diese Aussage lässt sich fraglos auf die vielschichtige Entwicklung eines Unternehmens übertragen, das eingebettet in eine Branche und versehen mit Technologien und Produkten eine Vielzahl von Veränderungsprozessen zu durchlaufen hat. Die Besonderheit besteht jedoch darin, diese Entwicklung derart zu gestalten, dass die Lebensphasen nicht unweigerlich mit dem Ausscheiden des Unternehmens aus dem Markt enden, sondern durch einen stetigen sich selbst wiedererfindenden Kreislauf gekennzeichnet sind. Beispielhaft seien dazu die zahlreichen Brauereien und Winzereien genannt, die schon seit Jahrhunderten (fast) unverändert am Markt präsent sind. Genauso lassen sich aber auch zahllose Unternehmen mit überaus innovativen Konzepten nennen, die schon nach kürzester Zeit wieder aus dem Markt ausscheiden mussten. Betrachtet man daneben Schwerindustrie-Unternehmen wie bspw. Preussag, welches sich zur heutigen „TUI", zu einem „Reiseveranstalter" entwickelte oder das Unternehmen Nokia, das sich vom einstigen Gummistiefel-Produzenten zum Anbieter von High-Tech-Produkten wandelte, wird klar, dass sich die Phasen und die Entwicklung eines Unternehmens auf überaus vielfältige Weise vollziehen kann.

Das nachfolgende Kapitel vermittelt eine Übersicht über verschiedene Ansätze und Konzepte der Lebenszyklus-Forschung in einem wirtschaftswissenschaftlichen Kontext. Darüber hinaus versucht es den Leser für den Schwerpunkt dieser Arbeit zu sensibilisieren, dass sich Führung und die Lebensphasen eines Unternehmens in einem stark interdependenten Zusammenhang befinden.

2.1 Zielsetzung und Motivation

Das Kapitel „Unternehmenslebensphasen" verfolgt die Zielsetzung, die theoretischen Grundlagen der Lebenszyklus-Konzepte und -modelle fundiert darzustellen und ein gemeinsames Grundverständnis über die damit verbundenen Begrifflichkeiten zu entwickeln. Dieser Abschnitt orientiert sich sehr stark an der Arbeit von Pümpin & Prange

(1991) und der sie beeinflussenden Autoren. Dies begründet sich zum einen mit der Zielsetzung, den Ansatz von Pümpin & Prange, dass erfolgsrelevantes Führungsverhalten in Abhängigkeit der Unternehmenslebensphase variiert, empirisch zu überprüfen, zum anderen darin, dass Pümpin & Prange (1991, Kap. 2.3.1.) einen ausgezeichneten Überblick über das entsprechende Forschungsgebiet liefern.

2.2 Aufbau

Der Aufbau dieses Kapitels untergliedert sich entsprechend der nachfolgenden Abbildung 32 in vier wesentliche Bereiche. Die in der Abbildung auf dem links verlaufenden Pfad, auf der zweiten Ebene von oben, aufgeführten Lebenszyklus-Modelle bzw. -Konzepte setzen sich mit der Erläuterung und Beschreibung der verschiedenen Denkrichtungen dieses Wissenschaftsbereichs auseinander. Ausgehend von einer Einführung in das Grundmodell des Lebenszyklus-Konzepts erfahren dabei gängige Theorien und Ansätze ihre Erläuterung. Sofern empirische Untersuchungen zu den verschiedenen Modellen vorliegen, werden diese ebenfalls knapp erläutert.

Der zweite Strang widmet sich den verschiedenen Arten von Unternehmens-Entwicklungs-Modellen und deren markanten Unterscheidungen und Kennzeichen. Der dritte Strang beschäftigt sich mit dem Lebenszyklus-Modell von Pümpin & Prange (1991). Es wird gesondert betrachtet und entsprechend eingehend beleuchtet, da das Lebenszyklus-Modell von Pümpin & Prange (1991) grundlegend für die empirische Untersuchung im Rahmen dieser Arbeit anzusehen ist.

Unter „Unternehmenslebensphasen und Führungsverhalten“, dem vierten Strang, ganz rechts in der Abbildung positioniert, wird der aktuelle Forschungsstand zu Führungsverhalten und Unternehmenslebensphasen reflektiert. Der Problematik einer uneinheitlichen Terminologie wie auch der Schwierigkeit vergleichbare Forschungsansätze zu identifizieren wird in diesem Abschnitt begegnet. Da diese Betrachtung ähnlicher Ansätze auf einer theoretischen Verortung beruht, beendet das zusammenfassende „Fazit“ das gesamte Kapitel „Unternehmenslebensphasen“.

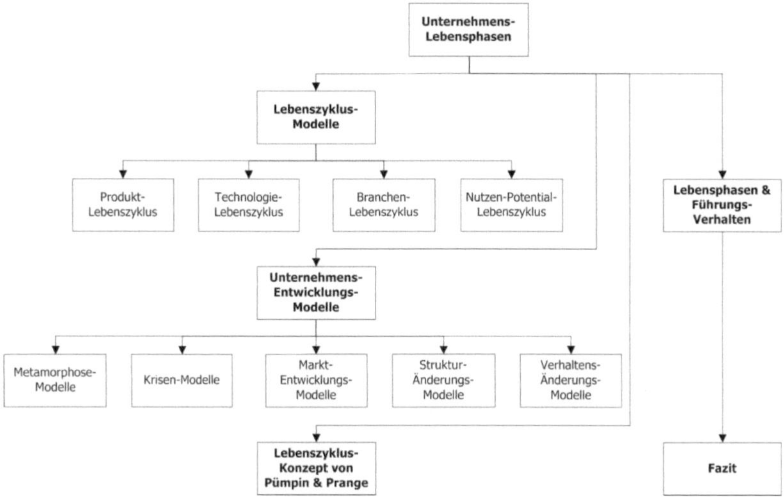

Abbildung 32: Aufbau des Kapitels Unternehmenslebensphasen

2.3 Lebenszyklus-Modelle

Die Ursprünge des Lebenszyklus-Ansatzes finden sich in der Biologie. Ausgehend von einem Modell, welches den evolutionären Prozess der Entstehung über die Entwicklung bis hin zum Verfall von Organismen beschreibt, übertrugen und übertragen zahlreiche Autoren diesen Ansatz auf - in diesem Sinne - „nicht-lebende Systeme“ wie wissenschaftliche Paradigmen oder auch militärisch-ökonomische Großmächte (Pümpin & Prange, 1991, Kap. 2.3.1). Pümpin & Prange (1991, Kap. 2.3.1) zufolge, beschreibt das Lebenszyklus-Konzept, den typischen Ablauf von aufeinander folgenden quantitativ und qualitativ vorhersagbaren Veränderungen im Zeitablauf. Dies bedeutet, dass im Allgemeinen die Phasen einem einheitlichen, deterministischen Muster folgen, wobei die Dauer der jeweiligen Phase, wie auch der Gesamtzyklus (deutlich) variieren kann. Ob die Ursprünge dieser Veränderungsprozesse dabei auf interne Ursachen zurückzuführen sind oder auf einwirkenden externen Kräften beruhen und inwieweit sich diese gegenseitig beeinflussen, stellt eines der Hauptanliegen der nachfolgend vorgestellten betriebswirtschaftlichen „Lebenszyklus-Modelle“ und der damit verbundenen Forschung dar.

Kennedy (1989, S. 545ff.) wie auch Porter (1990) haben sich bspw. mit dem Aufstieg und Niedergang militärisch-ökonomischer Großmächte auseinander gesetzt. Gerade Kennedy konnte anschaulich aufzeigen, wie der Auflösungsprozess des Römischen Reiches, beginnend mit gesetzlich, politischen Entscheidungen in Verbindung mit individuellen, menschlichen Verhaltensweisen auf außenpolitische, externe Resonanz stieß und damit zu dessen endgültigem Untergang führte.

Mit der Entwicklung, Verbreitung und Etablierung von wissenschaftlichen Paradigmen setzt sich Kuhn (1981) auseinander. Er verdeutlicht, welchen Schwierigkeiten sich aufkommende neue Theorien ausgesetzt sehen und wie sich diese sukzessive verbreiten und durchsetzen bis sie wiederum durch andere, weiter fortgeschrittene Paradigmen abgelöst werden.

Diese Reihe ließe sich noch beliebig lange fortsetzen, sei es mit Schumpeter (1935) und dem Unternehmer-Geist in Familienunternehmen oder in einem nicht wissenschaftlichen, aber ähnlichen Kontext mit Mann (1989) und den Buddenbrooks wie auch Küng (1981, S. 4f.), der sich u.a. mit dem Werden und Vergehen von moralischen Grundsätzen beschäftigte.

2.3.1 Der Produkt-Lebenszyklus

Unter den betriebswirtschaftlichen Zyklusansätzen findet der Produktlebenszyklusansatz seine größte Verbreitung. Die Literatur unterscheidet dabei zwei ungleich weit gefasste Ansätze. Ersterer versteht den Produkt-Lebenszyklus als Phasenverlauf eines Produkts von der Markteinführung bis zum Marktaustritt. Dieser Verlauf untergliedert sich in die Phasen Einführung, Wachstum, Reifung, Sättigung und Degeneration (Nieschlag, Dichtl & Hörschgen, 1985, S. 168)

Der zweite, deutlich weitergehende Ansatz erfasst darüber hinaus den der Markteinführung vorgelagerten Entstehungsprozess eines Produktes (Pfeiffer & Bischoff, 1981, S. 136). In Abhängigkeit der jeweiligen Autoren wird dieser wiederum in unterschiedliche Einzelphasen unterteilt. Bei Höft (1992, S. 67) setzt sich bspw. der Entstehungszyklus aus einer Definitions-, Entwicklungs- und Marktvorbereitungsphase zusammen. Der komplette Lebenszyklus besteht bei ihm folglich aus sieben Einzelphasen. Die Phaseneinteilung richtet sich dabei - im Gegensatz zu organisatorischen Lebenszyklusansätzen[71] - überwiegend nach Größen wie Absatz, Nachfrageelastizität, Wettbewerbsverhalten etc. (Keller, 2004, S. 151). In der Literatur variieren jedoch nicht nur die Anzahl der Phasen, sondern auch deren Bezeichnungen. Bspw. wird oftmals die Reife- und die Sättigungsphase zusammengefasst. Im Kontext dieser Arbeit, entsprechend der nachfolgenden Abbildung 33, wird der idealtypische Verlauf des Produkt-Lebenszyklus, untergliedert in die Phasen: Entwicklung, Wachstum, Reife, Sättigung und Niedergang.

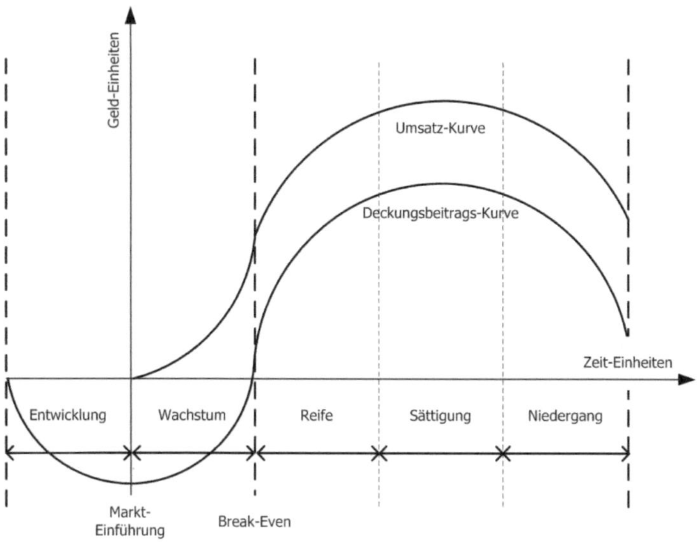

Abbildung 33: Idealtypischer Verlauf des Produkt-Lebenszyklus[72]

Die Entwicklungsphase beschreibt dabei den Weg eines Produkts von der Innovation bis hin zur Produktion. In dieser Phase setzen die Entwicklung und der Aufbau einer entsprechenden Vertriebsstruktur und Markenbildes ein. Den Investitionen in Vertrieb und Produktion stehen zu diesem Zeitpunkt noch keinerlei Erträge gegenüber, der Deckungsbeitrag ist negativ. Erst mit dem Markt-Eintritt und dem Beginn der Wachstumsphase wer-

[71] Anmerkung: Kogelheide (1992, S. 97) zufolge orientieren sich diese Ansätze im wesentlich an Aspekten, die die Veränderung der Organisationsstrukturen widerspiegeln.
[72] Anmerkung: Die auf der x-Achse als Zeiteinheiten, jeweils identisch in ihrer Dauer, dargestellten Phasen, variieren in der Realität teils gravierend.

den erste Umsätze generiert. Diese Phase ist durch ein entsprechend rasantes Wachstum gekennzeichnet. Die Preisbildung und aktive Vertriebspolitik gewinnt zunehmend an Bedeutung. Der Wettbewerb nimmt das Produkt wahr. Mit dem Erreichen des Break-Even geht die Wachstumsphase in die Reifephase über.[73] Die Reifephase stellt in der Regel, die am längsten andauernde Marktphase dar. Sie ist darüber hinaus die ertragreichste, da dort die höchsten Umsätze, vor allem aber die größten Umsatzzuwächse generiert werden können. In der Folge des zunehmenden Wettbewerbs gehen die Erträge jedoch, trotz eines noch immer hohen Marktanteils, allmählich zurück. Durch geschickte Produktvariationen bzw. -anpassungen, verbunden mit entsprechenden Vertriebsaktivitäten lässt sich der Übergang von der Reifephase hin zur Sättigungsphase hinauszögern. Zu beobachten ist diese Vorgehensweise in zahlreichen Fällen in der Automobilbranche und auch im Mobilfunk-Bereich. Ein deutlich erkennbarer Markt- und Umsatzwachstum ist jedoch in der Sättigungsphase nicht mehr feststellbar.

Obwohl verschiedene Produktanpassungen oder -modifikationen die Möglichkeit bieten, mehr Kunden zu gewinnen und die Dauer dieser Phase zu verlängern, ist der einsetzende „Niedergang“ kaum zu verhindern. In der so genannten „Niedergangsphase“ gehen der Marktanteil und der Umsatz mit zunehmender Geschwindigkeit zurück. Selbst durch gezielte Marketing-Maßnahmen lässt sich diese Entwicklung in den wenigsten Fällen aufhalten, mit der Konsequenz, dass die Gewinne sinken und eine Bereinigung des Portfolios erforderlich wird.

Um der absehbaren Niedergangsphase zu begegnen, kann auch der Relaunch d.h. die Modifikation und Neu-Positionierung eines Produkts erwogen werden. Ein vielfach zitiertes Beispiel stellt hierbei der VW Käfer dar, der mit entsprechenden Modifikationen noch heute seine Käuferschichten findet. In diesem Kontext spräche man dann von einer „Rekonsolidierungsphase“, die mit der Zielsetzung initiiert wurde, dem Produkt ein weiteres Durchlaufen des Lebenszyklus zu ermöglichen.

[73] Anmerkung: In der Literatur wird der Übergang von Entwicklungs- zu Wachstumsphase unterschiedlich definiert. Teils wird erst mit dem Break-Even der Start der Wachstumsphase eingeläutet.

2.3.2 Der Technologie-Lebenszyklus

In Analogie zum Produkt-Lebenszyklusansatz findet das Lebenszykluskonzept auch bei technologischen Entwicklungen seine Anwendung (Ford & Ryan, 1981, S. 117-126). Die Übertragbarkeit des Produkt-Lebenszyklusansatzes geht dabei so weit, dass häufig eine synonyme Verwendung der Begrifflichkeiten festzustellen ist, in dem Sinne, dass das Wort „Produkt" lediglich durch das Wort „Technologie" ersetzt wird (Höft, 1992, S. 74). In Abhängigkeit des jeweiligen Autoren untergliedern sich die Technologie-Lebenszyklusansätze in drei bis sechs aufeinander folgende Einzelphasen, die alle dem zuvor vorgestellten klassischen S-förmigen Kurvenverlauf folgen, sich im Grad der Detaillierung jedoch deutlich voneinander abgrenzen. Ford & Ryan (1981, S. 117ff.) unterteilen bspw. den Technologielebenszyklus in die Phasen „Entwicklung der Technologie", „Entwicklung zur Anwendungsreife", „Erstanwendung der Technologie", „wachsende Technologieanwendung", „Technologiereife" und „Technologierückgang".[74]

Foster (1986, S. 27-32) hingegen unterscheidet bei „seiner" Kurve zwischen „Frühphase", „Explosion" und „Reifung". Selbst ein Beratungsunternehmen wie Arthur D. Little entwickelte eine aus vier Phasen bestehende Konzeption, die sich in „Entstehung", „Wachstum", „Reife" sowie „Degeneration" als typische von einer Technologie sukzessiv durchlaufene „Abschnitte" untergliedert. Von Relevanz ist dieses Konzept, gerade für die praktische Arbeit in kleineren Unternehmen, jedoch nicht (Sommerlatte & Deschamps, 1985).

Ein stringentes Durchlaufen der Phasen ist in der Konzeption des Technologie-Lebenszyklus ebenfalls nicht erforderlich. Allein schon durch fehlende Wettbewerbsbedeutung oder Substitution durch eine leistungsfähigere Technologie kann der Zyklus zum Abbruch kommen. Beispielhaft seien hier die verschiedenen Standardisierungsbemühungen diverser Unternehmen bei Speichermedien genannt. Nur einige wenige haben sich dabei durchgesetzt (Kulicke, Menrad & Wörner, 2002, S. 35f.).

Der charakteristische Kurvenverlauf ist beim Technologie-Lebenszyklus auf eine ähnliche, vergleichbare Ursache - entsprechend der des Produkt-Lebenszyklus - zurückzuführen. Demnach sind zu Beginn der technologischen Entwicklung, die Entwicklungsschritte und

[74] Vgl. auch: Malik, 1992

deren -geschwindigkeit, trotz hoher Aufwendungen, eher gering. Ein entsprechender Technologie-Nutzen ist nur in sehr speziellen Bereichen, in Nischen erkennbar, das Potential lässt sich eher erahnen. Ist jedoch erst einmal eine dementsprechende Grundlage entstanden, das erforderliche Basiswissen vorhanden, erlebt die Technologie einen rasanten Aufschwung. Neu entdeckte Anwendungsfelder befruchten sich gegenseitig, die Technologieentwicklung zeichnet sich durch stetige Leistungssprünge aus. Mit zunehmender Reife werden diese Sprünge jedoch immer kleiner, trotz eines permanenten Mitteleinsatzes lässt sich die Technologie kaum noch optimieren, sie stößt langsam an ihre physikalischen Grenzen (Pümpin & Prange, 1991, Kap. 2.3.2). Gerade dieser wechselhafte Prozess verlangt dem Unternehmer ein Höchstmaß an Anpassungsfähigkeit ab, um diese Veränderungen als Chance zu begreifen und daran zu partizipieren.

2.3.3 Der Branchen-Lebenszyklus

Über die Arbeiten von Pümpin & Prange (1991) hinausgehend, setzt sich die betriebswirtschaftliche Literatur eher selten mit Industrie- bzw. Branchenlebenszyklen[75] auseinander (Keller, 2004, S. 156ff.). Deren Darstellung orientiert sich darüber hinaus häufig an hoch aggregierten Produkt-Lebenszyklen. Diese konzeptionelle Verknüpfung von Produkt-Lebenszyklus und Branchenentwicklung lässt sich u.a. bei Porter (1983, S. 208ff.) wie auch Meffert (1985, S. 17ff.) beobachten.

Porter (1983, S. 210ff.) weist ausdrücklich darauf hin, dass das von ihm angewandte Branchen-Lebenszykluskonzept ein hypothetisches Konstrukt darstelle und kein empirisch abgesichertes Modell sei. In seiner Konzeption unterscheidet er die vier Phasen Einführung, Wachstum, Reife und Verfall. In dieser idealtypischen Darstellung charakterisiert er mittels des Branchenumsatzes die Übergänge der einzelnen Phasen, die in der Realität jedoch einen gänzlich anderen Verlauf nehmen können. Bspw. könne während des Verlaufs eines Zyklus auch eine einzelne Phase ausfallen bzw. übersprungen werden, genauso wie die Revitalisierung des Branchenwachstums selbst möglich sei.

[75] Anmerkung: In der Literatur werden die Begrifflichkeiten „Branchenlebenszyklus" und „Industrielebenszyklus" meist synonym gebraucht. Aus diesem Grunde wird diese Vorgehensweise auch im Kontext dieser Arbeit gewählt.

Außer Porter (1983) haben sich auch Dowdy & Nikolchev (1986, S. 38-49), Strebel (1987, S. 117-124) und Höft (1992, S.111f) konzeptionell mit der Entwicklung von Industrien und Branchen auseinander gesetzt. Der Schwerpunkt der Arbeiten von Dowdy & Nikolchev (1986) liegt bspw. auf der Untersuchung des technologischen Einfluss auf die Entwicklung von Industrien, wohingegen sich Strebel (1987, S. 117-124) mit den Abhängigkeiten von Innovationen und entsprechenden Organisationsstrukturen in einem Unternehmen beschäftigt und dessen Auswirkung auf den idealtypischen Entwicklungsverlauf einer Industrie darstellt.

Die Entstehung, wie auch Entwicklung von Branchen- und Industrie-Lebenszyklen beruht Höft (1992, S. 112) zufolge auf der aggregierten Summe der Abfolge der Entstehung und Entwicklung von jeweils einzelnen Unternehmen und Organisationen.[76] Höft grenzt sich in diesem Punkt deutlich von Autoren wie bspw. Michel (1987, S. 15f) oder Porter (1983, S. 209f) ab, die den Entwicklungszyklus von Branchen bzw. Industrien als Summe einzelner Produkt-Lebenszyklen verstehen. Er untergliedert den von ihm beschriebenen Zyklus in eine Beobachtungs- und Vorbereitungsphase, mit einer anschließenden Marktphase, die sich aus den Abschnitten Entstehung, Wachstum, Reifung und Rückgang/ Verfall zusammensetzt.

2.3.4 Der Nutzenpotential-Lebenszyklus

Das „Nutzenpotential-Lebenszyklus-Konzept“ geht auf Pümpin (1990) und das von ihm beschriebene „Dynamik-Prinzip“ zurück. Er versteht darunter das Entdecken und auch aktive Erzeugen von Situationen bzw. „Konstellationen“, die sich aus unternehmensspezifischen, wie auch Markt- und Umweltfaktoren speisen und zum Vorteil der „Bezugsgruppen“ der jeweiligen Institution erschlossen werden können (Pümpin & Prange, 1991, Kap. 2.3.2). „Als ein Nutzenpotential ist eine in der Umwelt, im Markt oder im Unternehmen latent oder effektiv vorhandene Konstellation zu bezeichnen, die durch Aktivitäten des Unternehmens zum Vorteil aller Bezugsgruppen erschlossen werden kann." „Alle Bezugsgruppen" beinhaltet die Annahme, dass es sich beim Nutzenpotential immer um eine Tatsache oder Konstellation handelt, die auch zum Vorteil der Anteilseigener, der Füh-

[76] Anmerkung: Höft (1992) unterscheidet sich in diesem Punkt von Autoren wie z. B. Michel 1987, S. 15f.; Porter (1983), S. 209; Servatius 1985, S. 112, für die der Entwicklungszyklus von Branchen bzw. Industrien als Summe einzelner Produktlebenszyklen zu werten ist.

rung und der Mitarbeiter ausgeschöpft werden kann. Damit weitet Pümpin (1990) die reine Produkt-, Marktbetrachtung zu einer umfassenden Unternehmungs- und Gesellschafts-Betrachtung aus (Stern, 1996). Pümpin & Prange (1991) unterscheiden zwischen externen Nutzenpotentialen, die sich bspw. auf vorherrschenden Marktgegebenheiten beziehen und internen, die u.a. in der Kompetenz und Innovationsfähigkeit eines Unternehmens begründet sein können, wie das so genannte Know-How-Potential, Synergiepotential, organisatorisches Potential, internes Humanpotential oder Bilanzpotential. Pümpin & Prange (1991) gehen davon aus, dass die Unternehmensentwicklung durch das Ausschöpfen von Nutzenpotentialen bestimmt ist, die ihrerseits einen Lebenszyklus durchlaufen.[77]

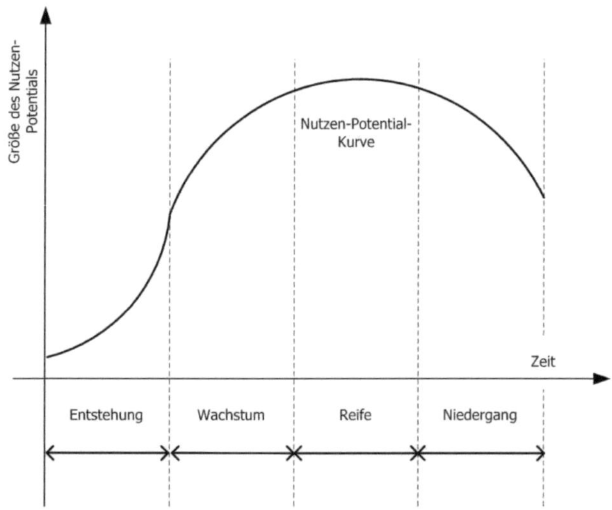

Abbildung 34: Idealtypischer Verlauf des Nutzenpotential-Lebenszyklus[78]

Die Pionier- bzw. Entstehungsphase ist in diesem Sinne durch die Suche nach attraktiven Nutzenpotentialen und die Erschließung von Technologie- und Marktpotentialen gekenn-

[77] Anmerkung: Der Begriff der ‚Nutzenpotentiale' wurden von Pümpin geprägt, der neben der Marktpotentiale zum Beispiel auch Finanzpotentiale, Informatikpotentiale, Beschaffungspotentiale, Restrukturierungspotentiale, Synergiepotentiale, Humanpotentiale oder Bilanzpotentiale anführt (Pümpin 1992, S. 98). Vgl. auch Bleicher, 1999, S. 227f.; Gomez, 1993, S. 76.

[78] In Anlehnung an: Pümpin & Prange, 1991, S. 38

zeichnet. In der Wachstumsphase werden die identifizierten Nutzenpotentiale systematisch und multiplikativ erschlossen und ausgeschöpft. Darüber hinaus werden Organisations- und Effizienzpotentiale, wie auch Akquisitions- und Humanpotentiale genutzt. Wenn die Nutzenpotentiale in die Reifephase kommen, ist auch die Reifephase des Unternehmens erreicht. Die existenten Nutzenpotentiale werden zwar weiter abgeschöpft, aber keine neuen erschlossen. Sind die Potentiale schließlich erschöpft, tritt die Niedergangphase ein. Das Unternehmen wird stagnieren und aus dem Markt austreten (Stern, 1996).

Vorangehende Abbildung 34 vermittelt einen Überblick über den idealtypischen Verlauf eine Nutzenpotential-Lebenszyklus. Die Ähnlichkeit zu klassischen Produktlebenszyklen ist unverkennbar. In der Praxis kommen diese Phasen selten in Reinkultur vor. Meist ist eine Mischung von Elementen unterschiedlicher Entwicklungsstufen beobachtbar.

2.4 Unternehmensentwicklungs-Modelle

Die Organisationsstrukturen von Unternehmungen unterlagen im Verlaufe der letzten Jahrhunderte signifikanten Veränderungen. Die Bedingungen auf den Absatzmärkten, die technologischen Voraussetzungen, die produktionstechnischen Entwicklungen wie auch die Wettbewerbssituation lässt sich kaum noch mit den Gegebenheiten der Vergangenheit vergleichen. Chandler (1962, S. 52ff.) publizierte eine der ersten empirischen Untersuchungen zum Verlauf von Unternehmensentwicklungen. Er untersuchte amerikanische Unternehmen der 20er und 30er Jahre. Dabei konnte Chandler (1962, S. 384) einen im Verlauf der Entwicklung stattfindenden Strukturwandel aufzeigen. Jedoch lassen sich Entwicklungen und Veränderungen von Unternehmungen, obwohl hierzu die meisten Untersuchungen durchgeführt wurden, nicht ausschließlich auf Strukturdimensionen beschränken. Vielmehr sind davon auch Managementsysteme und Führungssysteme betroffen (Taylor, 1976, S. 97). Bislang mangelte es nicht an Untersuchungen, die die Entwicklung von Unternehmen mit Hilfe von organisatorischen Lebenszyklusmodellen zu analysieren versuchten. Vorwiegend in den Vereinigten Staaten entstanden Mitte der 80er Jahre zahlreiche konzeptionelle Arbeiten zu dieser Thematik (Keller, 2004, S. 154). Die Forschung konzentrierte sich im Wesentlichen auf die Veränderungen der Managementfunktion, der Organisationsstruktur und der Einstellung der Organisationsmitglieder im Verlauf eines in vier bis fünf Phasen unterteilten Lebenszyklus. Beispielhaft lassen sich dazu die Arbeiten von Quinn & Cameron (1983), Mintzberg (1984), Miller & Friesen (1984a), Wohlgemuth (1984), Smith, Mitchell & Summer (1985) sowie Kogelheide (1992, S. 100ff.) nennen. Im Gegensatz zu den vielfältigen Arbeiten zum Ansatz des Produktlebenszyklus ist der Ansatz des Unternehmenslebenszyklus weitaus seltener untersucht worden. Die nachfolgende Abbildung 35 vermittelt einen knappen Überblick über die Arbeiten dieser Zeit auf empirischer und konzeptionell-theoretischer Ebene.

	Überblick	**Literatur (Auszug)**
Studien, Untersuchungen zu Unternehmensentwicklungs-Modellen	▪ Theoretisch-konzeptionelle Beiträge	▪ Scott (1971) ▪ Greiner (1972) ▪ Swayne & Tucker (1973) ▪ Mintzberg (1979) ▪ Galbraith (1982) ▪ O´Neill (1983) ▪ Cowen, Middaugh & McCarthy (1984) ▪ Mintzberg (1984) ▪ Wohlgemuth (1984)
	▪ Empirische Beiträge und Studien	▪ Chandler (1962) ▪ Channon (1973) ▪ Rumelt (1974) ▪ Kimberly (1979) ▪ Tichy (1980) ▪ Cameron & Whetten (1981) ▪ Cherchill & Lewis (1983)

Abbildung 35: Übersicht zu verschiedenen Unternehmensentwicklungs-Modellen

Nathusius (1979) wie auch Pümpin & Prange (1991, S. 45ff.) unterteilten die Unternehmensentwicklungs-Modelle in fünf verschiedene Grundtypen. Die nachfolgend vorgestellten Modelle unterscheiden die Entwicklungsverläufe aufgrund von Variablen wie Krisen, Marktentwicklung etc. und leiten daraus eine Entwicklungslogik ab (Keller, 2004, S.155f.).

2.4.1 Metamorphosemodelle

Metamorphosemodelle sind durch die Annahme gekennzeichnet, dass Unternehmen - mehr oder weniger zwingend - bestimmte Entwicklungsphasen durchlaufen und innerhalb dieser, definierte Unternehmenszustände annehmen (Pümpin & Prange, 1991, Kap. 3). Der Wechsel von einer Phase zur nächsten erfolgt in der Regel sprunghaft, bedingt durch das Unternehmenswachstums. Diese Phasensprünge haben zur Folge, dass bislang gültige Führungskonzepte nicht mehr greifen. Diese sich in den Unternehmenszuständen widerspiegelnde Entwicklung führt dazu, dass die Unternehmensentwicklung immer auch in einem phasenspezifischen Kontext zu sehen ist. Aus diesem Grunde sind, im Sinne einer zielgerichteten Unternehmensentwicklung, unterschiedliche Management- und Führungskonzepte - in Abhängigkeit der jeweiligen Phase - erforderlich. Entsprechende Arbeiten haben bspw. Clifford (1973), Lievegoed (1974), Minzberg (1983) und Bleicher (1991) verfasst. In der nachfolgenden Abbildung 36 findet sich ein übersichtlicher Auszug über verschiedene theoretisch-konzeptionelle Beiträge und sogar einige empirische Arbeiten und Studien.

	Überblick	**Literatur (Auszug)**
Methamorphosemodelle	▪ Theoretisch-konzeptionelle Beiträge	▪ Clifford (1973) ▪ Lievegoed (1974) ▪ Galbraith (1982) ▪ Minzberg (1983) ▪ Cowen & Middaugh & McCarthy (1984) ▪ Bleicher (1991)
	▪ Empirische Beiträge und Studien	▪ Chandler (1962) ▪ Channon (1973) ▪ Tichy (1980) ▪ Cherchill & Lewis (1983) ▪ Smith, Mitchell & Summer (1985)

Abbildung 36: Übersicht zu verschiedenen Arbeiten zu Metamorphose-Modellen

Beispielhaft sei das Unternehmens-Lebenszyklus-Modell von Mintzberg (1989) beschrieben. Ihm zufolge, durchläuft eine Organisation während ihrer Lebensdauer die Phasen Entstehung, Wachstum, Reife und Alterung. Im Gegensatz zu anderen Metamorphose-Modellen geht Mintzberg (1989, S. 116ff.) bei seinem Modell von insgesamt sieben Konfigurationen der Organisationsstruktur aus, die für bestimmte Phasen charakteristisch sind. Aus der Kombination der zu durchlaufenden Phasen und den organisatorischen Gestaltungsformen ergeben sich eine Reihe unterschiedlicher Entwicklungspfade. Bei der Betrachtung des Lebenszyklusmodells von Mintzberg (1989) lässt sich festhalten, dass die Abfolge der Entwicklungsstufen mit ihren charakteristischen Gestaltungsalternativen nicht als streng deterministisch angesehen wird. Anstatt zu einer neuen Gestaltungsform und damit auch zu einer neuen Entwicklungsstufe zu wechseln, besteht die Möglichkeit zur Wiederbelebung einer bestehenden Konfiguration.

2.4.2 Krisenmodelle

In Teilbereichen überschneiden sich Krisenmodelle mit Metamorphosemodellen, da Krisen oftmals als Übergang zwischen zwei Entwicklungsphasen beschrieben werden. Krisenmodelle setzen sich mit der Existenz bzw. dem Auftreten von alters- bzw. größenabhängigen Entwicklungskrisen auseinander. Diese Krisen entsprechen typischerweise bestimmten Alters- oder Größenschwellen, deren Überschreiten gleichzeitig den Übergang in eine andere Entwicklungsphase des Unternehmens darstellt. Entsprechende Arbeiten dazu finden sich bei Lippitt & Schmidt (1967), Buchele (1967), Greiner (1972), Albach (1976), Argenti (1976) wie auch Bleicher (1983).

Bellinger (1962, S. 49-74) bestimmte bspw. in einer umfassenden empirischen Studie drei Arten von Unternehmenskrisen. Neben der Einführungskrise identifizierte er die Expansionskrise und die Kontraktionskrise. Lippitt & Schmidt (1967, S. 102-112) hingegen konzentrieren sich in ihrer Analyse von Unternehmenskrisen vor allem auf die Führungs-, die Managementebene. Ihren konzeptionell-theoretischen Erkenntnissen zufolge ist ein Unternehmen im Laufe seiner Entwicklung gezwungen, sechs so genannte „critical issues" zu bewältigen. Jeder dieser sechs „critical issues" könne, für sich genommen, eine Unternehmenskrise auslösen. Lippitt & Schmidt zufolge sei dabei zu unterscheiden zwischen der „Risikoabschätzung in Bezug auf notwendige Ressourcenausstattung", der „Sicherung des Engagements der Beteiligten" und der notwendigen „Einführung von formalen Strukturen und Prozeduren zur Steigerung von Stabilität und Effizienz". Gerade die Meisterung des letztgenannten Punktes stellt für Jungunternehmen eine existenzielle Herausforderung in deren Unternehmensentwicklung dar. Daneben betrachten sie noch den „Aufbau eines Unternehmens- und Produktimages", die „Ressourcenabhängige strategische Positionierung" und „die im Rahmen der finanziellen Möglichkeiten realisierte soziale Verantwortung" als kritische Aufgaben (Lippitt & Schmidt, 1967, S. 102-112). Einen Auszug über die gängigen Arbeiten auf theoretisch-konzeptioneller Ebene bzw. empirischer Basis vermittelt nachfolgende Abbildung 37.

	Überblick	**Literatur (Auszug)**
Krisenmodelle	▪ Theoretisch-konzeptionelle Beiträge	▪ Lippitt & Schmidt (1967) ▪ Buchele (1967) ▪ Greiner (1972) ▪ Albach (1976) ▪ Argenti (1976) ▪ Bleicher (1983)
	▪ Empirische Beiträge und Studien	▪ Bellinger (1962) ▪ Argenti (1998) ▪ Wieselhuber (2006)

Abbildung 37: Übersicht zu verschiedenen Arbeiten zu Krisen-Modellen

2.4.3 Marktentwicklungsmodelle

Marktentwicklungsmodelle beruhen auch auf dem biologischen Konzept des Lebenszyklus (Adizes, 1988). Dieser Ansatz stellt die Unternehmensentwicklung in Abhängigkeit von externen Einflussgrößen, d.h. in Abhängigkeit von Marktveränderungen dar. Interne Faktoren wie Unternehmensalter oder Unternehmensgröße spielen eine untergeordnete Rolle. Der Entwicklungsstand des Unternehmens ergibt sich aus der Summe der einzelnen Produktlebenszyklen. Dabei unterscheiden sich die verschiedenen Marktentwicklungsmodelle je nach Ansatz in vier bis fünf Phasen: Gründung, Wachstum, Reife, Revitalisierung und Niedergang (Pümpin & Prange, 1991, S. 46). Im Gegensatz zu anderen Phasenmodellen, wird hier auch der Niedergang eines Unternehmens explizit erfasst. Die wesentlichen Arbeiten - theoretisch-konzeptionell - stammen hierzu von Levitt (1965) und James (1973).

2.4.4 Strukturänderungsmodelle

Ausgangspunkt bei der Beschreibung von Strukturänderungsmodellen sind Organisationsstruktur und Managementsysteme. Die Unternehmensentwicklung vollzieht sich diesem Ansatz zufolge, entlang gewisser Strukturen. Bestimmte Organisationsformen wie Funktional-, Divisional-, oder eine Matrixorganisation sind, entsprechend den Modellannahmen, in bestimmten Unternehmensphasen funktional[79], in anderen jedoch nicht. Daraus lasse sich schließen, dass bestimmte Organisationsformen bzw. Ausprägungen von Managementsystemen einzelnen Unternehmenslebensphasen zugeordnet werden können. In der Veränderung der Strukturen und Systeme kann sich demzufolge die Unternehmensentwicklung idealtypisch widerspiegeln (Keller, 2004, S. 156). Wesentliche Arbeiten sind hierzu von Chandler (1962), Scott (1971), Greiner (1972), Mintzberg (1979) wie auch Churchill & Lewis (1983) verfasst worden. Beispielhaft werden die Arbeiten von Chandler (1962) und Greiner (1972) vorgestellt.

Chandler (1962) kommt in seinem Strukturänderungsmodell zu der Erkenntnis, dass die Organisationsstruktur eines Unternehmens der Strategie des Unternehmens folge. „Structure follows Strategy“. Es lässt sich dabei eine stufenartige Folge von Wachstumsstrategien und Strukturanpassungen erkennen, wobei sich die Struktur als reaktiv erweist. Sie ändert sich erst, wenn sie durch ihre Ineffizienz dazu gezwungen wird. In der Folge führen Veränderungen in der Marktstruktur zu Veränderungen der strategischen Ausrichtung und damit zur Veränderung der Struktur der Unternehmung.

Große Aufmerksamkeit erregte Greiner (1972, S. 37-46) mit einem Aufsatz, in dem er den Prozess der Unternehmensentwicklung aus einem evolutionstechnischen Blickwinkel beschreibt. Entsprechend nachfolgender Abbildung 38 lassen sich die Vorstellungen Greiners hinsichtlich der verschiedenen Entwicklungsphasen eines wachsenden Unternehmens darstellen. Das Modell basiert auf der Annahme, dass das Wachstum eines Unternehmens im Wesentlichen auf unternehmensinternen Faktoren begründet ist. Unternehmensexterne Einflussgrößen würden sich lediglich auf die Dauer einer Phase auswirken und seien ansonsten zu vernachlässigen. Für Greiner (1972) stellen die Phasen des

[79] Anmerkung: Unter „funktional“ ist in diesem Sinne, „der Situation angemessen“ zu verstehen.

Wachstums „evolutionäre" Phasen dar und die der organisatorischen Veränderungen „revolutionäre".

Die nachfolgende Abbildung 38 verdeutlicht, dass in jeder Phase unterschiedliche Probleme vorherrschen und zu einer Krise führen. Erst durch geeignete Maßnahmen der Führung wie bspw. Delegation, Kooperation oder Koordination von Aufgaben lässt sich eine derartige Krise bewältigen. Die Lösung der aktuellen Probleme stellt dabei die Grundlage der nachfolgenden Krise dar. Greiner (1972, S. 37-46) geht davon aus, dass sich keine Krise überspringen lässt, sondern alle Phasen in der vorgegebenen Reihenfolge zu durchlaufen sind.

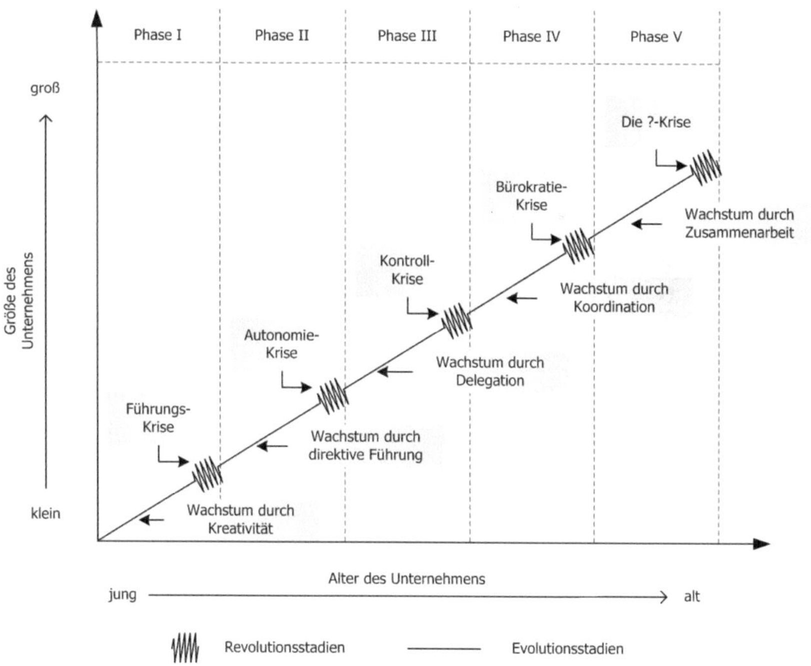

Abbildung 38: Modell des wachsenden Unternehmens in Anlehnung an Greiner[80]

[80] In Anlehnung an: Greiner, 1972, S. 37- 46.

2.4.5 Verhaltensänderungsmodelle

Verhaltensänderungsmodelle zeichnen sich dadurch aus, dass sie den Entwicklungsstand eines Unternehmens mittels phasenspezifischer Handlungsweisen und Einstellungen bestimmen. Kennzeichnend bei diesen Modellen ist der Führungsstil oder das Innovationsverhalten bzw. die grundlegende Haltung des Managements innerhalb des Unternehmens. Auf dieser Grundlage wurden verschiedene Typologien von Führungskräften entwickelt, die den jeweiligen spezifischen Phasen der Unternehmensentwicklung entsprachen bzw. idealerweise entsprechen sollten (Pümpin & Prange, 1991, Kap. 3). Den Ansätzen von bspw. Swayne & Tucker (1973), Miller (1989) und auch Adizes (1979) gemein ist, dass sie normativ begründet werden. Eine über Einzelfälle hinausgehende, empirische Betrachtung der jeweiligen Ansätze erfolgte bislang nicht. In der Literatur finden sich dementsprechend vielfältige Unterscheidungen bei Phaseneinteilung und -anzahl existierender organisatorischer Entwicklungsmodelle. Nachfolgend werden verschiedene Phasenmodelle des Verhaltensänderungs-Ansatzes vorgestellt.[81]

Ein typisches fünfstufiges Verhaltensänderungs-Modell untergliedert sich bspw. in die Phasen Gründung, Wachstum, Reifung, Revitalisierung und Abschwung. Die Gründungsphase ist durch den Aufbau einer lebensfähigen Organisation mit dementsprechenden, meist formalen Organisationsstrukturen gekennzeichnet. Die Konzentration auf Kernkompetenzen und erste realisierte Markterfolge spiegeln die Wachstumsphase wider. Das Unternehmen ist dabei idealerweise funktional strukturiert. In der Reifungsphase gilt das Interesse der Stabilisierung des Umsatzniveaus. Die Organisationsstrukturen werden zwar bürokratischer, aber in Teilbereichen auch effizienter. Ein gut funktionierender Arbeitsablauf ist für diese Phase charakteristisch. Immer komplexere und heterogenere Marktkonstellationen in Verbindung mit einem zunehmend diversifizierten Produktportfolio erfordern ein ausgereiftes, effizientes Planungs- und Kontrollsystem für Unternehmen in der Revitalisierungsphase (Keller, 2004, S. 155f.). Typischerweise ist deren Organisationsstruktur divisional geprägt. Eine verstärkt einsetzende Stagnation leitet das „Sterben", den Abschwung des Unternehmens ein. Die Ursachen der Degeneration finden sich meist in einem ungenügenden Innovationsgrad, nicht angemessenen unternehmerischen Aktivitäten und einem verstärkt auftretendem Wettbewerb. Unzureichen-

[81] Vgl. auch: Greiner, 1972, S. 37-46; Miller & Friesen, 1984, S. 1161-1183; Höft, 1992.

de Planungs- und Kontrollsysteme, die auf einer stark bürokratischen, formalisierten Struktur basieren, sind typisch für diese Phase (Höft, 1992, S. 100f.).

Im Gegensatz dazu unterscheidet Höft (1992, S. 97f.) in seinem Konzept des erweiterten Lebenszyklus von Organisationen die Beobachtungs-, Vorbereitungs- und Marktphase. Die Marktphase entspricht dabei der unter dem „Fünf-Phasenmodell" dargestellten Phaseneinteilung.

Das normative Verhaltensänderungsmodell von Adizes (1988) umfasst hingegen zehn Stufen. Er versucht die Frage zu klären, inwieweit Organisationen und an welchen Stufen im Verlauf ihres Entwicklungsprozesses aus dem Markt ausscheiden und „sterben" können. Für Adizes (1988, S. 12) ist weder die Unternehmensgröße noch die Dauer der Existenz einer Organisation als relevant anzusehen. „Size and time are not causes of growth and aging, as if large companies with long traditions are old and small companies with no tradition are young." Vielmehr legt er Wert auf die Unterscheidung zwischen Wachstum und Altern. „Wachstum" bezeichnet Adizes zufolge die Fähigkeit einer Organisation, Probleme zu meistern. Im Gegensatz dazu bedeute „Altern" die abnehmende Fähigkeit, mit aufkommenden Problemen umzugehen. Die Führung sollte darauf ausgerichtet sein, die Organisation in einen „Reife-Zustand" zu führen und dort zu halten. Das Alter und die Wachstumsphase einer Organisation unterscheiden und bestimmen sich Adizes zufolge in Abhängigkeit der Ausprägung von „Flexibilität" und „Kontrollierbarkeit". Zeichnet sich ein Unternehmen bspw. durch ein hohes Maß an Flexibilität und Kontrollierbarkeit aus, handelt es sich um eine Organisation im (idealen) Reife-Zustand. Ist die Flexibilität und Kontrollierbarkeit jedoch eher gering, ist die Organisation als „vergreist" anzusehen. Dementsprechend deutet ein hohes Maß an Kontrolle und eine geringe Flexibilität auch auf eine „alte" Organisation und unter entsprechend umgekehrten Vorzeichen auf ein „junges" Unternehmen hin (Adizes, 1988, S. 2). Nachfolgende Abbildung 39 - Das Modell von Adizes - beschreibt eingehend das zehnstufige Phasenkonzept von Adizes. Er benennt fünf Ebenen in der Wachstumsphase, vier in der Alterungsphase und eine Stabilitätsphase. Innerhalb der Wachstumsphasen setzt sich die so genannte Werbephase damit auseinander, ob überhaupt aus der Auseinandersetzung mit einer Idee eine reelle Organisation werden kann („courtship"). Bei einem positiven Befund findet in der Kindphase ein spielendes Ausprobieren statt („infant"). In der Startphase finden die ersten Aktivitäten der Organisation statt, sie beginnt sich zu bewegen („go-go"). Die Organisation hat sich in der Erwachsenenphase erfolgreich etabliert („adolescence"). In der Reifephase hat die Organisation ihre größtmögliche, lebensfähige Größe erreicht („prime"). Sind die Wachstumsphasen durchlaufen, tritt die Organisation in die Stabilitätsphase („stable") ein. Strukturen und Abläufe haben sich etabliert. Vermag das Unternehmen bzw. die Organisation diesen stabilen Zustand nicht aufrechtzuerhalten, setzt der Alterungsprozess ein. In der Aristokratiephase („aristocracy") lässt die Ergebnisorientierung zunehmend nach. Die Art des Handelns tritt in den Vordergrund. Die Phase der Frühbürokratie („early bureaucracy") zeichnet sich durch interne Machtkämpfe und den einsetzenden Untergang der Organisation aus. In der Bürokratiephase („bureaucracy") wird die Organisation nur noch mit sich beschäftigt sein. In der Phase des Todes („death") sind dann schon die wesentlichen Kräfte des Unternehmens ausgeschieden.

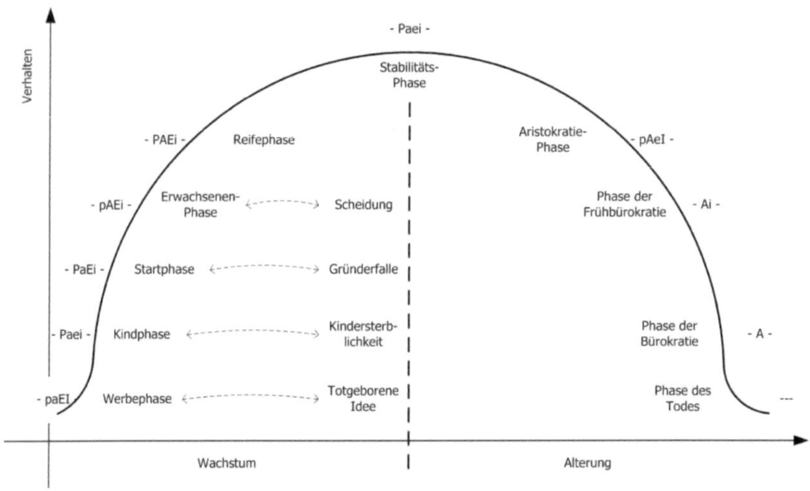

Abbildung 39: Das Modell von Adizes[82]

Nach Adizes (1988) müsse die Organisation, vergleichbar einer medizinischen Untersuchung, erst analysiert, dann diagnostiziert und schließlich therapiert werden. Hilfestellung dabei leistet eine Systematik von phasenspezifischen Problemen, die er wiederum

[82] In Anlehnung an: Adizes, 1988, S. 84.

verschiedenen Gliederungen unterzieht.[83] Ausgehend davon entwickelt Adizes (1979, 1988) phasenspezifische Empfehlungen - wie in nachfolgender Abbildung 40 dargestellt - für das strategische Management (Scholz & Stein, 2005).

Phase	Aufgabe der strategischen Führung
Kindphase (Paei)	▪ Emotionale Unterstützung und intensive rechtliche und finanzielle Beratung von außen
Startphase (PaEi)	▪ Bilden von Teams, um Bedarf an administrativen Systemen und Bürokratischen Reglungen gering zu halten
Erwachsenenphase (pAEi)	▪ Schrittweise Lösung des Abhängigkeitsverhältnisses von Gründern und Organisation
Reifephase (PAEi)	▪ Keine Hilfe von außen notwenig; Bildung von kleineren Satellitenorganisationen; Dezentralisation fördern; neue Lebenszyklen initiieren
Stabilitätsphase (Paei)	▪ Re-Definition der „Business-Mission"; Umweltanalysen um neue Chancen und Risiken zu erkennen; Einstellung jüngerer Mitarbeiter; Zielgerichtete Organisationsentwicklung um das „Altern" zu verhindern
Aristokratiephase (pAEi)	▪ Besinnung auf Organisationsziele; Analyse des Organisationszustands; ggf. Führungswechsel; Anpassung von Teamstrukturen
Phase der Frühbürokratie (Ai)	▪ Überleben steht im Mittelpunkt; Überwindung des Mißtrauens des Managements; kurzfristige, zielgerichtete „Notoperationen"
Bürokratie und Tod (A)	▪ Sofortige Zusammenarbeit mit externen „Helfern" (Beratern)

Abbildung 40: Phasenspezifische Handlungsempfehlungen nach Adizes[84]

Der Ansatz von Adizes fordert und erfordert ein sehr breit gefächertes Rollenverständnis der Führung in einem wachsenden, sich wandelnden Unternehmen. Aufgrund der sich stetig ändernden Rahmenbedingungen sieht Adizes die Aufgabe der Führung darin,

[83] Anmerkung: Adizes unterscheidet „normale" und „abnorme" Probleme. Normale Probleme unterteilt er in „Sensations", die typischerweise in bestimmten Phasen auftreten und vorhersehbar sind, und „Transitorial Problems" im Sinne von unvorhergesehenen Problemen. Abnorme Probleme werden unterschieden in „Pathologies", das sind abnorme Probleme, die zwar selten auftreten, dann aber die Weiterentwicklung der Organisation hemmen oder ganz verhindern können, und „Complexities" als in bestimmten Phasen auftretende abnorme Probleme.
Siehe auch: Adizes, 1979, S. 3-25; Adizes, 1988.

[84] In Anlehnung an: Adizes, 1988, S. 325-350

Strukturen zu schaffen und die gleichzeitig entstehenden Entwicklungsperspektiven zu nutzen. Organisationen müssen Herausforderungen und Chancen antizipieren, um vorausschauend auf sie reagieren zu können. Die Aufgabe der strategischen Führung bestehe demzufolge darin, Wachstum zuzulassen und gleichzeitig Alterungsprozesse zu vermeiden (Scholz & Stein, 2005).

2.5 Das Lebenszykluskonzept von Pümpin & Prange

Das Lebenszykluskonzept von Pümpin & Prange (1991), welches seine Ursprünge in der Biologie hat, lässt sich auf vielfältige Art auf Abläufe in der Wirtschaft übertragen. Um den Entwicklungsverlauf eines Unternehmens zu beschreiben, unterscheiden Pümpin & Prange (1991) die Phasen „Pionier", „Wachstum", „Reife" und „Wende". Sie gehen davon aus, dass in jeder Entwicklungsphase eines Unternehmens ein bestimmter Führungsstil erfolgsrelevant ist. Um ein Unternehmen phasengerecht führen zu können ist, Pümpin & Prange (1991) zufolge, „ein permanentes Lernen und Entlernen" des Führungsstils erforderlich (vgl. Laukamm, 1991, S. 30). Auf dieser Grundlage entwickeln sie ein Konzept, dass - unterlegt mit verschiedenen Praxisbeispielen - Handlungsanleitungen für erfolgreiches Führungsverhalten in den einzelnen Phasen und bei möglichen Krisen gibt. Darüber hinaus stellen sie ein Analyseinstrument, eine Checkliste zur Verfügung, mit deren Hilfe der Entwicklungsstand eines Unternehmens bestimmt werden kann (Heimbrock, 2001, S. 41). In ihrem Konzept, das wesentlich dem St.-Galler Management-Modell verhaftet ist, stellt die Unternehmensentwicklung die verbindende und permanent interagierende Komponente zwischen den drei Managementdimensionen - der normativen, strategischen und operativen Ebene - dar. Die geplante Unternehmensentwicklung ist zum einen Ziel des Managements, zum anderen Einflussfaktor, welcher wiederum bestimmte Rahmenbedingungen zur Folge hat (Bleicher, 1992, S. 337). Pümpin & Prange (1991) beschreiben die Unternehmensentwicklung als eine deterministische Abfolge eines immer wiederkehrenden Ausschöpfens von Nutzenpotentialen, die ihrerseits einen Lebenszyklus durchlaufen (vgl. auch Bleicher, 1992, S. 227f.). Wie zuvor schon im Kapitel „Das Nutzenpotential-Lebenszyklus-Konzept" beschrieben, stellt ein Nutzenpotential, „eine in der Umwelt, im Markt oder im Unternehmen latent oder effektiv vorhandene Konstellation (dar), die durch Aktivitäten des Unternehmens zum Vorteil aller Bezugsgruppen und des Unternehmens selbst erschlossen werden kann" (Pümpin & Prange, 1991, Kap. 2.3.2).

Doch nicht nur durch den Entwicklungsstand der Nutzenpotentiale lassen sich die von Pümpin & Prange (1991) benannten vier Phasen des Unternehmenslebenszyklus unterscheiden. Auch die vorherrschenden Organisationsstrukturen, die Größe des Unternehmens wie auch einige weitere Anforderungen an die Unternehmensführung lassen sich als wesentliche Unterscheidungsmerkmale darstellen (Heimbrock, 2001, S. 42). In diesem Kontext ist das nachfolgend vorgestellte Dynamik-Prinzip angesiedelt. Zum besseren Verständnis werden zuvor noch die einzelnen Phasen des Lebenszykluskonzepts von Pümpin & Prange (1991) eingehender vorgestellt.

2.5.1 Das Pionier-Unternehmen

Pümpin & Prange (1991) beschreiben ein Pionier-Unternehmen als ein junges Unternehmen, welches dabei ist, mindestens ein attraktives Nutzenpotential zu erschließen.

Das Pionier-Unternehmen befindet sich in der Start-Up-Phase des Unternehmenslebenszyklus. Im allgemeinen Sprachgebrauch, wie auch in dieser Arbeit wird der Begriff des Pionier-Unternehmen synonym mit dem des Start-Up-Unternehmen gebraucht. Untenstehende Abbildung 41 vermittelt einen Überblick über die von Pümpin & Prange (1991) genannten Merkmale eines derartigen Unternehmens. Typischerweise ist das „Pionier-Unternehmen" noch klein und vor allem auf den „Pionier-Unternehmer", der es eigenständig führt, ausgerichtet. Die Vision des Gründers ist dabei die treibende Kraft im Unternehmen. Ihm gegenüber fühlen sich die Mitarbeiter persönlich verpflichtet. In der Pionierphase ist der Unternehmensalltag durch einen ständigen Überlebenskampf und durch zumeist nicht existente Strukturen und Prozesse geprägt. Der Erfolg des Unternehmens hängt wesentlich von den Kompetenzen und Fähigkeiten des Pioniers ab. Da das Unternehmen noch über keine Reserven verfügt, können Fehlentscheidungen der Führung schnell dazu führen, dass das Unternehmen in seiner Existenz bedroht ist und dadurch aus dem Markt ausscheiden muss (Heimbrock, 2001, S. 41).

Die Merkmale eines Pionier-Unternehmens nach Pümpin & Prange
▪ Die Erschließung neuer viel versprechender Nutzenpotentiale steht im Mittelpunkt
▪ Die Aktivitäten des Unternehmens können als radikal innovativ eingestuft werden
▪ Das Unternehmen ist jung
▪ Der Umsatz ist noch gering, ebenso die Anzahl der Kunden und Mitarbeiter
▪ An der Spitze steht ein Einzelunternehmer
▪ Maximal eine Führungsebene zw. Unternehmensspitze und ausführender Arbeit
▪ Hohes Verständnis des Top Managements für die Details der Arbeit (Allrounder)
▪ Persönliche Beziehungen der Unternehmensspitze mit praktisch allen Kunden
▪ Die Entscheidungsgewalt ist an der Spitze zentralisiert und wird stark intuitiv gehandhabt
▪ Autoritär-patriarchalischer Führungsstil mit direkten, mündlichen Anordnungen an alle Mitarbeiter durch den Chef selbst
▪ Es existieren praktisch keine formalen, organisatorischen Hilfsmittel wie z.B. Organigramme, Stellenbeschreibungen etc.
▪ Spontan ausgesprochene Belohnungen für außergewöhnliche Leistungen ersetzen das nicht existente systematische Gehaltssysteme
▪ Es gibt keine Stabsabteilungen
▪ Produkte und Abläufe sind nur wenig standardisiert, eher individuelle Kundenproblemlösungen
▪ Geringer Spezialisierungsgrad der Beschäftigten
▪ Erfinder oder Super-Verkäufer an der Spitze
▪ Die Eigenkapitalausstattung entspricht gerade den gesetzlichen Mindestvorschriften
▪ Eigenfinanzierungsgrad (EK/FK) bei 1:3 bis 1:5

Abbildung 41: Die Merkmale eines Pionier-Unternehmens nach Pümpin & Prange[85]

2.5.2 Das Wachstums-Unternehmen

Dem Wachstums-Unternehmen ist es gelungen, die Pionierphase erfolgreich zu meistern und ein oder mehrere attraktive Nutzenpotentiale aufzubauen. Die Führung des Wachstums-Unternehmens hat sich bewusst für die Expansion der Unternehmung und damit für die multiplikative Ausschöpfung der Nutzenpotentiale entschieden. Dieses Wachstum verlangt zunehmend professionellere Strukturen und Prozesse. Die Führung des Unternehmens ist dadurch gezwungen, die Geschäftsführung zu erweitern und den Führungsstil den neuen Bedingungen anzupassen. Pümpin & Prange (1991) charakterisieren ein

[85] In Anlehnung an: Pümpin & Prange, 1991, Kap. 6.3.

Unternehmen in der Wachstums-Phase anhand der in Abbildung 42 benannten Kriterien bzw. Merkmale.

Merkmale eines Wachstums-Unternehmens nach Pümpin & Prange
▪ Die vom Unternehmen ausgeschöpften Nutzenpotentiale befinden sich mehrheitlich in ihrer Wachstumsphase
▪ Im Vordergrund steht weniger die radikale Innovation als die Multiplikation erfolgreicher Konzepte und Aktivitäten
▪ Die vom Unternehmen realisierten Innovationen sind von mittlerer Radikalität, z.B. Neuprodukte mit starker Verwandtschaft zum Ursprungsprodukt
▪ Vorstoß aus dem Kerngeschäft in neue Märkte und Regionen
▪ Umsatz sowie Anzahl der Mitarbeiter steigen rasant an
▪ Ausgeprägtes Expansionsdenken und - streben auf allen Unternehmensebenen, dabei Orientierung auf Bezugsgruppennutzen
▪ Führungskräfte und Innovatoren können durch persönliche Erfolge und Innovationsprojekte reich werden (Erfolgsbeteiligung)
▪ An der Unternehmensspitze steht ein Managementteam aus unterschiedlichen Funktionen bzw. Geschäftsfeldern
▪ (immer noch) persönliche Kontakte zwischen der Unternehmensspitze und Schlüsselkunden
▪ Delegativer Führungsstil
▪ Drei bis vier Hierarchieebenen
▪ Abstützung auf wenige formale organisatorische Hilfsmittel, Organigramme vorhanden, Stellenbeschreibungen auf das wesentliche beschränkt
▪ Unternehmen weist Funktionalstruktur auf, im Zuge des weiteren Wachstums wird eine Divisionalstruktur eingeführt
▪ Vorwiegend Abstützung auf formale Kommunikationsstrukturen, Prinzip der Einheit der Führung
▪ Standardisierung der Produkte, Aufgabe von marginalen Aktivitäten
▪ Steigender Spezialisierungsgrad von Mitarbeitern, Maschinen und Produktionsstätten
▪ Einführung von Stäben (für Marktforschung, Planung, Recht/ Steuern) für Leistungen, die bis dahin fremdbezogen wurden
▪ Mehrere Eigenkapitalerhöhungen in kurzer Folge

Abbildung 42: Die Merkmale eines Wachstums-Unternehmens nach Pümpin & Prange[86]

Die Aktivitäten des Unternehmens sind darauf ausgerichtet neue Märkte und Kundengruppen zu erschließen. Das Wachstum lässt sich dabei in den meisten Fällen nur mit zusätzlichen Finanzierungsquellen, neue Investoren und Partnern realisieren. Das zuvor innovations- und technologiegetriebene Unternehmen entwickelt mehr und mehr eine kunden- und produktivitätsorientierte Unternehmenskultur. Die Herausforderung der

[86] In Anlehnung an: Pümpin & Prange, 1991, Kap. 6.3.

Unternehmensführung besteht in dieser Phase zum einen darin, die Innovativität, die die Unternehmung bislang auszeichnete, zu pflegen und weiterzuentwickeln und zum anderen darin, ein Gleichgewicht zwischen Wachstum und Kapital- bzw. Ressourcenausstattung zu finden.

2.5.3 Das Reife-Unternehmen

Zu Beginn der Reifephase werden die zahlreichen Nutzenpotentiale des Unternehmens abgeschöpft, erfolgreich „geerntet". Dennoch ist eine langsam einsetzende Stagnation der Nutzenpotentiale zu beobachten.

Die Merkmale eines Reife-Unternehmens nach Pümpin & Prange
▪ Das Unternehmen erschließt überwiegend Nutzenpotentiale in der Reifephase (Ernten, Abschöpfen)
▪ Sehr guter, stabiler Cash-Flow
▪ Schwaches reales Wachstum von Umsatz und Cash-Flow, allmählich tritt Stagnation ein
▪ Im Branchenvergleich altes und großes Unternehmen
▪ Das obere Management weist so gut wie keinen Kontakt mehr zur Basis auf
▪ Finanzexperten, Juristen, langjährige Stabsmitarbeiter dominieren die Unternehmensspitze
▪ Orientierung an Finanzgrößen (ROI) und Effizienz überdeckt nicht quantifizierbare Zielgrößen wie Know-how, Technologieposition etc.
▪ Schriftliche, den formalen Organisationsstrukturen folgende Kommunikation ersetzt die mündliche, informelle Kommunikation
▪ Stimmung des Mißtrauens, entsprechend starke Betonung von Kontrollaufgaben, Pochen auf formale Zuständigkeiten ("Kästchendenken")
▪ Handbücher, Arbeitsanweisungen usw. als Standardisierungs- und Kontrollinstrument, Anzeichen von Intoleranz gegenüber abweichendem Verhalten
▪ Nivellierende Lohngestaltung, geringe Anerkennung für Innovatoren und Innovationserfolge
▪ Matrixstruktur
▪ Aufwendiger, vielstufiger Planungsprozeß
▪ Vielzählige (Dauer-)Komitees
▪ Partizipativer Führungsstil
▪ Langwierige Machtkämpfe im Managerkreis, die überwiegend versteckt ausgetragen werden
▪ Politisierung betrieblicher Entscheidungen im Ausgleich zw. Internen und externen Interessengruppen
▪ Eigenfinanzierungsgrad (EK/FK) nahe bei 1:1

Abbildung 43: Die Merkmale eines Reife-Unternehmens nach Pümpin & Prange[87]

[87] In Anlehnung an: Pümpin & Prange, 1991, Kap. 6.3.

Das Reife-Unternehmen zeigt sich zunehmend nach innen, auf eigene Belange fokussiert. Formalismus und ein hohes Maß an Bürokratie kennzeichnen den Unternehmensalltag. Die in den vorangehenden Phasen noch vorherrschende Begeisterung und das Engagement der Mitarbeiter und der Führung nehmen merklich ab. Pümpin & Prange (1991) benennen, entsprechend obenstehender Abbildung 43, für das Reife-Unternehmen charakteristische Merkmale.

Mit zunehmender „Reife" zeichnet sich das Unternehmen durch eine stark abnehmende Innovativität aus. Statt neue Nutzenpotentiale zu identifizieren und zu erschließen, konzentriert sich die Führung des Unternehmens auf die Optimierung und Verbesserung der etablierten Prozesse und Abläufe. Obwohl das Reife-Unternehmen über hervorragende finanzielle Ausgangsbedingungen und über ausgezeichnete vorhandene Kompetenzen verfügt, versäumt es die Unternehmensführung diese Chance zu nutzen und neue Nutzen-Potentiale zu begründen. Die einsetzende Stagnation wird passiv mit äußeren Einflüssen begründet, obwohl das Unternehmen eine „Revitalisierung", eine „Dynamisierung" benötigt.[88]

2.5.4 Das Wende-Unternehmen

Ein Wende-Unternehmen ist dadurch gekennzeichnet, dass sich die Nutzenpotentiale des Unternehmens in der Niedergangsphase befinden. In dieser Phase konzentriert sich die Unternehmensführung nach Aussage von Pümpin & Prange (1991) stark darauf, den Absatz etablierter Produkte zu fördern. Daneben gilt deren Hauptaugenmerk der Optimierung und Rationalisierung unternehmensinterner Abläufe. Die Unternehmensführung orientiert sich an - in der Vergangenheit - erfolgreichen Ansätzen, vernachlässigt dabei jedoch merkbar die Produktqualität. Das Betriebsklima ist in dieser Phase durch Misstrauen geprägt. Funktionierende und effiziente Entscheidungsstrukturen sind kaum noch gegeben. Infolge des abnehmenden Nutzens, den das Unternehmen seinen Bezugsgruppen stiftet, erleidet es deutliche finanzielle Einbußen. In der Wende-Phase befindet sich die Unternehmung in einer existenziellen Krise. Nur ein aktives Restrukturierungs-Management und eine „dynamische" Führung könnte nach Pümpin & Prange (1991) das

[88] Anmerkung: Das Dynamik-Prinzip wird in den nachfolgenden Kapiteln noch ausführlicher behandelt.

Unternehmen jetzt noch retten. Abbildung 44 liefert eine Übersicht über die Merkmale, die ein Unternehmen in der Wende- bzw. Niedergangsphase kennzeichnet.

Merkmale eines Wende-Unternehmens nach Pümpin & Prange
▪ Die vom Unternehmen erschlossenen Nutzenpotentiale befinden sich ganz überwiegend in der Niedergangsphase
▪ Rückgang des Umsatzes
▪ Stark sinkender, negativer Cash-Flow
▪ Allenfalls nur marginale Produktinnovationen
▪ Überkapazitäten, Preiskämpfe, Verdrängungswettbewerb auf den Absatzmärkten, das Unternehmen sieht sich zu stetigen Preissenkungen gezwungen
▪ Einseitige Orientierung an den Kosten
▪ Unverkennbar nachlassende Produktqualität, vermehrte Kundenreklamationen, Fehler werden nur oberflächlich beseitigt
▪ Abwanderung der guten Kräfte (brain-drain)
▪ Gewinn, Cash-Flow- und Umsatzerholung wird immer wieder für das nächste bzw. übernächste Jahr angekündigt
▪ Extreme Kurzfristorientierung (ein bis zwei Jahre) der Unternehmensziele und -aktivitäten, rein taktisches Reagieren auf die Aktionen der Konkurrenz
▪ Regulierungsanstrengungen, Ruf nach staatlichem Schutz (Protektion, Subventionen), Bildung von Branchenkartellen
▪ Überalterung zzgl. lange Branchen- und Betriebszugehörigkeit bei den Mitgliedern des oberen Managements
▪ Kampf der einzelnen Führungskraft um ihr persönliches Überleben, wechselseitige Schuldzuweisungen
▪ Unklare Anweisungen an Mitarbeiter, Hineinregieren durch den Vorgesetzten, keine erkennbaren Prioritäten, verunsicherte Mitarbeiter
▪ In ihren gegensätzlichen Positionen fest gefügte Machtgruppen im Innern, u.U. auch im Aktionärskreis
▪ Unmenge an zirkulierenden Papieren
▪ Selbst-Isolation des Unternehmens von seiner Umwelt
▪ *„Das große Projekt"*

Abbildung 44: Die Merkmale eines Wende-Unternehmens nach Pümpin & Prange[89]

In der Konsequenz fordern Pümpin & Prange (1991) von einem nachhaltig erfolgreichen Unternehmen, den Eintritt in die kritische Reife und in die Wendephase zu vermeiden. Anders ausgedrückt, sie raten dazu kontinuierlich „Rücksprünge" zurück in die Pionier- und Wachstumsphase vorzunehmen und dies auf stetig steigendem Niveau. Genau diese Zielsetzung verfolgt das nachfolgend beschriebene Dynamik-Prinzip. Dynamische Unter-

[89] In Anlehnung an: Pümpin & Prange, 1991, Kap. 6.3.

nehmen ersetzen reife und niedergehende Nutzenpotentiale kontinuierlich durch neue. Diese erschließen sie multiplikativ und wachstumsorientiert. Auf diese Weise verknüpfen dynamische Unternehmen pionierhafte Elemente, die für die Suche nach neuen Nutzenpotentialen notwendig sind mit den Stärken eines Wachstums-Unternehmens, das in der Lage ist Nutzenpotentiale schnell und multiplikativ auszuschöpfen (Heimbrock, 2001, S. 44f).

2.5.5 Das Dynamik-Prinzip

Das Dynamik-Prinzip von Pümpin (1992) ist dadurch gekennzeichnet, dass die Dynamisierung eines Unternehmens nicht nur durch das Ausschöpfen attraktiver Nutzenpotentiale, sondern auch durch organisatorische, führungsrelevante Maßnahmen realisiert werden kann. Ideal ist eine Kombination beider Ansätze (Heimbrock, 2001, S. 44). Bleicher charakterisiert das Dynamik-Prinzip als eine lenkende Kraft in der Unternehmensentwicklung. Das Dynamik-Prinzip biete nicht nur kognitive Erkenntnisse, sondern stelle insbesondere auch eine Handlungsanleitung für die dynamische Gestaltung und Führung eines Unternehmens dar (Bleicher, 1992, S. 338f). Wichtige Ansätze der jüngeren Betriebswirtschaftslehre wie den Bezugsgruppenansatz, den „Shareholder Value Approach" von Rappaport (1994), die Wettbewerbsstrategien von Porter (1985, 1987) wie auch den im Kapitel „Führung" beschriebenen Excellence-Ansatz von Peters & Waterman (1982) versucht das Dynamik-Prinzip zu integrieren und weiterzuentwickeln. Die Erkenntnisse von Cuno Pümpin leiten sich u.a. aus einer Untersuchung mit 18 ausgewählten Unternehmen ab. Zwei Untersuchungsergebnisse stellten sich dabei als prägend für die Entwicklung des Dynamik-Prinzips dar (Pümpin, 1989, S. 262f). Zum einen wandten die betrachteten Unternehmen teilweise Methoden an, die sich mit gängigen betriebswirtschaftlichen Ansätzen wie bspw. der Wettbewerbsstrategie von Porter nicht fassen ließen, zum anderen war ein verändertes Unternehmensverständnis zu beobachten. Strukturelle Flexibilität löste das bis dato vorherrschende Ziel des reinen „Überlebens" als Unternehmenszweck ab (Heimbrock, 2001, S. 46). Über die Betrachtung von Nutzenpotentialen leitete Pümpin die Nutzenstiftung für die diversen Bezugsgruppen als zunehmend wichtiger werdenden Unternehmenszweck ab.

Das Dynamik-Prinzip, das sich durch eine hohe Nutzenstiftung für die Anspruchspartner auszeichnet, beruht demnach auf dem Grundgedanken, dass sich dynamische Unternehmen erstens auf attraktive Nutzenpotentiale zu konzentrieren haben. Erschlossene Nutzenpotentiale sind zweitens multiplikativ einzusetzen um eine nachhaltige Dynamik zu erzeugen und drittens sollte die Dynamik immer von einer unternehmerischen Persönlichkeit, einem Promotor, initiiert werden. Da in einem globalen, immer wettbewerbsintensiveren Markt nur noch die Unternehmen langfristig erfolgreich sein werden, die in der Lage sind, sich neuen Entwicklungen schnell anzupassen und sich eröffnende Chancen zu nutzen, gewinnt die Unternehmensdynamik an Dominanz (Heimbrock, 2001, S. 44f). Der Erfolg eines Unternehmens ist eng mit dem Zyklus der von ihm ausgeschöpften Nutzenpotentiale verbunden. Dazu ist eine kontinuierliche, kreative Suche nach neuen Nutzenpotentialen erforderlich. Traditionelle Denkmuster, die sich auf bestehende Absatzmärkte und aktuelle Produkte konzentrieren, behindern diese Vorgehensweise. Dynamische Unternehmen sind deshalb gezwungen, sich von diesen Mustern zu lösen und offen auf alternative Nutzenpotentiale, die sowohl außerhalb als auch innerhalb eines Unternehmens liegen können, zuzugehen (Bleicher, 1994, S. 216ff.).

Aktuelle Ansätze, die das Dynamik-Prinzip in ihrer Herangehensweise stützen, finden sich auch bei Zook (2007, S. 72ff.), Zook & Seidensticker (2004) und Slywozky & Wise (2003, S. 18). Diesen Arbeiten ist gemein, dass sie anhand von Fallbeispielen die Wirkungsweise des Dynamik-Prinzips beschreiben.

Um die Funktionsweise dieses Ansatzes abschließend zu verdeutlichen, werden - neben den zuvor schon beschriebenen Nutzenpotentialen - im Folgenden noch die Multiplikation von Geschäftsaktivitäten, sowie die benannten „Promotoren“ erläutert.

Die Voraussetzung nachhaltiger Dynamik ist nach Pümpin erst durch die Multiplikation erfolgreicher Geschäftsaktivitäten gegeben. Das bedeutet, sobald eine Aktivität signifikante Vorteile für einen Kunden liefert, sollte diese umgesetzt werden, ungeachtet deren Perfektionsgrads. Zielsetzung dabei ist, schneller als Wettbewerber strategische Positionen zu besetzen. Es werden dabei zwei Arten der Multiplikation unterschieden. Zum einen „Prozessmultiplikationen“, d.h. die Vervielfältigung und Standardisierung von Beschaffungs-, Produktions-, R&D-, Finanzierungs- oder Akquisitionsprozessen um Wettbewerbsvorteile zu erzielen, zum anderen die „Systemmultiplikation“, worunter gesamte zu reproduzierende Produktionsstätten, Geschäftsausstattungen, Reportingsysteme oder auch Beschaffungs- und Absatzorganisationen zu verstehen sind. Die Multiplikation, sowohl die system- als auch prozessbezogene, führt zu einer Konzentration der Kräfte. Darüber hinaus lässt sich damit die Komplexität des Systems Unternehmen reduzieren. Die Multiplikation sollte sich auf schwer imitierbare, komplexe Prozesse bzw. Systeme konzentrieren um nachhaltige Wettbewerbsvorteile zu erzielen (Heimbrock, 2001, S. 44f.).

Unter „Promotoren“ versteht Pümpin - im Rahmen des Dynamik-Prinzips - Persönlichkeiten mit unternehmerischem Geschick, die offen für Neuheiten sind und Bereitschaft für Veränderungen zeigen. Grundsätzlich seien sie in allen Bereichen eines Unternehmens zu finden. Auch wenn sich keine idealtypischen Persönlichkeitsmerkmale bestimmen lassen, sind nachfolgend aufgeführte, charakteristische Schlüsselfähigkeiten bei Promotoren zu beobachten (Heimbrock, 2001, S. 44f.). Hilb (1994, S. 33) beschreibt Promotoren als „Transformational Leaders“. Sie entwickeln und kommunizieren Visionen, streben Veränderungen an und tragen die damit verbundenen Risiken. Darüber hinaus binden sie ihre Mitarbeiter aktiv in Entscheidungsprozesse ein und verändern bewusst die Kultur eines Unternehmens. Promotoren sind ausgezeichnet vernetzt und weisen konzeptionelle Kompetenz und eine „Umsetzungs-Orientierung“ auf.

2.6 Kritische Würdigung und Schlussfolgerungen

Die betrachteten Lebenszyklus-Konzepte vermitteln einen breit gefächerten Eindruck über die verschiedenen Ansätze und den grundlegenden Aufbau dieses Forschungszweigs. Sie verdeutlichen auch die vielseitigen und vielschichtigen Überlagerungen und Parallelitäten der diversen Modelle. Dennoch ist die Vermengung von Einzelfall-Betrachtungen, hypothetischen Modellen und scheinbar empirisch verankerten Konzepten unübersehbar. In diesem Umfeld verknüpft und integriert das Lebenszykluskonzept von Pümpin & Prange (1991) nicht nur geschickt Kernelemente der verschiedenen Ansätze, es wird auch dem Anliegen dieser Arbeit in besonderem Maße gerecht. Es liefert nicht nur eine klare und nachvollziehbare Beschreibung der jeweiligen Lebensphasen, unterlegt mit einer detaillierten Checkliste und Anleitung diese Phasen genau zu erfassen, es umschreibt darüber hinaus auch sehr klar welche Führungsverhaltensweise, die jeweilige Phase dominiert. Letztgenannter Punkt stellt gleichzeitig Auslöser und Anlass der später erfolgenden Untersuchung dar. Pümpin & Prange (1991) argumentieren stringent und

Fall-basiert, bedienen sich jedoch - in Bezug auf das beschriebene Führungsverhalten - einer uneinheitlichen Terminologie. Betrachtet man die Arbeiten von Neuberger (2002), Lewin (1973) oder Pümpin & Prange (1999) lässt sich beispielsweise kein synonymer Gebrauch in deren jeweiligen Begrifflichkeit einer „autoritären" Führung feststellen. Die Vergleichbarkeit verschiedener Untersuchungen ist dadurch jedoch nur eingeschränkt möglich, wie auch die Verwendung diverser Skalen.

Durch die Verknüpfung des Unternehmenslebensphasen-Modells von Pümpin & Prange (1991) mit dem transformationalen Führungsansatz lässt sich diese Einschränkung jedoch beheben. Zum einen erfährt das Modell damit eine Überprüfung mit dem „state of the art"-Tool der Führungsforschung, zum anderen ist damit eine eingehende und deutlich detailliertere Erfassung unterschiedlicher Führungsverhaltensweisen möglich.

2.7 Unternehmenslebensphasen und Führungsverhalten im Allgemeinen

Die dezidierte Betrachtung der verknüpften Forschungsfelder „Führung" und „Unternehmenslebensphasen" stellt sich als ausgesprochen mühsam dar. Nicht nur die zuvor angesprochene Problematik einer uneinheitlichen Terminologie in der Führungsforschung, sondern vielmehr noch die unterschiedlich ausgeprägten Lebensphasen-Modelle erschweren die Identifikation entsprechender phasenübergreifender Untersuchungen. Gerade die ganzheitliche und durchgängige Darstellung des Führungsverhaltens eines Unternehmens - von der Gründung bis zum Niedergang - findet in den wenigsten Studien ihren Niederschlag.

Nachfolgender Abschnitt widmet sich dem Stand der Forschung von phasen-abhängiger Führung, dem verknüpften Forschungsfeld „Unternehmenslebensphasen und Führung" und basiert u.a. auf einer an der EUROPEAN BUSINESS SCHOOL (EBS) durchgeführten Inhaltsanalyse von mehr als 166 Artikeln aus neun Journals der vergangenen zwölf Jahre (Thomas, 2007, S. 1).

Betrachtet man den Stand der Forschung überrascht die geringe Anzahl der Arbeiten, die die Themenkomplexe „Führung" und „Unternehmenslebensphasen verknüpfen und integrieren. Wie in den vorhergehenden Kapiteln dargestellt, konzentrieren sich die jeweiligen Autoren entweder auf „Führung" oder „Unternehmenslebensphasen". Das jeweils andere Thema wird lediglich gestreift oder als Beleg einzelner Aussagen herangezogen. Eine Verknüpfung etablierter Theorien aus beiden Feldern ist nicht zu beobachten. Thomas (2007, S. 50) zufolge findet sich kein eindeutiger Beleg für ein gemeinsames Forschungsfeld „Unternehmenslebensphasen und Führung". Zwar lassen sich vereinzelt Arbeiten aufführen wie die von Hurst (1995), Quinn & Cameron (1983, S. 33-51), Graen & Uhl-Bien (1991), die verschiedene Führungsaspekte unterschiedlicher Lebensphasen gezielt behandeln, aber eine übergreifende Betrachtung dieser Thematik auf empirischer, noch auf breiter theoretischer Ebene erfolgte bislang nicht. Pawar & Eastman (1997, S. 82) forderten bspw. schon Ende der 90er Jahre die Berücksichtigung von Umfeldfaktoren bei Untersuchungen zum transformationalen Führungsansatz. Diese Forderungen verhallten aber - in Bezug auf Unternehmenslebensphasen als Kontextfaktoren - weitgehend ungehört. Der Literaturanalyse von Thomas (2007) zufolge, lassen sich lediglich acht Artikel identifizieren, die Führung mit einem Unternehmenslebensphasen-Modell in Verbindung bringen. Bei zweien davon beschränkt sich diese Verbindung nicht nur auf die Erwähnung im Literaturverzeichnis. Egri & Herman (2000, S. 571-604) als Verfasser von einem der beiden Artikel, können auf empirischer Basis einen Zusammenhang zwischen dem Strukturänderungsmodell von Greiner (1998, S. 55-68) und entsprechend unterschiedlich ausgeprägten Führungsverhaltensweisen aufzeigen. Vera & Crossan (2004, S. 222-240) dagegen setzen sich mit der Entwicklung eines Theorie-Modells auseinander, dass strategische Führung mit organisationalem Lernen verknüpft. Sie postulieren, dass "a firm's leadership (...) requirements vary according to the distinct challenges posed by each stage of organizational life (cycle)." (Vera & Crossan, 2004, S. 234). Bemerkenswert an dieser Arbeit ist, dass sie auf dem transformationalen Führungsansatz aufbaut und phasen-spezifische Empfehlungen ausspricht. Im deutsprachigen Raum stellt sich - abgesehen von den Arbeiten von Pümpin & Prange (1991) - die Auseinandersetzung mit einem gemeinsamen Forschungsfeld aus Führung und Unternehmenslebensphasen noch weit weniger entwickelt dar.

2.8 Zusammenfassung

Das in der Führungsforschung weit verbreitete Bonmot, demzufolge es mehr Führungstheorien als Führungsforscher gebe, lässt sich fraglos auch auf die Auseinandersetzung mit Lebensphasen-Modellen übertragen. Beispielhaft seien nur Greiner (1972, 1998) und Mintzberg (1984, 1989) genannt, wie auch die mehr und mehr an Bedeutung gewinnenden Modelle innerhalb der Entrepreneur-Forschung mit dem Fokus auf Frühphasen. Festhalten lässt sich ebenfalls, dass der transformationale Führungsansatz, den „state of the art"-Ansatz der Führungsforschung darstellt, was die seit 2004 stetig wachsende Anzahl von Publikationen zu dieser Thematik mehr als deutlich belegt. (Thomas, 2007, S. 50f.)

Zusammenfassend lässt sich jedoch kein Zusammenhang von Untersuchungen und Studien zu Unternehmenslebensphasen und Führung herstellen. Abgesehen von den genannten Arbeiten existiert keine übergreifende Theorie, die beide Bereiche integriert. Schließend kann festgehalten werden, dass sich dieses Forschungsfeld noch als weitestgehend unbearbeitet darstellt und zu weiteren Forschungen einlädt. Die Verknüpfung des „state of the art"-Führungsansatzes, der transformationalen Führung, mit dem etablierten Lebensphasen-Modell von Pümpin & Prange stellt damit einen wesentlichen und notwendigen Schritt dar. In diesem Sinne präsentiert sich diese Untersuchung als Pionierarbeit, die dazu anregen und einladen sollte verschiedene Aspekte dieses Ansatzes deutlich vertiefend zu verfolgen und zu diskutieren.

3 Erfolg

„Was alle Erfolgreichen miteinander verbindet, ist die Fähigkeit, den Graben zwischen Entschluss und Ausführung äußerst schmal zu halten."
(Peter Drucker)

Im Blickwinkel der nachfolgenden Abschnitte steht die Definition und Bestimmung des Erfolgs der Führung einer Institution, einer Unternehmung. Um Aussagen über die Ursachen unternehmerischen Erfolgs, über relevante Erfolgsfaktoren zu treffen, ist es erforderlich zu verstehen, wie Erfolg gekennzeichnet ist und unter welchen Voraussetzungen er zustande kommt. Die Bestimmung von Erfolgsfaktoren stellt dabei den Versuch dar, grundlegende Fragen der Unternehmensentwicklung zu beantworten. Die Herausforderung beruht dabei auf der Identifikation von vorgelagerten Ursache-Wirkungs-Ketten, die Erfolgsgrößen wie bspw. Gewinn und Rentabilität zur Folge haben.

3.1 Zielsetzung und Motivation

Zielsetzung ist es, ein einheitliches Grundverständnis für die Begrifflichkeit „Erfolg" zu schaffen. In diesem Zusammenhang werden verschiedene Strömungen vorgestellt, die die Ursachen für Erfolg - teils kontrovers - zu erklären versuchen. Zusammen mit der Vorstellung verschiedener Erfolgsindikatoren soll dadurch die Grundlage für die empirische Untersuchung im Rahmen dieser Arbeit gelegt werden.

3.2 Vorgehensweise

Der Aufbau dieses Kapitels untergliedert sich entsprechend der nachfolgenden Abbildung 45 im Wesentlichen in zwei Bereiche. Die in der Abbildung auf der rechten Seite aufgeführten Aspekte unter „Erfolg & Führungserfolg" setzen sich mit der Erläuterung und Beschreibung des „Erfolgs-Begriffs" auseinander. Eingehender werden dabei die verwandten Erfolgsindikatoren und deren Messung behandelt. Unter Erfolgsfaktorenforschung - auf der linken Seite der Abbildung 45 - erfolgt ein Exkurs in den Hintergrund und die Geschichte dieser Materie.

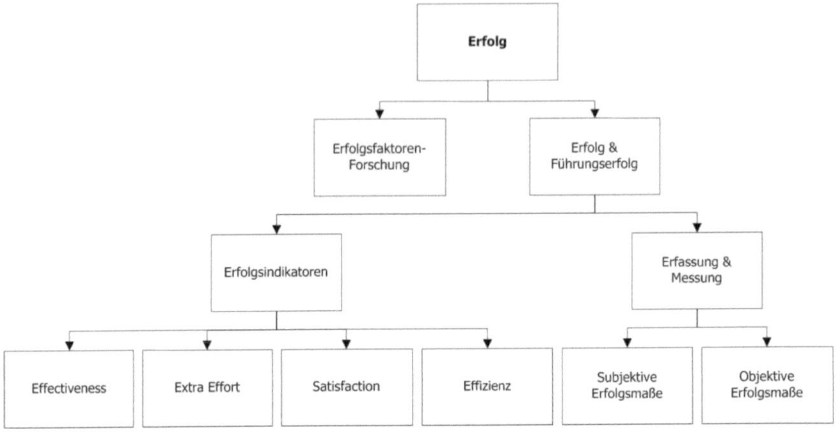

Abbildung 45: Aufbau des Kapitels Erfolg

3.3 Hintergrund Erfolgsfaktorenforschung

Der Ursprung der empirischen Erfolgsfaktorenforschung findet sich in den Branchenstudien der 60er Jahre des letzten Jahrtausends. Ziel dieses Forschungszweigs war und ist die Identifikation erfolgreicher Problemlösungskonzeptionen.[90] Man unterscheidet dabei zwei Forschungsschwerpunkte, zum einen die Erforschung des unternehmerischen Erfolgs auf Grundlage unternehmensinterner Daten, zum anderen die externe Erfolgsfaktorenforschung, die auf unternehmensexternen Daten wie beispielsweise Geschäftsberichten, Börsenkursen etc. beruht. In letztgenanntem Punkt unterscheiden sich wiederum branchenbezogene Konzepte, wie das PIMS-Konzept (Profit Impact of Market Strategies)[91] von branchenübergreifenden Ansätzen wie Benchmarkingstudien.

[90] Anmerkung: Die Ursprünge der Idee, Unternehmenserfolg auf bestimmte Einflussfaktoren oder Maßnahmen des Managements zurückzuführen und daraus Empfehlungen für die Unternehmensführung abzuleiten, liegen in der Praxis. D. R. Daniel schlug bereits 1961 vor, Managementinformationssysteme einzurichten, die Auskunft über von ihm so bezeichnete „Erfolgsfaktoren" geben sollen. Diese Idee wurde später von Rockart (1979) mit seinem Konzept der kritischen Erfolgsfaktoren aufgegriffen. Rockart versuchte jedoch lediglich, derartige Faktoren für den Einzelfall auf der Basis von Interviews mit CEOs verschiedener Unternehmen zu identifizieren.
Vgl. auch: Rockart, 1979, S. 81-92; Nicolai & Kieser, 2002, S. 579-596.

[91] Anmerkung: Das PIMS-Konzept (Profit Impact of Market Strategies, dt. Gewinnauswirkung von Marktstrategien) stammt aus dem strategischen Management und beschreibt, welche Schlüsselfaktoren eines Unternehmens mit seinem wirtschaftlichen Erfolg korreliert sind.
Initiiert wurde das Projekt 1960 von General Electrics als interne empirische Studie mit dem Ziel, die unterschiedlichen strategischen Geschäftseinheiten (SGEs) vergleichbar zu machen. Da General Electric zur da-

Trotz zahlloser empirischer Studien und Untersuchungen ist die Erfolgsfaktorenforschung umstritten. Die Komplexität des Konstrukts Unternehmen, die Vielfalt der interagierenden Handlungsmöglichkeiten auf den Erfolg lässt keine absoluten Aussagen zu. Eindeutig dem Unternehmenserfolg zurechenbare Variablen sind nicht identifizierbar, vielmehr spielen verschiedene Einflussfaktoren eine Rolle.

Dennoch gewinnt seit Mitte der 70er Jahre - gemäß Steinle, Kirschbaum & Kirschbaum (1996, S. 14) - die Erfolgsfaktorenforschung aufgrund der sich stark wandelnden Marktbedingungen mehr und mehr an Bedeutung. Kuß & Tomczak (2007) zufolge sind die heutigen Märkte durch schnelle, technologische Fortschritte, sich verknappende Ressourcen, wachsenden Globalisierungsdruck und ein sich verschärfendes Wettbewerbsumfeld gekennzeichnet. Vor diesem Hintergrund gestaltet sich die Sicherung zukünftiger Erfolgspotentiale besonders schwierig. Zusätzlich wird die Suche nach geeigneten Strategiekonzepten durch immer komplexere Unternehmensstrukturen erschwert. Innerhalb dieser Vielfalt an Gestaltungsmöglichkeiten versucht die Erfolgsfaktorenforschung die Schlüsselfaktoren des Unternehmenserfolges zu identifizieren. Sie verfolgt damit die Zielsetzung, Unternehmen fokussiert bei deren Entwicklung zu unterstützen und adäquate Handlungsempfehlungen zu geben. Die Erfolgsfaktorenforschung will die Determinanten bestimmen, die für den nachhaltigen Erfolg bzw. Misserfolg von Unternehmen verantwortlich sind.

Ungeachtet oder gerade wegen des pragmatischen Ansatzes dieses Forschungszweigs werden dessen Ergebnisse äußerst kontrovers diskutiert. Dies mag zum einen darin begründet liegen, dass sich zahlreiche Studien nicht nur bei ihren Untersuchungsansätzen und Analysemethoden unterscheiden, sondern auch deutlich in ihren Ergebnissen. Einer kritischen Betrachtung unterliegt in diesem Zusammenhang auch das „Prinzip der multiplen Kausalität", d.h. der Schwierigkeit, dass keine einzelne Variable isoliert für den Erfolg eines Unternehmens herangezogen werden kann, sondern der Erfolg erst durch das Zu-

maligen Zeit sehr stark diversifiziert war, suchte man nach Schlüsselfaktoren, die produktunabhängig auf den wirtschaftlichen Erfolg wirkten; als Maßeinheit benutzte man insbesondere den Return on Investment (RoI) (also den Gewinn pro Einheit gebundenes Kapital). 1972 wurde das Projekt an die Harvard Business School übertragen, die es auf weitere Unternehmen ausgedehnt hat. 1976 übernahm das American Strategic Planning Institute in Cambridge die Obhut über das Projekt. Zwischen 1970 und 1983 nahmen etwa 3000 Strategische Geschäftseinheiten (SGEs) aus ca. 200 Unternehmen an den Befragungen teil und lieferten Kennzahlen für das Projekt.
Vgl. auch: Buzzell & Gale, 2003, S. 355.

sammenwirken verschiedener, interdependenter Variablen erklärbar wird (Forsmann, Haenecke, Zerres, 2007).

Die im deutschsprachigen Raum derzeit herrschende Kontroverse geht auf einen Aufsatz von Nicolai & Kieser (2002, S. 579-596) zurück, der einige grundlegende Punkte der empirischen Erfolgsfaktorenforschung kritisch hinterfragt. Nicolai & Kieser (2002) diagnostizierten, die Suche nach den Faktoren des Unternehmenserfolgs sei trotz massiver Forschungsbemühungen in den vergangenen Jahrzehnten erfolglos geblieben. Deren Ansicht nach konnte die Erfolgsfaktorenforschung weder durch direkte Studien noch in Meta-Studien über diese Studien überzeugen. Darüber hinaus halte keine Untersuchung methodischer Kritik stand. Die Identifizierung von Erfolgsfaktoren - wenn es gelänge - brächte außerdem keinen Nutzen, da Bekanntheit zu Kopierverhalten und somit zu Unwirksamkeit führe. Die Ursachen dieser Erfolglosigkeit, so ihre Auffassung, werden auch in Zukunft nicht zu beseitigen sein (Kaduk, 2007).

Die derart verstandene Fundamentalkritik hat bei verschiedenen Wissenschaftlern heftigen Widerstand erzeugt. Die Replik von Homburg & Krohmer (2004) widerspricht den Ansichten von Nicolai & Kieser scharf. Homburg & Krohmer werfen ihnen vor, eine „Strohmanntaktik" zu verfolgen, da sie sich nur mit der „Karikatur" der Erfolgsfaktorenforschung auseinander setzten, nicht jedoch mit deren tatsächlichen empirischen Befunden. Sie verteidigen ein Festhalten an der Erfolgsfaktorenforschung und der Möglichkeit, dadurch einen objektiven Erkenntnisgewinn (auch für die Praxis) zu schaffen. Fritz (2004), wie auch Bauer & Sauer (2004) kritisieren Nicolai & Kieser (2004) ebenfalls massiv (Kaduk, 2007). Deren Auseinandersetzung, ausgetragen in diversen weiteren Repliken, sprengt mittlerweile - für einen außen stehenden Betrachter - die Grenze des Wissenschaftlichen (vgl. auch: Homburg & Krohmer, 2004; Bauer & Sauer, 2004).

Auch wenn keine endgültige, allgemeinverbindliche Stellungnahme zu erwarten ist, gelingt es diesem Diskurs die Bandbreite der Erfolgsfaktorenforschung aufzuzeigen. Ungeachtet der vorherrschenden Positionen wird dabei die Notwendigkeit und Bedeutung dieser Thematik deutlich und auch der Nutzen, den sie stiftet, sowohl für die Wissenschaft, wie auch für die wirtschaftliche Praxis (Klimecki & Gmür, 2001).

3.4 Erfolgreiche Führung - Führungserfolg

3.4.1 Definition

Der nachfolgende Abschnitt setzt sich mit der Definition des Begriffs des Erfolgs im Kontext dieser Arbeit auseinander. Zink (1995) zufolge ist Erfolg „im weitesten Sinne (...) als Grad des Erreichens von Zielen anzusehen, also als positives Ergebnis, wobei Ziele als „zukünftige erstrebte Zustände" verstanden werden können. Zu den Effekten eines nachhaltigen und dauerhaften Geschäftserfolgs gehören unter anderem langfristig gute Geschäfte, sichere Arbeitsplätze und zufriedene interessierte Parteien. Für Amburgey (2004, S. 15-42) ist unter (Geschäfts-)Erfolg dagegen die nachhaltige Entwicklung und Existenz eines Unternehmens zu verstehen. Es finden sich zahlreiche weitere Erklärungsansätze. Beispielsweise definiert Meyers Universallexikon Erfolg in der Betriebswirtschaftslehre als Ergebnis der wirtschaftlichen Tätigkeit eines Unternehmens während eines Berichtszeitraums. Der Erfolg könne positiv (Gewinn) oder negativ (Verlust) sein. In der Kosten- und Leistungsrechnung bezeichnet Erfolg die Differenz zwischen Erlös und Kosten. In der Psychologie dagegen bedeute Erfolg ein von Anspruchsniveau und Leistungsmotivation bestimmtes Bestätigungserlebnis welches bei der geglückten Verwirklichung von Zielen, motivierend und anspruchssteigernd wirke (Meyers Großes Taschenlexikon, 2006).

Dennoch bleiben die Definition von Führungserfolg und die Erfassung entsprechender Einflussfaktoren in der wissenschaftlichen Diskussion strittig (Weibler, 2001, S. 86). Lehner (1995, Sp. 550- 562) zufolge stelle Führungserfolg ein abstraktes und schwer greifbares Phänomen dar. Erfolg als das kausale Ergebnis von Führung habe nach Aussage von Neuberger (1995, S. 147), eine vergleichsweise geringe theoretische und empirische Beachtung gefunden. Eine Unterscheidung des Führungserfolgs in den persönlichen Erfolg einer Führungskraft oder in den Erfolg der Führung einer Organisation bleibt daher müßig. Denn „Führungserfolg wird nur jener haben, der Organisationserfolg nachweisen kann" (Neuberger, 1976, S. 182). Im Rahmen dieser Arbeit wird Führungserfolg als Erfolg der Führung innerhalb einer Organisation verstanden.

Die kontrovers geführte Diskussion über die Wirksamkeit von Führung wird dennoch eingehender beleuchtet. Sowohl die kontextualistische Sichtweise, derzufolge sich Erfolg maßgeblich durch Umfeldbedingungen wie Branche, Wettbewerb und/ oder auch allgemeine volkswirtschaftliche Bedingungen begründet, wird vorgestellt, wie auch die individualistische Sichtweise, die Erfolg aus der Handlungsweise der Führung ableitet (Hauser, 2000, S. 21).

3.4.2 Die kontextualistische Perspektive

Die kontextualistische Sichtweise beruht maßgeblich auf dem Gedanken, dass Organisationen und deren Management „are inherently dependent on the environments in which they operate" (Meindl & Ehrlich, 1987, S. 91-109). Dies bedeutet, dass wirtschaftliche, sozialpsychologische, ressourcenbedingte, umwelt- und mikropolitische Strukturen die Führung hindere, das Geschehen im Unternehmen zu beeinflussen (Hauser, 2000, S. 21). In einer empirischen Untersuchung konnten bspw. Lieberson & O`Connor (1972) zeigen, dass Führung lediglich einen geringen Anteil der Varianz der Erfolgsmaße wie Umsatz, Gewinn und Umsatzgewinnraten erklärt. Einen deutlich stärken Einfluss auf derartige Erfolgsgrößen hätten vielmehr die Branche oder der betrachtete Zeitpunkt (Lieberson & O´Conner, 1972, S. 128). Zu ähnlichen Ergebnissen gelangen auch Hannan & Freeman (1984), Samuelson & Galbraith (1985) und Salancik & Pfeffer (1978).[92] Der Argumentation von Pfeffer (1977, S. 104-122) zufolge hänge der Erfolg eines Unternehmens vorwiegend von exogenen Faktoren wie ökonomischem Umfeld, Marktbedingungen oder politisch-rechtlichem Einfluss ab. Die durch organisationale Normen und Rollen gegebenen Restriktionen begründen Pfeffer zufolge den geringen Effekt der Führung auf den Erfolg einer Organisation. Die Einbindung der Führungskraft in ein gesellschaftliches System schränke deren Verhaltensoptionen derart ein, dass selbst ein Führungswechsel kaum merkbare Auswirkungen auf die Weiterentwicklung eines Unternehmens habe (Hentze & Kammel, 1995, S. 799-807). Die Wirksamkeit von organisationaler Führung werde vielfach überschätzt. Gerade charismatische und transformationale Führungsansätze seien Meindl, Ehrlich & Dukerich (1985, S. 78-102) zufolge, in „romantisierender" Weise überzeichnet. Steyrer (1995, S. 199) sieht darin eine Art „ideologisch aufgeladene Ursachenzuschreibung". „It reduces and translates these complexities into simple human terms that they can understand, live with, and communicate easily to others" (Meindl & Ehrlich, 1987, S. 102). Dies sei auch der Grund - Meindl & Ehrlich (1987) gemäß -, dass

[92] Vgl. auch: Naeschke, 2003, S. 36ff.

zahlreiche Autoren vornehmlich „Führung“ für das vielschichtige Zustandekommen von organisatorischen Erfolgen und Misserfolgen verantwortlich machen.

3.4.3 Die individualistische Perspektive

Die individualistische Perspektive, - gerade in Abgrenzung zur kontextualistischen Sichtweise, - sieht in der Führung, in den Handlungen und Aktionen der Führungskraft den entscheidenden und unterscheidenden Faktor für Erfolg. Zahlreiche Studien und Arbeiten von Pfeffer (1977, S. 104-112), Smith, Carson & Alexander (1984, S. 765-776) oder Hentze, Kammel & Lindert (1997, S. 44) stützen diese Sichtweise, derzufolge Führung erfolgsrelevant sei. Thomas (1988, S. 388-400) weist bspw. nach, dass sich bei gegebenen Situationsbedingungen, festliegenden branchenbezogenen, makroökonomischen und organisationalen Faktoren der Erfolg eines Unternehmens zu knapp 70% aus dem Führungsverhalten erklären lässt. Untersuchungen von Smith Carson & Alexander (1984) zufolge sei die Führungsverhaltensweise, die relevante Einflussgröße um nachhaltig erfolgreich zu agieren und Erfolg zu haben (vgl. auch: Naeschke, 2003, S. 36ff.). „Selbst ein in der Summe kleiner Beitrag der Personalführung (könne) im Zweifelsfall den entscheidenden Ausschlag für die relative bessere Position gegenüber anderen relevanten Konkurrenten oder gar für den Fortbestand der Organisation geben“ (Weibler, 2001, S. 85). Auch wenn sich die methodische Erfassung des Organisationserfolgs, aufgrund der Vielzahl potentieller Einflussgrößen, welche sich Weibler (2001) zufolge, als äußerst schwer erweist, sind bspw. Bennis & Nanus (1990) von der Erfolgswirksamkeit der Führung mehr als überzeugt. Sie sehen in der Führung „die entscheidende Kraft“ erfolgreicher Unternehmen und Organisationen. Nur Führung könne Strukturen schaffen die vitale und lebensfähige Organisationen erzeugen (Bennis & Nanus, 19990, S. 12). Dem entspricht auch ein Zitat des schwedischen Bankiers und Unternehmers Peter Wallenberg, demzufolge „kein Unternehmen (...) so schwach sein (kann), dass es durch ein gutes Management nicht wiederbelebt werden könnte. Kein Unternehmen kann so stark sein, dass es durch ein schwaches Management nicht zerstört werden könnte."

3.4.4 Kritische Würdigung

Sowohl für die kontextualistische, wie auch für die individualistische Perspektive finden sich zahlreiche Belege in der Literatur. Die menschliche Tendenz einzelnen Personen anstelle von kontextuellen Faktoren, Erfolge bzw. Misserfolge zu zuschreiben, scheint die individualistische Perspektive zu schwächen. Steyrer (1995, S. 115) hinterfragt in diesem Zusammenhang die oftmals recht einfach konstruierten Kausalbeziehungen zwischen abgebildetem Führungsverhalten und entsprechendem Erfolgsfaktor. Diese „kognitiven Konzepte“, wie Steyrer (1995, S. 116) sie bezeichnet, seien mit Vorsicht zu genießen, sofern die Sprache auf den kausalen Einfluss der Führung auf den Erfolg des Unternehmens komme.

Den Nachweis, dass bestimmte Führungsverhaltensweisen dennoch erfolgsrelevant sind, erbringen Smith (1982), House, Spangler & Woyke (1991, S. 364-396) und Howell & Higgins (1990, S. 317-341) in verschiedenen empirischen Arbeiten. Die Liste ließe sich noch beliebig fortsetzen u.a. mit Agrawal (2001, S. 285-302), Blume & Fromm (2000, S. 109-123), Diller & Lücking (1993, S. 1229-1249), Kotabe & Duhan (1991, S. 26-41) oder Mohrman, Gibson & Mohrmann (2001, S. 357-375).

Auch aus diesem Grund schließt sich diese Arbeit der individualistischen Sichtweise an. Unter Erfolg wird in dieser Untersuchung der Erfolg der Führung für eine Organisation verstanden.

3.5 Erfassung und Messung

Diese Arbeit basiert auf der Annahme, dass Führung, dass Führungsverhalten Einfluss auf die Entwicklung und den Erfolg eines Unternehmens ausübt. In den nachfolgenden Abschnitten wird der Frage nachgegangen, wodurch sich Führungserfolg erfassen und messen lässt. Hierbei lässt sich zwischen subjektiven und objektiven Ergebnismaßen unterscheiden, die auf unterschiedliche Weise Führungserfolg abbilden.

3.5.1 Objektive Ergebnismaße

Unter objektiver Ergebnismessung wird die Erfolgsmessung auf Grundlage quantitativer Daten verstanden. Kennzahlen stellen dabei klassische Beispiele mengenmäßig erfassbarer Größen dar. Erst durch den Kennzahlenvergleich mit einem bzw. mehreren Unternehmen, Institutionen oder Organisationen innerhalb einer Periode lässt sich der relative Erfolg ermitteln. Trotz der - gerade im Zusammenhang mit Unternehmensvergleichen - gegebenen Problematik von unterschiedlichen betrieblichen Voraussetzungen, unklaren

Begrifflichkeiten und der Anwendung unterschiedlicher Bewertungsmethoden, sichert Staehle (1967, S. 62) zufolge, die Anwendung betrieblicher Kennzahlen und Kennzahlensystemen ein Höchstmaß an objektiver Vergleichbarkeit zu. „Betriebswirtschaftliche Kennzahlen (...) sind Zahlen, die in konzentrierter Form über einen zahlenmäßig erfassbaren betriebswirtschaftlichen Tatbestand informieren." Reinecke (2004, S. 12) vertritt eine ähnliche Position: „Wesensimmanentes Merkmal von Kennzahlen ist (...) die Verdichtung quantifizierter Information." Darüber hinaus betont er die Bedeutung der Relation von Kennzahlen zueinander, da diese dadurch aussagekräftiger als absolute Maßzahlen seien. Objektive Maße liegen gemäß der Aussage von Bass & Steyrer (1995, Sp. 2057) vor, „wenn es sich um quantitativ messbare Ergebnisvariablen handelt." Lehner (1995, Sp. 552) benennt Gewinn und Rentabilität in einer von der Führungskraft unmittelbar und alleine geleiteten Einheit als Beispiel objektiver Ergebnismaße. Der Rückgriff auf quantifizierbare, ökonomische Kennzahlen ist dennoch nicht ausreichend, vielmehr gilt es auch außerökonomische Faktoren in die Betrachtungsweise mit einzubeziehen. Eine absolute Aussage über Ursache-Wirkungs-zusammenhänge, die Kausalität von Erfolgsgröße und zugrunde liegender Ursache sollte - ungeachtet der objektiven Vergleichbarkeit der Daten - aufgrund der zugrunde liegenden Komplexität dennoch kritisch hinterfragt werden.

3.5.2 Subjektive Ergebnismaße

Diese Aussage gilt auch für subjektive Ergebnismaße. Der Unterschied zu objektiven Ergebnismaßen besteht Bass & Steyrer (1995, Sp. 2057) zufolge darin, dass ein Indikator dann als subjektiv zu bezeichnen ist, wenn vom Probanden sowohl das Führungsverhalten als auch die Erfolgsindikatoren beschrieben werden. Solche Wahrnehmungen einzelner Verhaltensweisen stellen meist Teilaspekte von abstrakten, latenten, d.h. als solches nicht direkt beobachtbaren Konstrukten dar. Anders verhält es sich mit den subjektiven Ergebnis- oder Wahrnehmungsmaßen.

Beispielhaft lässt sich das Verhalten eines Mitarbeiters aus Sicht des Vorgesetzten beschreiben und erfassen. Nimmt der Vorgesetzte darüber hinaus auch die Beurteilung vor, ob der Mitarbeiter zufrieden sei, die Qualität des Arbeitsplatzes dessen Bedürfnissen entspreche, dann liegt die Messung eines subjektiven Ergebnismaßes vor. Lehner (1995, Sp. 552) unterstreicht die Bedeutung subjektiver Ergebnismaße, er betont auch, dass Führungserfolg größtenteils nur über subjektive Beurteilungen zu erfassen sei.

3.5.3 Kritische Würdigung

Ob objektive oder subjektive Ergebnismessung, jede Erfassungsart bietet bestimmte Vor- und Nachteile. Den Vorzug eines der Maße gegenüber einem anderen ist nicht zielführend. Objektive Maße sind nicht notwendigerweise gültiger und nützlicher als subjektive Einschätzungen (Lehner, 1995, Sp. 550-562). Vielmehr gilt es beide Vorgehensweisen geschickt zu kombinieren und zu nutzen. Aus subjektiver Sicht befragt man die Probanden, aus objektiver Sicht erhebt man quantitative Merkmale. Die Verbindung beider Verfahren sollte weitaus tiefergehende und dichtere Erkenntnisse liefern als nur eines der beiden.

3.5.4 Instrumente der Erfolgsmessung

Mit der Erfassung, der Messung des Führungserfolgs setzt sich im speziellen Lehner (1995) auseinander. Er benennt drei Verfahren, die „speziell für den Zweck der Erfolgsmessung" geeignet seien. Explizit geht er nicht auf gängige Methoden der Führungsforschung wie Fragebögen und Beobachtungsinstrumente ein.

Ihm zufolge stellt die Dokumentenanalyse eines der wichtigsten Instrumente dar. Die Analyse bspw. von Datenbanken in Unternehmen zeichnet sich u.a. dadurch aus, dass kein direkter Eingriff in die etablierten Abläufe einer Führungskraft erforderlich ist. Dennoch lassen sich auf Grundlage ausgewählter Indikatoren im Abgleich mit Vergleichsgruppen und Eintrittszeitpunkt der Führungskraft in die Organisation, Rückschlüsse auf Performance und Erfolg der entsprechenden Person ziehen. Beispielhaft seien die Arbeiten von Bradstret (1984) und Standard Poor (1992) genannt.

Die Beobachtung stellt ein weiteres Verfahren zur Bestimmung des Führungserfolgs dar. Ob in simulierten Situationen wie in einem Assessment Center oder im „Looking Glass Projekt" (McCall & Lombardo, 1982, S. 533-549) lässt sich Führung systematisch erfassen und entsprechender Erfolg messen. Ob Beobachtungen aus der Erinnerung rekonstruiert werden oder aus der Sammlung möglichst kritischer Ereignisse resultieren, - basierend auf den Schilderungen lassen sich Einschätzungen hinsichtlich des Führungserfolgs vornehmen (Lehner, 1995).

Als dritte Möglichkeit Führungserfolg zu messen, bieten sich offene Interviews an. Ein klassisches Beispiel stellen so genannte Leistungsbeurteilungsinterviews dar (Wexley, 1986, S. 167-185). Allerdings könne, nach Einschätzung von Lehner (1995), hierbei nicht mehr von Erfolgsmessung im traditionellen Sinn gesprochen werden, denn über den Aspekt der Messung hinaus, dienten derartige Interviews auch der Entwicklung des jeweiligen Gesprächspartners. Von Vorteil sei dabei jedoch, dass sich durch direkte Gespräche relevante Phänomene „dichter" beschreiben lassen.

Die vorgestellten Verfahren unterliegen zahlreichen Einflussfaktoren und Restriktionen. Es verwundert kaum, dass die Evidenz für eine systematische und praktische Anwendung von Führungserfolgsmessungen in Organisationen gering ist (Lehner, 1995). Kritisch stellt sich u.a. die Projektion der persönlichen, der eigenen Wunschvorstellungen dar. Der Beurteilende wird Führungsverhalten im Abgleich mit seinem Ideal von Führung und der wahrgenommenen Ähnlichkeit zu sich selbst einschätzen, was systematische Abweichungsfehler zur Folge haben kann. Ebenso beeinflusst das Verhältnis zwischen Beurteilendem und Beurteiltem die erforderliche Objektivität. Die bei negativen Erfolgsbeurteilungen zu beobachtende „Tendenz zur Milde" stellt für Lehner (1995) eine weitere Gefahr bei der Einschätzung dar. Auch die Fähigkeit, genau zwischen den Beurteilungsdimensionen zu unterscheiden, ist nicht gleichmäßig verteilt. Die Konsequenz daraus ist, dass eine Dimension die andere dominiert und zu einem verzerrten Urteil führt. Problematisch stellt sich auch die Konnotierung des Begriffs „Messung mit jenem der Kontrolle" dar. Fühlt sich eine Führungskraft kontrolliert und in ihrer Autonomie und Macht beschränkt, kann sich dies positiv wie auch negativ auf seine Motivation auswirken (Naeschke, 2003, S. 36f.).

Die Darstellung von Messverfahren und der damit verbundenen Herausforderungen dient dazu, die Komplexität der Thematik zu verdeutlichen und für die Eigenheiten dieser Arbeit zu sensibilisieren.

3.6 Erfolgsindikatoren

Unter Erfolgsindikatoren sind jene Variablen zu verstehen, die essentiellen Einfluss auf den Erfolg eines Unternehmens ausüben. Die Identifikation dieser Faktoren dient der strategischen Planung und der Entwicklung und Sicherung von Wettbewerbsvorteilen. Betrachtet man die zahlreichen Forschungsergebnisse, finden sich nicht nur verschiedenste Indikatoren zur Messung von Führungserfolg, sondern auch vielfältige, sich unterscheidende Verfahren. Bedauerlicherweise sind Weibler (2001, S. 89) zufolge „die bisher erzielten Ergebnisse nicht eindeutig und lassen sich auch nur schwer miteinander vergleichen." Neuberger (1976, S. 199f.) wie auch Rosenstiel (1999, S. 6) weisen zwar darauf hin, dass umfangreiche Kriterienkataloge vorliegen, doch sei die Auflistung all der verschiedenen Arten von Kriterien zur Bewertung von Führungserfolg wenig sinnvoll. In den Untersuchungen sei alles was messbar ist als Kriterium verwendet worden.

Witte (1995), wie auch Weibler (2001) unternehmen die Anstrengung, die Vielzahl der Indikatoren durch übergeordnete Kriterien wie Effizienz und Effektivität, die Wirksamkeit der Führung zusammenzufassen und zu strukturieren. Witte (1995) zählt insgesamt 45 Faktoren auf, die die Effizienz der Führung kennzeichnen sollen. Der bereits im Kapitel 7 „Führung" vorgestellte Multifactor Leadership Questionnaire (MLQ) orientiert sich als Indikator ebenfalls an der Effektivität der Führung. Bass & Avolio, (1998, S. 137) verstehen unter effektiv: „motivating others to achieve higher levels of development and performance". Die von ihnen benannten Effektivitätskriterien untergliedern sich in „Extra Effort" (Bereitschaft zu zusätzlicher Anstrengung), „Effectiveness" (wahrgenommene Effektivität der Führung) und „Satisfaction" (Zufriedenheit mit der Führung).

In den nachfolgenden Abschnitten werden die, für diese Arbeit relevanten Erfolgskriterien vorgestellt.

3.6.1 Effectiveness - Effektivität der Führung

Effektivität bezeichnet eine Maßgröße für die wirksame Aufgabenerfüllung (Witte, 1995, Sp. 263-276). „Intrinsisch motivierte Tätigkeiten" werden Weibler (2001) zufolge bei der Untersuchung der Führungseffektivität ebenfalls erfasst. Nach Kehr (2000) sind drei Effektivitätskriterien der Führung zu unterscheiden. Anhand der Leistung kann ein Unternehmen als effektiv eingestuft werden, d.h. es erfolgt ein Abgleich ob die organisatorisch vorgegebenen Zielsetzungen bzgl. Qualität oder Kosten erreicht werden. Zweites Effektivitätskriterium stellt das „Wir-Gefühl", die so genannte Kohäsion der Gruppenmitglieder dar. Ein derartiges Zusammengehörigkeitsgefühl führt zu einer hohen Frustrationstoleranz, starken Verhaltensnormen und gemeinsamen Zielsetzungen und damit zu einer effektiven Arbeitshaltung. Drittens lässt sich Führungseffektivität aus der Arbeitszufriedenheit der Organisationsmitglieder ableiten. Diese entwickelt sich, sofern die unterschiedlichen Bedürfnisse der Mitarbeiter im Hinblick auf deren Arbeitsinhalte erfüllt werden (Kehr, 2000, S. 66ff.). Diese Faktoren bedingen sich untereinander - sowohl positiv wie auch negativ. Während eine hohe Gruppenkohäsion positiven Einfluss auf die Leistung der Organisationsmitglieder ausübt, korreliert Arbeitszufriedenheit eher gering mit der Leistung der Mitarbeiter.

Im Rahmen dieser Arbeit werden die Kriterien des MLQ zur Erfassung von Führungseffektivität herangezogen. Relevante Items zur Erfassung von „Effectiveness" sind dabei: „deckt Ihre arbeitsplatzbezogenen Bedürfnisse", „vertritt ihr Team/ Bereich nach oben/ außen hin", „ist bei der Durchführung von organisatorischen Anforderungen effektiv" oder „leitet ein effektives Team".

3.6.2 Extra Effort - Zusätzliche Leistungsbereitschaft

Unter „Extra Effort" ist die Leistungsbereitschaft zu verstehen, die über das grundsätzliche Maß einer transaktionalen Führer-Geführten-Beziehung hinausgeht. Diese zusätzliche Leistungsbereitschaft kann sich bspw. darin äußern, vermehrt Überstunden zu leisten. Ebenso kann sich „Extra Effort" in einem außerbetrieblichen Engagement widerspiegeln, in dem Sinne, dass sich Mitarbeiter eigenständig auf Feldern weiterbilden, die ihre berufliche Qualifikation erhöht.

„Extra Effort" - Zusätzliche Leistungsbereitschaft ist durch Items gekennzeichnet bspw.: bringt Sie dazu, mehr zu tun als von Ihnen erwartet wird", „spornt Ihren Willen zum Erfolg an", „erhöht ihre Bereitschaft, sich verstärkt anzustrengen".

3.6.3 Satisfaction - Zufriedenheit mit der Führung

Unter „Satisfaction“ ist die Zufriedenheit des Mitarbeiters mit seiner Führung zu verstehen. Schon Stogdill & Shartle (1955) konnten in den 50er Jahren des letzten Jahrtausends im Rahmen des Ohio State Führungsforschungsprojekt empirische Belege für einen Zusammenhang zwischen Mitarbeiterzufriedenheit und Führungsverhalten identifizieren. Diese Erkenntnisse decken sich mit Annahmen von Seneca, Varro wie auch Columella, die schon vor mehr als 2000 Jahren Konzepte diskutierten um den Führungserfolg zu verbessern. Sie berücksichtigen Anreize, wie Fürsorge für kranke Sklaven, Sonderurlaub und Freilassung um die Loyalität - übertragen auf die heutige Zeit - die Zufriedenheit, gegenüber „ihrem“ Herrn besonders zu stärken (Kaltenstadler, 1995).

Im Rahmen des Multifactor Leadership Questionnaire (MLQ) ist „Satisfaction“ gekennzeichnet durch Items wie: „verwendet Führungsmethoden, die Sie zufrieden stellen“ oder „arbeitet gut mit Ihnen zusammen“.

3.6.4 Effizienz

In der betriebswirtschaftlichen Forschung steht oftmals die Effizienz im Blickfeld des Interesses. (Witte, 1995). Hentze, Kammel & Lindert (1997, S. 44) zufolge ist Effizienz ein „zentraler Index des Führungserfolges, durch dessen Eintreten direkt oder indirekt zum Gesamterfolg einer Organisation bzw. einer Unternehmung beigetragen werden soll“. Effizienz wird als Maßgröße der wirtschaftlichen Zielerreichung verstanden. Weibler (2001, S. 90) unterscheidet ökonomische und soziale Effizienz. Ökonomische Effizienz orientiert sich primär am Erreichen von Leistungszielen wie bspw. Produktivität, Umsatz etc.. Soziale Effizienz hingegen bemisst sich nach personellen, so genannten „soften“, weichen Faktoren. Witte (1995) differenziert ebenfalls Teilbereiche der Effizienz. Gewinn, Umsatz oder Mitarbeiterwachstum stellen bei ihm Messindikatoren der ökonomischen Effizienz dar. Die Leistungsprozesseffizienz untergliedert er in materielle, wie Fehlerquoten und die immateriellen Leistungsprozesse in Innovationsraten etc.. Die Personeneffizienz spiegelt sich in arbeitsbezogenen Einstellungen wider. Beispielhaft seien Indikatoren wie Fluktuation oder Zufriedenheit genannt. Unter die individualbezogenen Einstellungen fallen bei ihm Indikatoren wie Kooperationsbereitschaft, Vertrauen und Gruppenkohäsion.

Witte (1995) weist darauf hin, dass Effizienzvariablen „nicht gleichrangig und auch nicht voll gegenseitig verträglich“ seien, wie auch darauf, dass mit einem einzigen Kriterium nie „der gewünschte Einblick in die umfassende Wirksamkeit der Führung“ zu erzielen sei. Zur Bestimmung der Effizienz der Führung bedarf es eines ganzen Systems mit mehreren als relevant erachteten Kriterien, auch wenn dadurch, das System „komplexer, schwerer operationalisierbar und weniger „handelbar“ sein wird (Witte, 1995, S. 266).

Durch die Einbindung der nachfolgenden Erfolgskriterien wie „Mitarbeiterwachstum“ und „Umsatzwachstum - neben den bislang aufgeführten Erfolgsmaßen wie „Effectiveness“, „Satisfaction“ und „Extra Effort“ - erfolgt eine Erweiterung um die Dimension der ökonomischen Effizienz.

3.6.4.1 Mitarbeiterwachstum

Im Rahmen dieser Arbeit wird das Mitarbeiterwachstum über einen Zeitraum von drei Jahren beobachtet. Mit dieser Kennzahl lässt sich die durchschnittliche prozentuale Veränderung der Anzahl der Beschäftigten eines Unternehmens in den letzten drei Geschäftsjahren beschreiben. Das Mitarbeiterwachstum stellt damit eine nachhaltige Erfolgsgröße dar. Dieser Indikator impliziert, dass erfolgreiche Führung mit dem Wachstum eines Unternehmens einhergeht. Unberücksichtigt bleibt bei dieser Betrachtungsweise u.a. Personalabbau im Rahmen einer erfolgreichen Restrukturierung eines Unternehmens oder die Problematik von Neu-Gründungen. Junge Unternehmen weisen oftmals nicht nur exorbitante Wachstumsraten bei den Mitarbeiterzahlen auf, sie existieren häufig noch nicht einmal drei Jahre. Der Rückgriff auf diese Kennzahl erfolgt dennoch. Zum einen handelt es sich um eine Größe, die häufig in der Literatur ihre Verwendung findet und damit zum Vergleich mit anderen Studien einlädt, zum anderen lassen sich diese Zahlen oftmals auch über eine Inhaltsanalyse, über externe Quellen, eruieren.

3.6.4.2 Umsatzwachstum je Mitarbeiter

Das Umsatzwachstum der letzten drei Jahre beschreibt die durchschnittliche prozentuale Veränderung des Umsatzes über diesen Zeitraum. Das Umsatzwachstum je Mitarbeiter berücksichtigt den prozentualen Anteil des Mitarbeiters an diesem Wachstum.

Diese Kennzahl ermöglicht aufschlussreiche Vergleiche. Dadurch sind Aussagen möglich, für wie viel Umsatzwachstum der einzelne Mitarbeiter des Unternehmens verantwortlich ist. Je höher das Verhältnis von Umsatz zu Mitarbeiter ist, umso wirkungsvoller scheint die jeweilige Organisation organisiert und geführt zu sein. Indirekt lassen sich dadurch quantitativ belegte Rückschlüsse auf die Effizienz und die Qualität der Führung eines Unternehmens ziehen. Kritisch stellt sich hier die Verfügbarkeit der Daten dar. Ebenso besteht die Problematik bei jungen Unternehmen darin - speziell in forschungsintensiven High-Technology-Branchen -, dass diese in den ersten Jahren ihrer Existenz meist noch keine signifikanten Umsätze erzielen.

3.7 Zusammenfassung

In den vorhergehenden Abschnitten des Kapitels „Erfolg“ wurde der Versuch unternommen, diesen Begriff eingehender zu erfassen und zu definieren. Aufgrund der uneinheitlichen Literaturlage und den Schwierigkeiten Führungserfolg eindeutig zuzuordnen, erfuhr die Begrifflichkeit eine Konkretisierung. In dieser Arbeit wird unter Führungserfolg, Erfolg der Führung bezüglich der Organisation verstanden.

Die kontroverse Diskussion inwieweit Führung überhaupt Einfluss auf den Erfolg einer Organisation hat, wurde anhand der kontextualistischen, wie auch der individualistischen Positionen eingehend beleuchtet. Eine kurze Erläuterung der aktuellen Diskurse im deutschsprachigen Feld der Erfolgsfaktoren wurde ebenso vorgenommen. Der individualistischen Sichtweise wird in dieser Untersuchung der Vorrang vor der kontextualistischen eingeräumt.

Die objektive, wie auch subjektive Art, Führungserfolg abzubilden, zu erfassen und zu messen, wurde dargelegt. Die Vor- bzw. Nachteile der Erfolgsmessung wurden gemeinsam mit entsprechenden Instrumenten wie Dokumentenanalyse, Beobachtung und offenen Interviews vorgestellt und beschrieben. Die genannten Möglichkeiten und Grenzen sollten zu einem kritischen Umgang mit dem Thema führen.

Führungserfolg zu messen, stellt eine hochkomplexe Aufgabe dar, deren Ergebnisse immer im Umfeld des jeweils gewählten Kontextes zu betrachten sind.

Mit der Beschreibung, der in dieser Arbeit verwandten Erfolgsindikatoren schloss dieses Kapitel. Die Erläuterung der Erfolgskriterien des Multifactor Leadership Questionnaire (MLQ) u.a. anhand der Begriffe „Effektivität“ und „Effizienz“ diente der übergeordneten Unterscheidung der Kategorien und damit der Vorbereitung des empirischen Teils dieser Arbeit.

4 Modellentwicklung

Die Modellentwicklung hat die Aufgabe, die zugrunde liegende Forschungsfrage in einem theoretischen Rahmen erfassbar und operationalisierbar zu gestalten. Im Allgemeinen gilt es dabei ein zu entwickelndes Modell empirisch zu überprüfen.

Die Zielsetzung dieser Arbeit lag vordergründig in der Überprüfung der Thesen von Pümpin und Prange (1991). Im Verlauf der Auseinandersetzung mit dieser Thematik hat sich dieser Untersuchungsschwerpunkt jedoch deutlich gewandelt, hin zur Erfassung eines erfolgsrelevanten Führungsverhaltens unter Berücksichtigung des Lebensphasenmodells von Pümpin und Prange (1991).

Dieses Kapitel verdeutlicht die sich aus der Ausgangssituation ergebenden Schwierigkeiten und die daraus resultierende Vorgehensweise. Wesentliche Entwicklungsschritte dieser Arbeit lassen sich dadurch erklären.

In diesem Sinne ist die Herangehensweise an diese Thematik mehrschichtig. Mit Beginn der Arbeit wurde eine eigene Skala entwickelt, um die Hypothesen von Pümpin & Prange (1991) zu überprüfen. Deren weitere Verwendung wurde jedoch verworfen. Weder war eine Vergleichbarkeit mit existierenden Untersuchungen gegeben, noch bot diese Herangehensweise die Möglichkeit, weitergehende Erkenntnisse im Spannungsfeld zwischen Unternehmenslebensphasen und Führung zu erzielen.

Das Kapitel „Modellentwicklung" untergliedert sich in die Entwicklung eines theoretischen Modells bzw. der Verknüpfung zweier etablierter Ansätze, dem Ansatz der transformationalen Führung und dem Lebensphasen-Modell von Pümpin & Prange (1991). Zuvor wird die Vorgehensweise der Operationalisierung der Thesen von Pümpin & Prange (1991) mittels eines nicht standardisierten Verfahrens vorgestellt. Die daraus resultierenden Erfahrungen begründen die Notwendigkeit, ein verknüpftes (standardisiertes) Modell zu verwenden.

Die Auseinandersetzung mit einer eigenen Skala führte in der Konsequenz dazu, ergänzt um die vorhergehenden theoretischen Ausführungen, zur Konstruktion eines (standardisierten) Erhebungsinstruments, welches den Multifactor Leadership Questionnaire (MLQ) mit der Checkliste von Pümpin & Prange (1991) verknüpft.

Die ursprüngliche Zielsetzung dieser Arbeit war es, die Thesen von Pümpin & Prange (1991) quantitativ zu verifizieren. Dies bedeutet, die Hypothese, dass „Führung in Abhängigkeit der Unternehmenslebensphase variiert" zu be- oder zu widerlegen. Eine weitere Aufgabe bestand darin, dafür zu sorgen, dass eine Vergleichbarkeit zw. den jeweiligen Phasen gegeben ist. Pümpin & Prange (1991, Kap 6.3.) benennen in ihren phasenspezifischen Checklisten bspw. nur wenige typische, gemeinsame Merkmale die einer gemeinsamen Ordnung folgen. Eine direkte Vergleichbarkeit von Eigenschaften ist somit nicht gegeben. Zielsetzung aus methodischer Sicht ist es daher, eine Merkmals-Auswahl vorzunehmen, die über alle Unternehmenslebensphasen hinweg ihre Gültigkeit bewahrt und die eine Vergleichbarkeit der Phasen ermöglicht.

4.1 Vorgehensweise

Die empirische Überprüfung der konkretisierten Thesen von Pümpin & Prange (1991) unterliegt einem mehrstufigen Prozess. Ausgehend von einer phasenspezifischen Formulierung der Aussagen über die Prüfung standardisierter Testverfahren bis hin zur Erstellung eines Fragebogens sind verschiedene aufeinander aufbauende Schritte erforderlich, die die Überprüfbarkeit und Qualität der Untersuchung sicherstellen sollen. Nachfolgende Abbildung 46 stellt die Herangehensweise in Prozessschritten dar. Die benannten Elemente werden jeweils gesondert beschrieben.

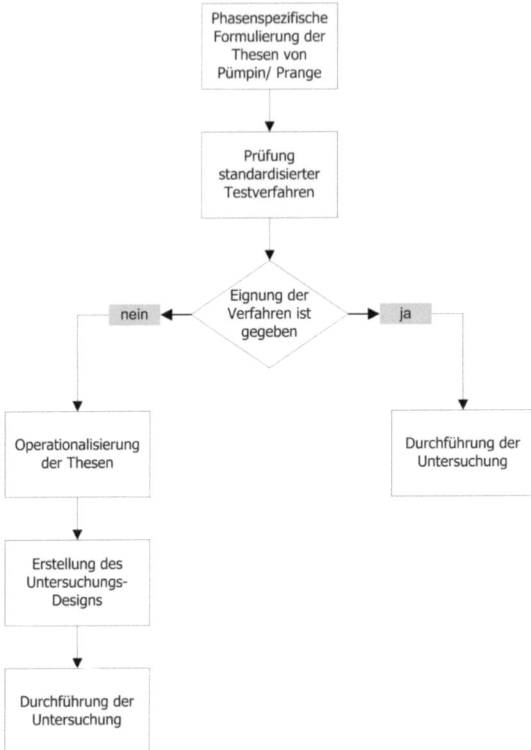

Abbildung 46: Darstellung der Prozessschritte der empirischen Untersuchung

4.1.1 Phasenspezifische Formulierung der Thesen von Pümpin & Prange

Zunächst wird der Begriff „phasenspezifische Führung" erläutert. Nach Scholz (2000, S. 437) ist unter einem Führungsstil die grundsätzliche Handlungsmaxime des Vorgesetzten zu verstehen. Im Gegensatz zu dem in der konkreten Situation stark modifizierbaren Führungsverhalten bleibe der Führungsstil über einen längeren Zeitraum konstant. Bei Staehle (1999, S. 334) stellt der Führungsstil „... ein langfristig relativ stabiles, situationsinvariantes Verhaltensmuster des Führers" dar, bei dem der Mitarbeiter das Führungsverhalten seines Vorgesetzten immer ganzheitlich als durch persönliche Grundeinstellungen geprägten Führungsstil erlebt.

Führungsstile stellen somit vereinfachte Modelle der Führung dar, die die Realität beschreiben und konkretes Verhalten gestaltbar machen. Die Recherche nach und die Beschreibung von dementsprechenden Stilen bei Pümpin & Prange (1991) ist damit eine wesentliche Voraussetzung für das weitere Vorgehen.

Die Betrachtung der Unternehmenslebensphasen orientiert sich an den zuvor in Kapitel „Unternehmenslebensphasen" vorgestellten Modellen und erfolgt ebenfalls in enger Anlehnung an die Arbeiten von Pümpin & Prange (1991). Die benannten Unternehmenslebensphasen zeichnen sich Pümpin & Prange (1991) zufolge, jeweils durch einen typischen Führungsstil aus, auch wenn die dazugehörige Terminologie, wie zuvor festgestellt, uneinheitlich ist. Sie entsprechen jedoch den von ihnen benannten typischen, phasenspezifischen Stilen, die die Grundlage der folgenden Untersuchung darstellen.

4.1.2 Konzeptionalisierung und Operationalisierung der Thesen

Die Voraussetzung bei der Verwendung von nicht standardisierten Verfahren stellt eine hinreichend überprüfbare bzw. nachvollziehbare Operationalisierung der zugrunde liegenden Konstrukte dar. Die gewählte Herangehensweise in dieser Arbeit bei der Konzeptionalisierung und Operationalisierung orientiert sich in wesentlichen Schritten an der von Homburg & Gierung (1996) vorgeschlagenen Methodik. Homburg & Giering (1996) empfehlen bei der Operationalisierung von mehrdimensionalen komplexen Konstrukten[93], wie dem Führungsverhalten, eine mehrstufige Vorgehensweise entsprechend der nachfolgenden Darstellung.

Der in Abbildung 47 als „Erarbeitung eines grundlegenden Verständnisses des Konstrukts (Grobkonzeptualisierung) und Entwicklung einer Ausgangsmenge von Indikatoren" benannte erste Schritt dient der Sammlung und Identifikation möglicher Faktoren, die das zu untersuchende Konstrukt umfassend beschreiben können. Die im ersten Schritt bzw. Kasten erfolgende „Erarbeitung eines grundlegenden Verständnisses des Konstrukts" setzt sich zusammen aus einer umfangreichen Literaturrecherche, verknüpft mit Inhaltsanalysen und Experteninterviews. Darauf aufbauend gilt es im zweiten Schritt über Pre-

[93] Anmerkung: Man spricht von mehrdimensionalen komplexen Konstrukten, wenn die einzelnen Dimensionen des Konstrukts wiederum aus mehreren Faktoren bestehen und sich das Konstrukt nicht unmittelbar über die Indikatoren erfassen lässt.
Vgl. auch: Homburg & Gierung, Quartal 1996

Tests die Indikatormenge zu reduzieren und zu verdichten. Auf dieser Grundlage kann eine erste Datenerhebung durchgeführt werden. Diese sollte dann quantitativ überprüft und optimiert werden um anschließend eine erneute Datenerhebung vorzunehmen.

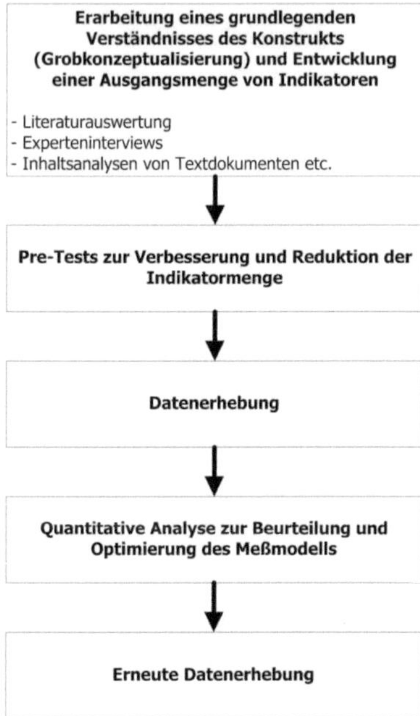

Abbildung 47: Schritte der Konzeptualisierung und Operationalisierung[94]

Hinsichtlich der Operationalisierung des Führungsverhaltens im Rahmen der Thesen von Pümpin & Prange (1991) wurde entsprechend vorgegangen. In Abbildung 47 werden die Schritte exemplarisch dargestellt. Die komplette Schrittfolge findet sich tabellenartig aufbereitet im Anhang.

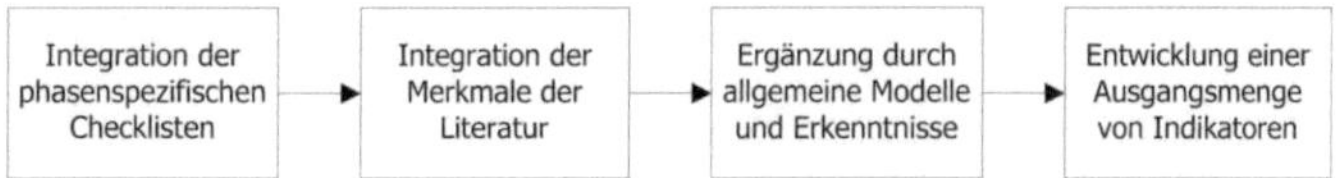

Abbildung 48: Schritte der Item-Identifikation

[94] In Anlehnung an: Homburg & Gierung, 1996

Die in Abbildung 48 dargestellte Prozesskette stellt den gesamten Vorgang der Merkmals-Auswahl dar. Die „Integration der phasenspezifischen Checklisten" orientiert sich dabei an den von Pümpin & Prange (1991, Kap. 6.3.) explizit benannten Ausprägungen der jeweiligen Unternehmenslebensphasen. Eine Aussage wie „Es existieren praktisch keine formalen, organisatorischen Hilfsmittel wie z.B. Organigramme, Stellenbeschreibungen etc." kann bspw. eine Bandbreite von „strukturierten Arbeitsabläufen" umschreiben und lässt sich über eine Gewichtung der Merkmale wie „Eindeutige Arbeitsanweisungen", „Eindeutig definierte Verantwortungsbereiche" und „Ablauforientierung" beschreiben. Im Gegensatz zu dieser Untersuchung dienen bei Pümpin & Prange (1991, Kap. 6.3.) diese Checklisten jedoch der Identifikation der jeweiligen Unternehmenslebensphasen.

Die „Integration der Merkmale der Literatur" orientiert sich ebenfalls strikt am Werk von Pümpin & Prange (1991) und stellt das Extrakt der phasenspezifischen Aussagen der verschiedenen Kapitel dar. In einem dritten Schritt werden Merkmale integriert, die nach Ansicht des Verfassers der weiteren Beschreibung dienen und den Sachverhalt abschließend erläutern. Dieser Schritt greift wesentlich auf die Grundgedanken des St. Galler Management Modells zurück. Folgende Studien und Untersuchungen wurden u.a. auf der Ebene der Wertekultur ebenfalls berücksichtigt: Studie „Wertekultur und Unternehmenserfolg", der Unternehmensberatung Deep White und des MCM Institut der Universität St.-Gallen aus dem Jahre 2004, das Inventar zur Messung von Unternehmenswerten von Rossberg N., Einwiller S., Prykop C., Ingenhoff D. (2004), die Studie „Unternehmenskultur" des Fraunhofer Instituts für Arbeitswissenschaft und Organisation (IAO) (2004) und die Studie „Führung mit Perspektive: im Betrieb - am Markt - in der Gesellschaft" des Instituts für Mittelstandsforschung (IfM) im Auftrag der Bertelsmann Stiftung (2005).[95]

Gemein ist allen Schritten, dass sie sich auf führungsrelevante Merkmale fokussieren. Anschließend erfolgt eine Untergliederung der identifizierten Merkmale in Wertvorstellungen, Verhaltensweisen und Eigenschaften sowie nach Ausdrucksformen. Diese Unterteilung dient der Verständlichkeit und Praktikabilität der darauf aufbauenden Pre-Tests.

[95] Siehe: Deep White & MCM Institut, 2004; Rossberg, Einwiller, Prykop & Ingenhoff, 2004; Fraunhofer Instituts für Arbeitswissenschaft und Organisation (IAO), 2004; Institut für Mittelstandsforschung (IfM), 2005.

Sie ist auch der Annahme geschuldet, dass die im Unternehmen gelebten Werte („Welche Eigenschaften kennzeichnet die Kultur in ihrem Unternehmen/ ihrer Organisation ..."), neben den Verhaltensweisen und Eigenschaften („Wie stark ist die Führung in Ihrem Unternehmen gekennzeichnet durch ...") und den damit verbundenen Ausdruckformen („Wie ausgeprägt ist die Führungsarbeit in Ihrem Unternehmen in Bezug auf ...") das Führungsverhalten damit strukturierter und umfassender beschreibt. Sie orientiert sich an der, im Kapitel 8 „Führung" beschriebenen und von Weinert (1981) vorgeschlagenen Einteilung von Führungstheorien. Dieser unterscheidet Ansätze, die auf Charaktereigenschaften, Persönlichkeitsmerkmalen des Führenden basieren, sog. „trait-Theorien" von verhaltenstheoretischen Ansätzen, die das Verhalten und den Stil der Führungsposition in den Mittelpunkt der Betrachtung rücken. Darüber hinaus berücksichtigt er auch den sog. Kontingenz-Ansatz (Fiedler, 1967), bei dem der Fokus ausgehend vom Verhalten der Führungskraft auf das Führungsumfeld, die entsprechenden Strukturen, in dem diese tätig ist, ausgeweitet wird.

Die von Homburg & Gierung (1996) geforderten und in Abbildung 47 dargestellten Pre-Tests dienen zum einen der Reduktion der ausgewählten Merkmale, zum anderen deren Präzisierung. Im Rahmen dieser Arbeit wurden Pre-Tests u.a. bei ausgewählten Vertretern aus dem Life-Science- und Biotech-Umfeld durchgeführt, sowie bei Vertretern der Consulting-Branche. Es erfolgte eine Reduktion von ursprünglich 52 Merkmalen auf 40.

4.1.3 Quantitative Überprüfung des Messmodells

Entsprechend der von Homburg & Gierung (1996) vorgeschlagenen Methodik ist es erforderlich die Eignung der Skala vor dessen tatsächlichem Einsatz abschließend zu überprüfen. Aus diesem Grunde wurde - im Gegensatz zu den bislang durchgeführten schriftlichen (Offline-)Pre-Tests - eine Online-Befragung als Form der Datenerhebung durchgeführt. Diese hatte einerseits zum Ziel, die Praktikabilität und angedachte Eignung des gesamten Verfahrens sicherzustellen, andererseits war es notwendig, mittels der so genannten „Quantitativen Analyse zur Beurteilung und Optimierung des Messmodells" die Güte[96] des Testkonstrukts zu bestimmen. Ziel des Verfahrens ist die Strukturierung um-

[96] Anmerkung: Gütekriterien (engl.: Criteria for Quality) sind Kriterien, anhand derer die Qualität sozialwissenschaftlicher, wie auch sonstiger Forschung beurteilt wird. Im Rahmen der quantitativen bzw. standardisierten Forschung werden Gütekriterien vor allem im Hinblick auf die Messung entwickelt. Die wesentli-

fangreicher Datenmengen und die Herleitung von sog. Faktoren oder Dimensionen, welche die vorgegebenen Daten hinsichtlich ihrer Variation erklären können.

Die durchgeführte Online-Erhebung mit 48 Teilnehmern erzielte durchweg positive und konsistente Ergebnisse (bspw. interne Konsistenz mit Cronbachs Alpha von 0,917). Dies betraf sowohl die Struktur des Fragebogens als auch die Praktikabilität des Verfahrens selbst.

4.2 Konsequenz - Modellbildung

Die Konzeptionalisierung und Operationalisierung der Thesen von Pümpin & Prange (1991) stellt sich jedoch in der ursprünglich angedachten und zuvor vorgestellten Form weder aus wissenschaftlichen noch aus wirtschaftlichen Gesichtspunkten heraus als vertretbar und praktikabel dar. Auch aus erkenntnisorientierter Sicht erscheint die Entwicklung eines nicht standardisierten Verfahrens eher als fragwürdig. Weder ist eine Vergleichbarkeit mit existenten Arbeiten und Studien gegeben, noch begegnet sie der Unsitte der Führungsforschung immer neue Modelle und Ansätze zu entwickeln (Meindl, Ehrlich & Dukerich, 1985, S. 78, Nieder, 1990, S. 206). Würde diese Arbeit diesen Weg einschlagen, läge der Fokus der Untersuchung auf der Entwicklung eines validen Instruments und nicht in der Identifikation bislang unbekannter bzw. empirisch nicht belegter Zusammenhänge. Diese Zielsetzung verfolgt diese Arbeit jedoch nicht.

In der Konsequenz wandelt sich damit der bislang Hypothesen-prüfende Forschungsansatz zu einem explorativen, Erkenntnis-orientierten Ansatz. Die Verknüpfung von existenten, etablierten Skalen erscheint damit zielführend. Entsprechend den bisherigen Ausführungen empfiehlt sich aus diesem Grunde die gekoppelte Anwendung des „Multifac-

chen Gütekriterien sind hier Validität, die Reliabilität sowie die Objektivität. Andere Teile des Forschungsprozesses, namentlich die Wahl eines angemessenen Forschungsdesigns oder der adäquaten und adäquat durchgeführten statistischen Analysemethode werden weitaus weniger systematisch reflektiert bzw. unterliegen nicht im gleichen Maße allgemein anerkannten Qualitätsstandards.
Im Bereich der qualitativen Sozialforschung sind weitere Gütekriterien entwickelt worden. Zu diesen weiteren bzw. anderen Gütekriterien zählen die kommunikative Validierung, die theoretische Sättigung, die Authentizität und die intersubjektive Nachvollziehbarkeit (letzteres freilich ein Kriterium, welches auch als allgemeine Grundlage der Gütekriterien der standardisierten, wenn nicht jeglicher Forschung formuliert werden kann; allerdings ist auch dieses Kriterium im Rahmen der qualitativen Forschung nicht unumstritten).
Siehe auch: Ludwig-Mayerhofer (1999) unter http://www.lrz-muenchen.de/~wlm/ein_voll.htm

tor Leadership Questionnaire" (MLQ) als „state of the art"-Skala zur Erfassung des „Full Range of Leadership", mit den drei Kernbereichen „Laisser-Faire", „Transaktionale und Transformationale Führung", verknüpft mit den Checklisten von Pümpin & Prange (1991) zur Bestimmung der jeweiligen Unternehmenslebensphase. Ergänzt um weitere Angaben zum Unternehmen und Unternehmer wie bspw. Mitarbeiterzahl und Umsatz lässt sich daraus ein umfassendes Modell entwickeln. Nachfolgende Abbildung 49 stellt dieses Konstrukt mit seinen erprobten Elementen dar.

Unter „Lebensphase" im linken Feld der Abbildung 49 findet sich eine verdichtete Fassung der Checkliste von Pümpin & Prange (1991). Die Bestandteile dieser Liste wurden vorab im Kapitel 7.5. „Unternehmenslebensphasen" jeweils phasenspezifisch vorgestellt und erläutert.

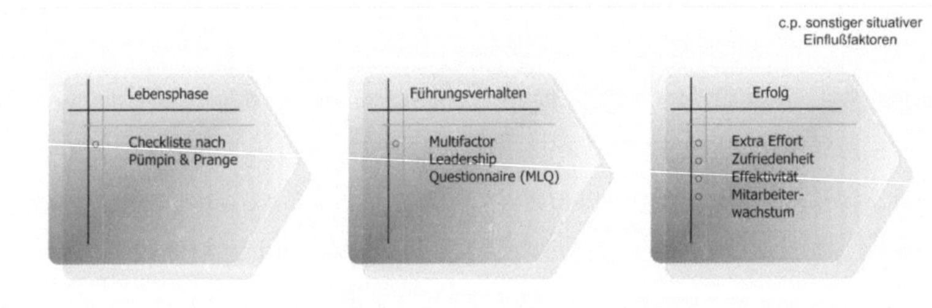

Abbildung 49: Bestandteile des Modell-Bezugsrahmens

Im mittleren Feld der Abbildung unter „Führungsverhalten" findet sich der zuvor schon im Rahmen des transformationalen Führungsansatzes ausführlich diskutierte Multifactor Leadership Questionnaire (MLQ). Der MLQ ist das derzeit am häufigsten verwandte Instrument zur Messung der verschiedenen Aspekte transformationaler und transaktionaler Führung. Avolio, Bass & Jung (1995) entwickelten den Multifactor Leadership Questionnaire (MLQ) als ein mehrdimensionales Instrument zur Erfassung von Führungsverhalten in einem organisationalen Kontext. Diese Skala liegt in zwei unterschiedlichen Fassungen vor. Sie kann sowohl zur Selbsteinschätzung als auch zur Fremdeinschätzung herangezogen werden. Als Feedbackinstrument wurde der MLQ bislang auf Individual-, Gruppen- wie auch auf organisationaler Ebene eingesetzt.

Der rechte Bereich der Abbildung unter „Erfolg“ beinhaltet die aus dem MLQ abgeleiteten Erfolgsmaße „Extra Effort“, „Zufriedenheit“ und „Effektivität“, sowie darüber hinausgehende Erfolgsgrößen, die sich aus allgemeinen Angaben zu Unternehmer und Unternehmen zusammensetzen.

Auf diese Weise integriert dieses Modell zwei standardisierte Fragebogen, ergänzt um allgemeine Angaben zu einem gemeinsamen Fragebogen. In der Konsequenz ist es somit möglich, sowohl einzelne Aspekte des Führungsverhaltens entsprechend des transformationalen Führungsansatzes zu betrachten und mit anderen Untersuchungen zu vergleichen als auch übergreifende Erkenntnisse speziell zum Führungsverhalten in Abhängigkeit der Unternehmenslebensphase wie auch weiteren anderen Forschungsschwerpunkten abzuleiten.

4.3 Untersuchungs-Bezugsrahmen

Ein analytischer Bezugsrahmen grenzt den Untersuchungsgegenstand als Ausschnitt aus der Wirklichkeit ein. Der Bezugsrahmen erleichtert damit das Verständnis und die Bewertung von wesentlichen Begriffen und Konzepten eines Forschungsbereichs. Er unterscheidet sich von einer Theorie dadurch, dass er keine falsifizierbaren Aussagen enthält und sich meist auf einem hohen Abstraktionsniveau befindet. Darüber hinaus sind die Grenzen zu einem Modell bzw. Metamodell fließend. Ein Bezugsrahmen stellt Bedingungen, Aktionsparameter, Ziele und deren gegenseitige Abhängigkeiten systematisch dar (Grochla, 1982, S. 14 f.). In Anlehnung an Neuberger (2002, S. 52) und aufbauend auf den zuvor gemachten Ausführungen im Rahmen der Modellbildung stellt sich der Bezugsrahmen der Untersuchung entsprechend der nachfolgenden Abbildung 50 dar.

Untergliedert nach „Situations-Typ“ finden sich auf der linken Seite der Darstellung die verschiedenen Unternehmenslebensphasen, charakterisiert durch die Checklisten von Pümpin & Prange (1991) wieder. Für jede dieser Phasen ist eine Führungsverhaltensweise dominant und kennzeichnend.

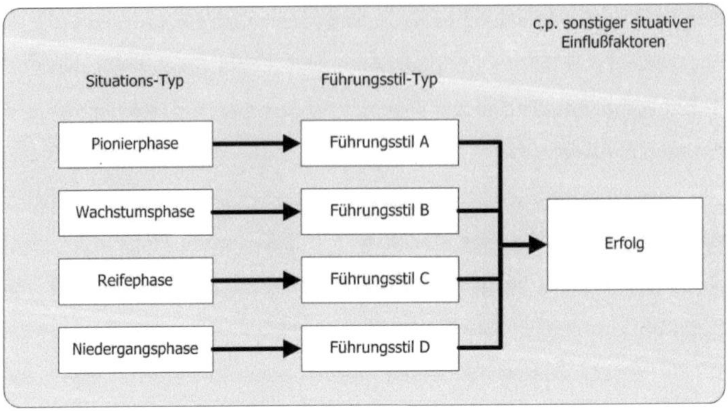

Abbildung 50: Bezugsrahmen der Untersuchung

Diese Führungsverhaltensweisen wiederum leiten sich aus dem „Full Range of Leadership“ bzw. dem Multifactor Leadership Questionnaire (MLQ) ab. In Abhängigkeit des Zusammenspiels von Lebensphase und Führungsstil resultiert daraus der Erfolg des Führungsverhaltens in Form von „Extra Effort“, „Zufriedenheit“ oder „Effektivität“.

Im Anhang findet sich der komplette Fragebogen, wie auch eine Anleitung hinsichtlich seiner Auswertung.

Teil III - Empirische Untersuchung

1 Methodisches Vorgehen

Der empirische Teil dieser Arbeit dient der Darstellung des Aufbaus und des Ablaufs der Untersuchung zur quantitativen und qualitativen Überprüfung der Aussagen von Pümpin & Prange (1991), denen zufolge Führung in Abhängigkeit der Unternehmenslebensphase variiert. Im Besonderen setzt sich diese Arbeit mit der Klärung der nachfolgenden Fragen auseinander:

- Welches Führungsverhalten ist für den nachhaltigen Erfolg von schnell wachsenden Unternehmen verantwortlich?
- Welcher Zusammenhang besteht zwischen dem Führungsverhalten eines schnell wachsenden Unternehmens und der Lebensphase des Unternehmens?
- Welcher Zusammenhang besteht zwischen der Lebensphase und dem Erfolg eines schnell wachsenden Unternehmens?

Im Kapitel „Methodisches Vorgehen" wird die Vorgehensweise, das Forschungsziel, die Forschungs-Methode, das Untersuchungsfeld, der Ablauf der Datenerhebung, sowie der betrachtete Zeitraum im Einzelnen beschrieben. Das „Methodische Vorgehen" umfasst dabei die Darstellung der formalen Rahmendaten, wie auch die Aspekte und Herausforderungen der tatsächlichen, praktischen Umsetzung.

Der „Auswertung" der erhobenen Daten widmet sich das ebenso genannte nachfolgende Kapitel. Die Ergebnisse werden entsprechend der gegebenen Forschungsschwerpunkte gegliedert und erläutert.

1.1 Untersuchungs-Methode

In Rahmen dieser Untersuchung liegt das Augenmerk auf den Erfahrungen und Einschätzungen der ersten und zweiten Führungsebene eines Unternehmens. Gerade die Beurteilung und die subjektive Wahrnehmung der Interaktion zwischen Führendem und Geführten - die zuvor beschriebenen subjektiven Erfolgsgrößen - kann am besten durch die Betroffenen selbst erfasst werden. Die Einschätzung des Führungsverhaltens der Führungskraft durch den Mitarbeiter liefert damit ein recht genaues Abbild der vorherrschenden Zustände.

Um dem explorativen Charakter der Fragestellung gerecht zu werden, kommt eine ex-post-facto-Anordnung zum Einsatz. Derartige Designs werden verwandt, wenn weder die Anforderung für experimentelle noch für quasi-experimentelle Untersuchungen erfüllt sind, was bei der Identifikation von Ursache-Wirkungs-Zusammenhängen in der Wahrnehmung des Führungsverhaltens gegeben ist. Entsprechend der Zielsetzung dieser Arbeit ermöglichen ex-post-facto-Designs damit korrelative Aussagen zur Wirkung von Führungsverhalten (Schnell, Hill & Esser, 2005, S. 211-263).

Die vorliegende Untersuchung wurde als Querschnittsstudie durchgeführt. Man spricht in der empirischen Forschung von einer Querschnittsstudie bzw. Querschnittsdesign, wenn die Untersuchung, bspw. eine Befragung oder Inhaltsanalyse nur einmalig bei verschiedenen Merkmalsträgern durchgeführt wird. Die Befragung erfolgte im Rahmen von persönlichen Interviews mit einem standardisierten Fragebogen.

1.2 Untersuchungsfeld

Die Daten für die vorliegende Studie wurden im deutschsprachigen Raum bei Unternehmen der Life-Science-Branche erhoben. Der Fokus lag dabei auf einer einsprachigen Version um möglichen Diskrepanzen infolge von mehrsprachigen Übersetzungen vorzubeugen.

Die Konzentration auf die Life-Science-Branche begründet sich aus der Struktur und dem Hintergrund dieser Branche. Zum einen handelt es sich um ein wettbewerbs- und wissensintensives, zukunftsweisendes Marktsegment, zum andern um ein am Markt überaus etabliertes. Die Life-Science-Branche beinhaltet neben Großkonzernen aus der Pharma-Branche auch Jung-Unternehmen aus dem Bio- wie auch Gen- und Medizintechnologie-Bereich. Diese Bandbreite ermöglicht im Rahmen der vorliegenden Untersuchung die Abdeckung aller Unternehmenslebensphasen von der Pionierphase über die Wachstum-, Reife bis hin zur Niedergangsphase. Beispielhaft wird nachfolgend der Biotechnologie-

Sektor, der gemeinhin als Zukunftsmarkt[97] bezeichnet wird, beschrieben. Unter Zukunftsmärkten sind hierbei Märkte zu verstehen, die durch neuartige Produkte und Technologien (Bio-, Gen- und Nanotechnologie etc.), demographischen Wandel (Gesundheitswirtschaft etc.) oder neue Marktzugänge (Volksrepublik China etc.) entstehen. Der Biotechnologie-Sektor als Teilbereich der Life-Science-Branche wies zwischen 1995 und 2002 Zuwachsraten im zweistelligen Bereich bei der Anzahl der Unternehmensgründungen, wie auch bei den Beschäftigten eine im Vergleich zur gesamtwirtschaftlichen Entwicklung abgekoppelte Dynamik auf (Schüler, 2006, S.74ff). Im Jahr 2001 setzte sich das Wachstum der Biotechnologie-Branche trotz der weltweiten Wirtschaftsflaute weiter fort. Zu diesem Zeitpunkt waren mehr als 4.200 Biotechnologie-Unternehmen in 25 Ländern der Welt aktiv. Die Anzahl der börsennotierten Unternehmen belief sich dabei auf 622 (Ernst & Young, 2002, S. 24f.). Die in den folgenden Jahren zu beobachtenden Konsolidierungstendenzen fanden auf einem hohen Niveau statt. Im Jahr 2006 wuchsen die Umsätze der Biotech-Branche weltweit wieder zweistellig. Erstmals konnte die Marke von USD 70 Mrd. durchbrochen werden (Ernst & Young, 2007, S. 9). Bei wesentlichen Kennzahlen wies die globale Biotechnologie-Branche ein überdurchschnittliches Wachstum für das Jahr 2006 auf. Nach der Konsolidierungsphase der Jahre 2003-2005 konnte die Branche damit auch in Europa ihren Aufwärtstrend fortsetzen. Sowohl bei den Umsätzen, der Finanzierung wie auch bei Anzahl der Produkte in der Produkt-Pipeline erzielte Europa neue Rekordwerte (Ernst & Young, 2007). „Die Perspektiven für die Branche sind vielversprechend. Noch vor 2010 sollte die globale Branche die Umsatz-Schallmauer von USD 100 Mrd. durchbrochen haben", sagt Jürg Zürcher, Partner und Industry Leader Biotech Central Europe, Ernst & Young (Ernst & Young, 2007).

Gerade durch dieses Wachstum erscheint die Life-Science-Branche insgesamt als Untersuchungsfeld besonders geeignet, da ein stetiger Entwicklungsprozess zu beobachten ist und eine Vielzahl von Unternehmen dieses Marktsegment bevölkert.

---

[97] Anmerkung: Die Future Management Group AG definiert unter http://www.micic.com/knowledgebase/glossar/go-zukunftsmarkt.htm einen Zukunftsmarkt als „(...) eine vom gegenwärtigen Beobachtungszeitpunkt aus in Zukunft zu erwartende Nachfrage nach bestimmten Produkten oder Dienstleistungen, die gegenwärtig noch nicht existiert, nicht oder nur marginal befriedigt wird und/ oder sich voraussichtlich erheblich steigern wird. Ein Zukunftsmarkt ist dadurch charakterisiert, dass der (zu erwartenden) Nachfrage kein ausreichendes Angebot gegenübersteht. Im Frühstadium der Marktbildung oder des erheblichen Marktwachstums kann der Konkurrenzdruck auf am Markt tätigen Unternehmen gering bis unbeachtlich sein, so dass sich für ein frühzeitig tätiges Unternehmen großes Markt- und Erfolgspotential bildet (...)".

1.2.1 Aussagegesamtheit

Beim Untersuchungsgegenstand, der so genannten Aussagegesamtheit, handelt es sich um die Führungsverhaltensweisen der obersten Managementebene eines Unternehmens. Diese Führungsverhaltensweisen werden, entsprechend der Skala des transformationalen Führungsansatzes, dem Multifactor Leadership Questionnaires, bestimmt. Die Erfassung dieser Führungsverhaltensweisen erfolgt über die Aussagen der Mitarbeiter, die eng mit dieser Führungskraft zusammenarbeiten.

1.2.2 Erhebungsgesamtheit

Die Erhebungsgesamtheit beschreibt die Personengruppe, die im Rahmen der Untersuchung als Gesprächspartner in Frage kommt, um das Führungsverhalten der obersten Führungsebene eines Unternehmens zu beschreiben bzw. entsprechend der Struktur der Befragung zu erfassen. Es handelt sich dabei um Führungskräfte der ersten oder zweiten Hierarchieebene eines Unternehmens. Diese Führungskräfte rekrutieren sich wiederum aus der nachfolgend beschriebenen Grundgesamtheit, den im deutschsprachigen Raum ansässigen Life Science Unternehmen.

1.2.3 Grundgesamtheit

In der empirischen Forschung bezeichnet die Grundgesamtheit, die Menge aller potentiellen Untersuchungsobjekte für eine bestimmte Fragestellung. Aus praktischen Erwägungen heraus wird üblicherweise nicht die Grundgesamtheit, sondern eine Stichprobe untersucht, die für die Grundgesamtheit repräsentativ ist. Im vorliegenden Fall setzt sich die Grundgesamtheit aus den Unternehmen der deutschsprachigen Life Science Unternehmen zusammen. Diese wiederum leiten sich wesentlich aus den nachfolgend aufgeführten Quellen, entsprechend Abbildung 51 ab. Aufgeführt sind verschiedene Datenbanken mit jeweils regionalen Schwerpunkten. Der Verfasser konnte dabei auf die Zusammenarbeit mit der Venture Valuation AG zurückgreifen. Die Venture Valuation AG ist eine unabhängige Firma mit zwei sich ergänzenden Geschäftsfeldern. In ihrer Kerntätigkeit konzentriert sich die Venture Valuation AG auf die Beurteilung, Bewertung und das Monitoring von Wachstumsunternehmen. Parallel dazu hat sich die Venture Valuation AG mit bzw. unter dem Namen BiotechGate einen Geschäftsbereich erschlossen, der sich auf die Entwicklung und den Betrieb von Internet-basierten Datenbank-Applikationen fokussiert. Schwerpunkt dieser Anwendungen liegt auf Länder-spezifischen Life-Science- bzw. Biotechnologie-Datenbanken.

	Beschreibung	Gelistete Profile	Bemerkungen
Biotech Gate	weltweite Life Science Datenbank mit ausführlichen Unternehmensprofilen (u.a. Finanzierungsrunden, Bewertungen etc.), betrieben von Venture Valuation AG	9.015 Unternehmen	Dachplattform der Datenbanken Swiss Life Science, German Biotech und Austrian Biotech, Canadian Biotech, French Biotech etc.
Swiss Life Sciences Database	Life Science Datenbank mit Fokus Schweiz mit ausführlichen Unternehmensprofilen (u.a. Finanzierungsrunden, Bewertungen etc.), betrieben von Venture Valuation AG	1.113 Unternehmen	Partner dieser Datenbank sind: BioAlps, Biopolo Ticino, BioValley Basel, Greater Zurich Area, Swiss BioteCHnet, SWX Swiss Exchange, SECO
German Biotech Database	Life Science Datenbank mit Fokus Deutschland mit ausführlichen Unternehmensprofilen (u.a. Finanzierungsrunden, Bewertungen etc.), betrieben von Venture Valuation AG	1.339 Unternehmen	Partner dieser Datenbank ist die EBD Group
Austrian Biotech Database	Life Science Datenbank mit Fokus Österreich mit ausführlichen Unternehmensprofilen (u.a. Finanzierungsrunden, Bewertungen etc.), betrieben von Venture Valuation AG	116 Unternehmen	Zugang zu weiteren Clustern in Österreich
BioTop	Life Science und BioTech-Netzwerk im Berlin & Brandenburger Raum, wird durch die Länder Berlin und Brandenburg betrieben	171 Unternehmen	Diese Datenbank ermöglicht auch die Identifikation von Technologie-Parks und Clustern
„Biotechnologie in Bayern"	Publikation von „media-mind" mit Informationen zur Biotechnologie und Life Science Branche in Bayern	150 Unternehmen	Publikation wird vom Bayerischen Staatsministerium für Wirtschaft unterstützt
BioRegions in Germany	Publikation des Bundesministeriums für Bildung und Forschung. 2006. Beschreibung der verschiedenen deutschen Cluster	30 Regionen 19 Unternehmen (ausgewählte)	Ausgezeichnete Grundlage um Unternehmen der jeweiligen Cluster gezielt zu identifizieren
GoingPublic Magazin "Biotechnologie 2006"	Publikation des GoingPublic Magazins mit umfangreichen Informationen zu Unternehmen, Clustern etc. überwiegend im deutschsprachigen Raum		Grundlage für tiefergehende Recherchen

Abbildung 51: Grundgesamtheit der Untersuchung

In der Folge der Zusammenarbeit mit der Venture Valuation AG, respektive Biotech Gate erfolgte eine Integration der verschiedenen Quellen in deren Datenbank. Bemerkenswert bei der Bestimmung der Grundgesamtheit erwies sich die deutliche Diskrepanz hinsichtlich der Anzahl an existenten Unternehmen. Beispielsweise zählt Ernst & Young im Jahre 2006 375 Biotechnologie-Unternehmen in Deutschland (Schüler, 2006, S. 74), die Informationsplattform „biotechnologie.de" des Bundesministeriums für Bildung und Forschung (BMBF) kommt dagegen bereits auf 480 (Feldmann, 2006, S. 70). Alleine in den fünf größten regionalen deutschen (Bio-)Netzwerken sind - nach Auskunft des jeweiligen regionalen Standort-Managements - jedoch schon knapp über 600 Unternehmen aktiv. Es sollte dabei nicht unerwähnt bleiben, dass es in Deutschland mehr als 30 derartige „BioRegionen" gibt (Liecke, 2006, S. 64).

Die erfasste Grundgesamtheit setzt sich aus 2.568 Unternehmen zusammen, die in der Schweiz, Deutschland oder Österreich ansässig sind. Unternehmen, die in der Life-Science-Branche aktiv sind, aber den Bereichen Consulting bzw. Finance zuzurechnen sind, wurden nicht berücksichtigt.

1.2.4 Stichprobe

Bei einer Vollerhebung werden alle Elemente einer Grundgesamtheit erhoben, in einer Stichprobe lediglich eine Teilmenge. Als Stichprobe bezeichnet man eine Teilmenge der Grundgesamtheit, die unter bestimmten Gesichtspunkten ausgewählt wurde. Grundgedanke bei der Verwendung von Stichproben ist das Induktionsprinzip, bei dem von besonderen auf allgemeine Fälle geschlossen wird. Um die einzelnen Elemente einer Stichprobe zu erhalten, stehen verschiedene Auswahlverfahren zur Verfügung.

Im Rahmen der Untersuchung wurden zwei Erhebungen, eine Vollerhebung in Form einer Online-Befragung und eine persönliche Befragung mittels strukturierten Interviews durchgeführt. Bei letzterem handelte es sich um ein bewusstes Auswahlverfahren. Bei „bewussten Auswahlverfahren" werden die Elemente anhand bestimmter Merkmale ausgewählt. Ein Rückschluss auf die Grundgesamtheit auf der Basis statistischer Modelle ist bei dieser Art der Auswahl jedoch nur eingeschränkt möglich.

Die entsprechend detaillierten Angaben zu den beiden Erhebungen finden sich in den nachfolgenden Abschnitten.

1.3 Umsetzung Datenerhebung

Die Umsetzung musste in zwei Schritten erfolgen, da die Rücklaufquote der Online-Befragung unbefriedigende Ergebnisse erbrachte. In der Konsequenz führte dies zu einem deutlich verlängerten Erhebungszeitraum, vermittelte dem Verfasser aber gleichzeitig deutlich tiefergehende Erkenntnisse, da die zweite Erhebung mittels strukturierten persönlichen Interviews erfolgte.

Nachfolgend findet sich, gegliedert nach Erhebungsmethode, Stichprobenauswahl und Rücklaufquote die Darstellung der beiden durchgeführten Erhebungen der Datengewinnung.

1.3.1 Online-Befragung

Die Erhebung der Daten erfolgte im Mai 2006 in Zusammenarbeit mit der Venture Valuation AG, respektive mit den Datenbanken Biotech Gate, Swiss Life Science, German Biotech und Austrian Biotech. Verteilt über mehrere Tage und unterteilt in die jeweiligen Länder wurden 2.568 Unternehmen per Mail angeschrieben und um Teilnahme bei der Untersuchung gebeten. Eine eigens für diese Untersuchung programmierte und frei geschaltete Webseite sollte für eine wirtschaftliche und systematische Datenerfassung sorgen. Aus diesem Grunde war nicht nur die Mail mit dieser Website direkt verlinkt, sondern auch mit einem individuellen Identifikations-Code versehen um zu vermeiden, dass die gleiche Person mehrfach an der Befragung teilnahm.

Diese Befürchtungen erwiesen sich jedoch nicht als gravierend. Vielmehr stellte sich die Rücklaufquote als kritisch heraus. Statt der angestrebten Rücklaufquote von 4%, was einer Anzahl von mindestens 100 Befragten entsprochen hätte, antworteten vier. Auch eine drei Wochen später gestartete Nachfass-Aktion führte nicht dazu, die Anzahl der Antworten signifikant zu erhöhen.

Inwieweit der Inhalt des Fragebogens, dessen Umfang oder die Form der Ansprache für dieses Ergebnisse verantwortlich ist, ließ sich nicht abschließend klären.[98] Dieses Ergebnis hatte zur Folge, die Form der Datenerfassung zu überdenken und mündete in der nachfolgend beschriebenen Vorgehensweise.

1.3.2 Persönliche Befragung

Die zuvor beschriebenen Schwierigkeiten bei der Datenerfassung führten dazu, diese Daten persönlich in Form von strukturierten Interviews zu erheben. Ein strukturiertes Interview basiert auf einem standardisierten Fragebogen kombiniert mit offen formulier-

[98] Anmerkung: Selbst die im Rahmen der Entwicklung einer alternativen Skala zur Operationalisierung der Thesen von Pümpin & Prange (1991) durchgeführte Probeerhebung erzielte mit einer Rücklaufquote von 8% (48 vollständige Fragebögen bei einer geringern Grundgesamtheit) deutlich bessere Ergebnisse.

ten Fragen, auf die der Befragte frei antworten und dabei unbeschränkt seine subjektive Sicht mitteilen kann (Flick, 1995, S. 195). Durch diese teilweise Offenheit und Flexibilität ist die Herangehensweise in einem derartigen Interview nicht gänzlich vorgegeben und liefert darüber hinaus gehende unverzerrte und umfassendere Informationen über den Untersuchungsgegenstand (Kepper, 1994, S. 13). Der Aufbau des existenten Fragebogens ermöglicht eine dementsprechende Herangehensweise und damit auch eine tiefer gehende Informationsaufnahme.

Um eine persönliche Befragung durchzuführen, war es jedoch erforderlich eine bewusste Stichproben-Auswahl vorzunehmen. Eine Vollerhebung war weder wirtschaftlich noch organisatorisch zu realisieren. Die weitere Herangehensweise hatte damit eine wesentliche Vorgabe zu erfüllen.

	Beschreibung	Anzahl Unternehmen (2006)
BioTop Berlin-Brandenburg	Die BioTop-Region Berlin-Brandenburg stellt mittlerweile eine der größten BioRegionen Deutschlands dar. Untergliedert in acht Biotechnologie- bzw. Technologieparks deckt BioTop Schwerpunkte im Bereich Therapeutika/ Diagnostika, Biochips, Regenerative Medizin, Bioinformatik und Glykobiotechnologie ab.	ca. 160 Unternehmen
BioRegion Rhein-Neckar-Dreieck	Eine der ältesten Biotechnologie-Regionen stellt der Raum Rhein-Neckar mit dem Technologiepark Heidelberg, dem High-Tech-Park Neckarau und dem Inkubator Chem2biz dar. Die Forschungsschwerpunkte liegen im Bereich Therapeutika/Diagnostika, Zelltherapie, Neurobiologie und Bioinformatik	ca. 130 Unternehmen
BioTechRegion München	Mit dem Gewinn des BioRegio-Wettbewerbs 1997 und durch das IZB Gründerzentrum Martinsried stellt die Region München eine der am besten ausgestatteten und vernetzten BioRegionen Deutschlands dar. Die wissenschaftlichen Schwerpunkte liegen im Bereich Therapeutika/ Diagnostika und Geräte/ Reagenzien.	ca. 140 Unternehmen
BioRegion Jena	Die BioRegion Jena unterstützt und fördert schwerpunktmäßig Unternehmen aus dem Umfeld Gerätebau und -entwicklung im Life-Sciene-Bereich.	ca. 50 Unternehmen
BioRiver BioRegion Köln/Düsseldorf	Die BioRegion Düsseldorf setzt sich aus mehreren Zentren aus dem Raum Aachen, Jülich, Düsseldorf, Köln und Bonn zusammen. Die wissenschaftlichen Schwerpunkte finden sich im Bereich der Plattformtechnologien und Biomaterialien.	ca. 300 Unternehmen
BioRegion BioLago	Die BioRegion BioLago wurde 2005 von 26 Institutionen aus dem Deutsch-Schweizer Raum gegründet. BioLago unterstützt die Entwicklung und den Aufbau schweizerischer und deutscher Unternehmen im Life-Science-Umfeld.	ca. 45 Unternehmen
BioMedTecRegion Franken	Bei der BioMedTecRegion Franken finden sich überwiegend Unternehmen aus dem Bereich Biotechnologie und Medizintechnik.	ca. 30 Unternehmen
BioPark Regensburg	Der BioPark Regensburg ist ein stark mit der Universität Regensburg vernetztes Cluster, welches mittlerweile zu einer der am stärksten wachsenden Life-Science-Regionen Bayerns zählt.	ca. 40 Unternehmen
BioValley Basel-Freiburg	Das BioValley im Dreiländereck zwischen Deutschland, Schweiz und Frankreich stellt eine grenzüberschreitende Zusammenarbeit zahlreicher lokaler Cluster und der Universitäten Basel, Freiburg, Mulhouse und Strasbourg dar.	ca. 300 Unternehmen
LifeScienceCluster Tirol	Der Life-Science-Cluster Tirol verkörpert mittlerweile die zweitwichtigste Life-Science-Region Österreichs. Der Life Science Cluster Tirol wurde 2003 ins Leben gerufen und agiert schwerpunktmäßig in den Bereiche Medizintechnik, Biotechnologie und Pharma	ca. 50 Unternehmen

Abbildung 52: BioRegionen bzw. Life-Science-Cluster der Untersuchung

Es galt in einem vertretbaren Zeitrahmen mehr als 100 Unternehmens-Vertreter zu befragen. Um dieser Herausforderung gerecht zu werden, entschied sich der Verfasser „Cluster-weise", nach Biotechnologie-Regionen gegliedert, die Interviews durchzuführen. Dieses Vorgehen wurde flankiert von Konferenz- und Messe-Besuchen, mit der Zielsetzung auch dort, in einem überschaubaren Zeitraum, ausreichend Gesprächspartner anzutreffen. Anzumerken ist in diesem Kontext, dass sich eine vorherige Terminvereinbarung mit potentiellen Gesprächspartnern nicht als zielführend erwies. Sowohl die Bereitschaft, sich auf ein Gespräch einzulassen, als auch die Höflichkeit, diese Termine einzuhalten, stellte sich als sehr gering ausgeprägt dar. Die weitere Vorgehensweise bei der Datenerhebung gestaltete sich in der Folge vergleichbar einer „Kalt-Akquise" im Vertrieb.

Obenstehende Abbildung 52 stellt eine Übersicht der Regionen bzw. Cluster dar, die der Verfasser im Rahmen der Untersuchung teils einmalig, teils mehrfach besucht hat. Die aufgeführten Angaben zu Anzahl der Unternehmen, wie auch zu Forschungs- bzw. Produktionsschwerpunkten beruhen auf verschiedenen Quellen, u.a. auf Liecke (2006, S. 64ff), Publikationen des Bundesministeriums für Bildung und Forschung (2006, S. 14ff.), wie auch auf weiteren eigenen Recherchen.

Weitere Interviews führte der Verfasser im Rahmen der Messe „Bio-Europe 2006" in Düsseldorf vom 24.-27. September 2006, des „Forums Life Science" in München-Garching vom 14.-15. Februar 2007 und auf der „MedTec" in Stuttgart vom 27.-28. Februar 2007. Veranstaltungs- und Konferenz-Besuche, die gänzlich ohne Erkenntnisgewinn für die Ziele dieser Arbeit blieben, werden nicht erwähnt.[99]

Diese zweite Datenerhebung - in Form von 104 persönlichen Interviews - erfolgte im Zeitraum zwischen Sommer 2006 und dem Frühjahr 2007.

[99] Anmerkung: Gerade der Besuch von reinen Fachkonferenzen ermöglicht den direkten Kontakt zu zahlreichen Experten eines Wissensgebiets mit entsprechenden Kompetenzen auf diesem Feld. Die Anzahl von Unternehmensvertretern, die der Erhebungsgesamtheit dieser Arbeit zuzurechnen sind und auf diesen Veranstaltungen anzutreffen sind, stellte sich jedoch als sehr gering dar. Beispielhaft sei das 3te Glycan-Forum vom 22.-23. Februar 2007 in Berlin genannt.

2 Auswertung

Das Kapitel Auswertung orientiert sich an den aufgeworfenen Forschungsfragen. Entsprechend widmen sich die nachfolgenden Abschnitte der Klärung jeweils eines übergeordneten Sachverhalts, wie bspw. „Führung und Erfolg“, „Führung und Lebensphase“ und „Lebensphase und Erfolg“. Da sich der ursprünglich Hypothesen-prüfende Ansatz zu einem explorativen gewandelt hat, gilt es nicht mehr im Vorfeld definierte Hypothesen auf deren Aussagegehalt hin zu überprüfen, sondern quantitative Zusammenhänge aufzuzeigen und diese im abschließenden Kapitel „Zusammenfassung und Interpretation der Ergebnisse“ zu erörtern und zu deuten.

2.1 Univariate Analyse

Die im Verlauf der durchgeführten Untersuchung erhobenen Daten werden einer univariaten Analyse unterzogen. Bei einer derartigen Datenanalyse wird jeweils nur ein Merkmal betrachtet. In Abhängigkeit des gewählten Messniveaus bestehen dabei verschiedene Möglichkeiten der Darstellung der Daten.

2.1.1 Unternehmenslebensphase

Im Rahmen der Untersuchung wurden 104 Interviews geführt, 102 davon konnten für die Auswertung genutzt werden. Die verbleibenden zwei genügten nicht den Anforderungen.

Nachfolgende Abbildung 53 führt in einer knappen Übersicht Rahmendaten zu den untersuchten Unternehmen in den jeweiligen Phasen auf, wie Anzahl der Unternehmen, Altersdurchschnitt, Anzahl der Mitarbeiter und Umsatz im Jahre 2006.

Entsprechend den Vorgaben bzw. der Checkliste von Pümpin & Prange (1991) erfolgte die Phasenzuordnung der Unternehmen. Mit Hilfe von Inhaltsanalysen der Websites, wie auch zum Teil von Geschäftsberichten wurden die getätigten Aussagen und Zuordnungen überprüft und verifiziert.

Bemerkenswert bei der Betrachtung der Daten stellt sich die teilweise Streuung der „harten Fakten“ dar. Beispielsweise finden sich in der Wachstumsphase Unternehmen mit einem Alter zwischen 3 und 80 Jahren. Ähnliches gilt für die erfassten Umsätze. Gerade in der Start-Up-Phase arbeitet der Großteil der Unternehmen noch mit deutlichen Verlusten.

	Start-Up	Wachstum	Reife	Niedergang
Anzahl Unternehmen	16 Unternehmen	54 Unternehmen	14 Unternehmen	18 Unternehmen
Alters-Durchschnitt	2,9 Jahre	11,35 Jahre	12,7 Jahre	43,6 Jahre
Anzahl Mitarbeiter Durchschnitt (2007)	7,87 Mitarbeiter	48,2 Mitarbeiter	4.260 Mitarbeiter	3.366 Mitarbeiter
Max. Umsatz (2006)	bis zu Euro 780.000	bis zu Euro 54 Mio	bis zu Euro 6.7 Mrd	bis zu Euro 9.5 Mrd

Abbildung 53: Übersicht - Rahmendaten der Untersuchung

Die Umsatzentwicklung stellt sich entsprechend differenziert dar. Im Gegensatz dazu überraschen einzelne Unternehmen in der Niedergangsphase. Mit einem Umsatzvolumen von mehr als Euro 9.5 Mrd. liefert ein Unternehmen nicht nur den höchsten Umsatz innerhalb dieser Untersuchung, sondern übertrifft mit diesem Volumen auch die gesamten Umsätze der Unternehmen der Start-Up- und Wachstums-Phase zusammen.

Berücksichtigt man auszugsweise die getätigten Einschätzungen der befragten Unternehmensvertreter, - der Untersuchungsgesamtheit -, ermöglichen einzelne Items teils sehr eindeutige Abgrenzungen der Phasenzugehörigkeit. Nachfolgende Abbildung 54 verdeutlicht die Einschätzung der Unternehmensvertreter zu diversen Aussagen bzgl. deren Unternehmen auf einer Skala von „0 = trifft überhaupt nicht zu" bis „4 = trifft voll zu". Bspw. lässt sich über die Aussage „...maximal eine Führungsebene zw. Unternehmensspitze und ausführender Arbeit" eine klare Unterscheidung der Start-Up-Phase mit einem Wert von 4 zu 0,86 bei der Reife-Phase, wie auch zur Wachstumsphase mit 2,72 und der Niedergangsphase mit 1,17 aufzeigen. Ähnlich klar erweist sich auch deren Einschätzung, ob es sich „im Branchenvergleich (um ein) etabliertes und großes Unternehmen" handelt. Unternehmen der Start-Up-Phase weisen einen durchschnittlichen Wert von 0,67 auf. Wachstumsunternehmen mit einem Wert von 1,24 grenzen sich auch hierbei eindeutig von Reife-Unternehmen (2,79) und Unternehmen in der Niedergangsphase mit Durchschnittswerten von 2,89 ab.

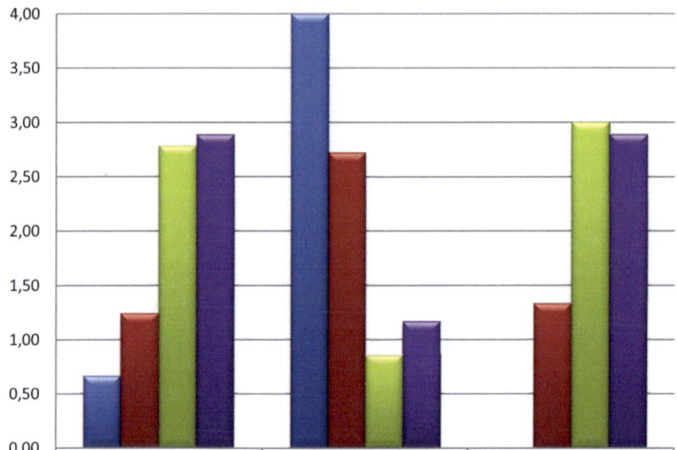

	Im Branchenvergleich etabliertes und großes Unternehmen	Maximal eine Führungsebene zw. Unternehmensspitze und ausführender Arbeit	Drei bis vier Hierarchieebenen
Start-Up	0,67	4,00	0,00
Wachstum	1,24	2,72	1,33
Reife	2,79	0,86	3,00
Niedergang	2,89	1,17	2,89

Abbildung 54: Übersicht: Phasenspezifische Merkmale der Organisationsstruktur

Die Checkliste von Pümpin & Prange (1991) erweist sich in diesem Sinne als überaus hilfreiches Hilfsmittel, welches mit nachfolgender Abbildung 55 weitere aufschlussreiche Einblicke ermöglicht.

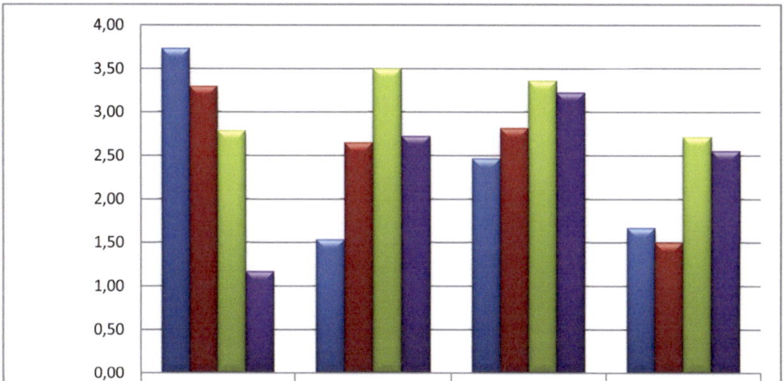

	Hohes Verständnis des Top Managements für die Details der Arbeit	An der Unternehmens-spitze steht ein Managementteam aus unterschiedlichen Funktionen bzw. Geschäftsfeldern	Handbücher, Arbeitsanweisungen usw. dienen als Standardisierungs- und Kontrollinstrument	Zunehmender Bürokratismus (z.B. Unmenge an zirkulierenden Papieren etc.)
Start-Up	3,73	1,53	2,47	1,67
Wachstum	3,30	2,65	2,81	1,50
Reife	2,79	3,50	3,36	2,71
Niedergang	1,17	2,72	3,22	2,56

Abbildung 55: Übersicht - Phasenspezifische Merkmale der Führungsstruktur

Das „hohe(s) Verständnis des Top Managements für die Details der Arbeit" und die darunter zu verstehende Nähe zum jeweiligen Produkt bzw. Dienstleistung erfüllt mit Werten 3,73 in der Start-Up-Phase, 3,30 bei der Wachstumsphase, 2,79 in der Reifephase und 1,17 in der Niedergangsphase alle Erwartungen. Interessant ist ebenfalls, dass in der Reifephase die Interdisziplinarität der Geschäftsführung am stärksten ausgeprägt erscheint. Die Aussage „an der Unternehmensspitze steht ein Managementteam aus unterschiedlichen Funktionen bzw. Geschäftsfeldern" wird durch Werte von 1,53 in der Start-Up-Phase, 2,65 in der Wachstumsphase und 3,50 in der Reifephase bzw. mit 2,72 in der Niedergangsphase deutlich widergespiegelt.

Seien es die Aussagen zur „Abwanderung der guten Kräfte (brain-drain)" oder auch das Vorhandensein eines „aufwendigen, vielstufigen Planungsprozesses", mittels der Checkliste von Pümpin und Prange (1991) lassen sich die verschiedene Aspekte von Unternehmenslebensphasen klar benennen. Selbst die Gewichtung einer „Nivellierenden Lohngestaltung" lässt sich über die einzelnen Phasen unterscheiden und erklären. Mit 2,64 weist die Reifephase hierbei den höchsten Wert auf. Erläutern lässt sich dieser Wert über die nach der Start-Up- und Wachstumsphase abgeschlossenen Prozesse und etablierten Strukturen, wie auch über die in diesem Maße noch nicht vorherrschenden, wirtschaftlichen Zwänge der Niedergangsphase mit einem Wert von 1,89.

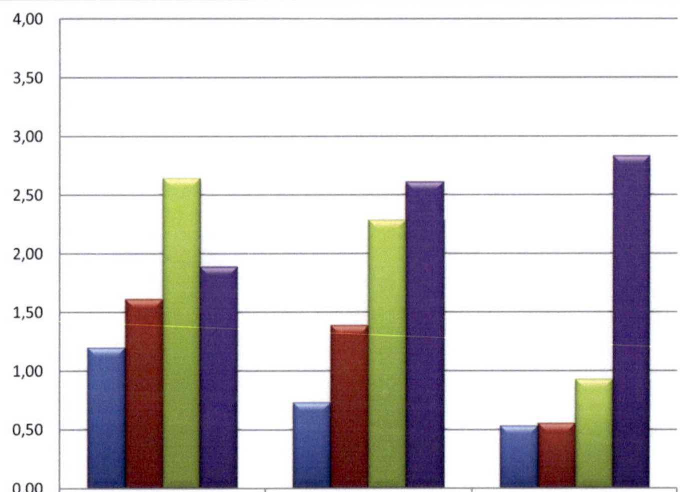

	Nivellierende Lohngestaltung	Aufwendiger, vielstufiger Planungsprozess	Abwanderung der guten Kräfte (brain-drain)
Start-Up	1,20	0,73	0,53
Wachstum	1,61	1,39	0,56
Reife	2,64	2,29	0,93
Niedergang	1,89	2,61	2,83

Abbildung 56: Übersicht - Phasenspezifische Merkmale zu Lohngestaltung, Planung und Fluktuation

Die gesamten Items mit den entsprechenden Abbildungen finden sich im Anhang aufgeführt.

2.1.2 Führung

Bei der Betrachtung der durchschnittlichen Ausprägung der Führungsverhaltensweisen zeigt sich, entsprechend Abbildung 57, dass der höchste Wert (2,79), auf einer Skala von 0 bis 4, bei einer Führung mit „Inspirational Motivation" erzielt wird. Inwieweit dies einem wissenschaftsnahen, technologielastigen Umfeld geschuldet ist, ist ggf. in weiteren Untersuchungen zu klären. Interessanterweise erweist sich „Contingent Reward" als die zweitstärkste gewichtete Führungsverhaltensweise. Eine leistungsgerechte Entlohnung stellt damit nicht nur Voraussetzung und Bestandteil der Augmentationshypothese (Avolio & Bass, 1988, S. 29-50) dar, sondern scheint auch elementarer Führungsbestandteil bei Life-Science-Unternehmen zu sein. Entsprechende Untersuchungen von Ernst & Young (2003-2005) finden darin ebenfalls ihre Bestätigung.

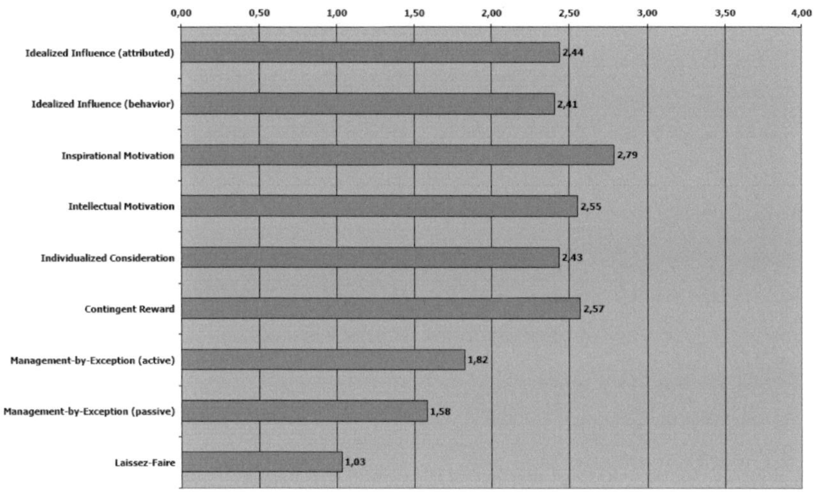

	Laissez-Faire	Management-by-Exception (passive)	Management-by-Exception (active)	Contingent Reward	Individualized Consideration	Intellectual Motivation	Inspirational Motivation	Idealized Influence (behavior)	Idealized Influence (attributed)
Durchschnitt (n=102)	1,03	1,58	1,82	2,57	2,43	2,55	2,79	2,41	2,44

Abbildung 57: Übersicht - Durchschnittliche Ausprägung der diversen Führungsverhaltensweisen über alle Phasen hinweg

Die geringsten Ausprägungen finden sich bei „Laisser-faire" und Management-by-Exception (passive) mit Werten von 1,03 bzw. 1,58. Auch diese Ergebnisse überraschen nicht, sie unterstützen vielmehr die Aussagen zahlreicher vorhergehender Arbeiten (Lewin, Lippitt & White, 1934, S. 271-299; Seidel, 1978, S. 325-494).

2.1.3 Erfolg

Lediglich drei Erfolgsgrößen konnten sich im gesamten Untersuchungsverlauf behaupten. Die im Vorfeld der Untersuchung angestrebte umfassende Erfassung von Finanzkennzahlen über einen Zeitraum von mindestens drei Jahren scheiterte an der Bereitschaft der Unternehmen, diese Zahlen zur Verfügung zu stellen. Wobei auch festzuhalten ist, dass die wenigsten jungen Unternehmen - 17 Unternehmen innerhalb der Untersuchung waren maximal drei Jahre alt - auf eine ausreichende Anzahl entsprechender Daten zurückgreifen konnten. Darüber hinaus weisen Unternehmen der Life Science Unternehmen meist in den ersten „Lebensjahren" noch deutliche Verluste auf.

Im Hinblick auf die Vergleichbarkeit von vorgenommener Stichprobe und Grundgesamtheit ist zu erwähnen, dass das (gesamte, über alle Phasen hinweg gehende) Mitarbeiter-Wachstum mit 21%, dem der Grundgesamtheit mit 22% in etwa entspricht (vgl. BMfBF, Biotechnologie, 2007, S.6f). Dies gilt auch in Bezug auf die vorherrschenden Marktsegmente, wie auch hinsichtlich des Anteils an Neugründungen. Der Studie „Die deutsche Biotech-Branche 2007" zufolge, wurden 17% der betrachteten Unternehmen erst in den vergangenen drei Jahren gegründet. In der vorliegenden Untersuchung sind 16% der Unternehmen erst in den letzten drei Jahren entstanden. Aufgrund der persönlich durchgeführten Interviews konnten aktuelle Daten mit aufgenommen werden.

Die durchschnittlich größten Ausprägungen bei den Erfolgsgrößen waren bei der Mitarbeiterzufriedenheit, „Satisfaction" mit einem Wert von 2,57 auf einer Skala von 0 („überhaupt nicht") bis 4 („meistens, wenn nicht immer") zu finden. „Effectiveness" und „Extra Effort", die sogenannte Bereitschaft zur Mehrleistung erzielten durchschnittliche Werte von 2,56 bzw. 2,37.

2.2 Bivariate Analyse

Bei einer bivarianten Analyse interessiert das Verhältnis zweier Variablen zueinander. Es wird dabei die statistische Beziehung zwischen zwei Meßgrößen erfasst, mit der Zielsetzung Abhängigkeiten untereinander zu bestimmen.

2.2.1 Führung und Lebensphase

Pümpin & Prange (1991) zufolge variiert erfolgreiche Führung in Abhängigkeit der Unternehmenslebensphase, wie sie überzeugend in „Management der Unternehmensentwicklung - Phasengerechte Führung und der Umgang mit Krisen“ darlegen. Es lassen sich weitere Untersuchungen aufführen, wie die von Hurst (1995), Quinn & Cameron (1983, S. 33-51) oder Graen & Uhl-Bien (199, S. 133-48), die Führungsaspekte in verschiedenen Lebensphasen systematisch betrachten. Eine übergreifende Untersuchung zu dieser Thematik auf empirischer, wie auch auf theoretischer Ebene existiert jedoch nicht, wie die vorherigen Ausführungen im Kapitel „Unternehmenslebensphasen“ zeigen. Dem Anliegen, einer breiteren wissenschaftlichen Auseinandersetzung mit dem Thema Führung und Lebensphase werden noch am ehesten die Arbeiten von Pümpin & Prange (1991), Egri & Herman (2000, S. 571-604) und Vera & Crossan (2004, S. 222-240) gerecht. Angesicht der bisherigen, dürftigen Erkenntnisse erscheinen weitere Untersuchungen in diesem Forschungsfeld als dringend erforderlich. Daraus leitet sich die nachfolgende Fragestellung ab:

- Welcher Zusammenhang besteht zwischen dem Führungsverhalten eines schnell wachsenden Unternehmens und der Lebensphase des Unternehmens?

Im Einzelnen bedeutet dies, zu ergründen, ob eine Unternehmenslebensphase durch eine Führungsverhaltensweise dominiert wird. Wenn dem so ist, in welchem Maße und durch welches Führungsverhalten wird die jeweilige Phase gekennzeichnet.

Abbildung 58 vermittelt eine Übersicht der Ausprägungen der verschiedenen Führungsverhaltensweisen und den jeweiligen Unternehmenslebensphasen. Die auf der x-Achse benannten Größen von 1 bis 4 spiegeln die Phasen „Start-Up“ (= 1), „Wachstum“ (= 2), „Reife“ (= 3) und „Niedergang“ (= 4) wider. An dieser Abbildung wird deutlich, wie sich die Führungsverhaltensweisen kontinuierlich verschieben und phasenspezifisch unterschiedlich stark ausgeprägt sind.

Aufgeschlüsselt in die einzelnen Ansätze, der „Transformationalen", „Transaktionalen" und der „Laisser-Faire"-Führung wird in den nachfolgenden Abschnitten die jeweils phasenspezifische Führungsverhaltensweise vorgestellt und erläutert.

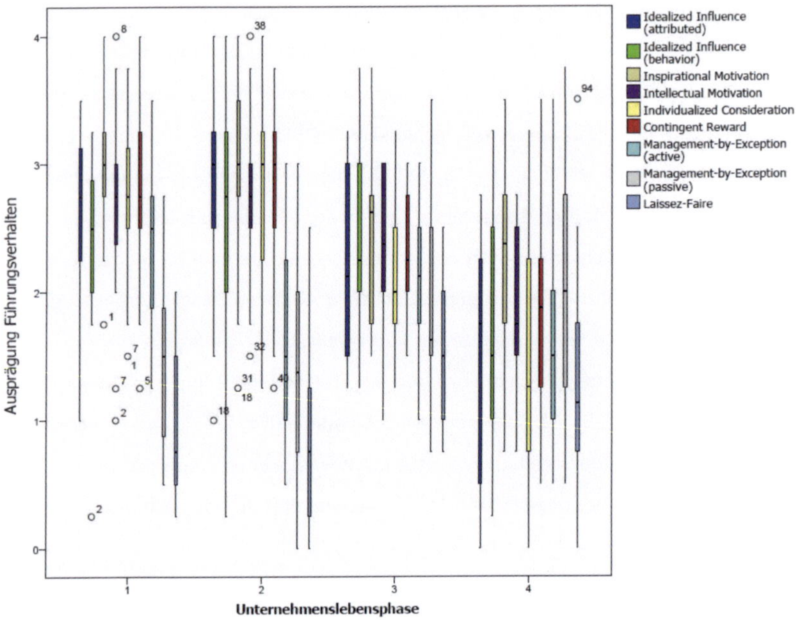

Abbildung 58: Übersicht Unternehmenslebensphase und Führungsverhalten

Obenstehende Abbildung verdeutlicht die Ausprägungen der neun verschiedenen Führungsverhaltensweisen in Abhängigkeit der vier Unternehmenslebensphasen. Von Start-Up, unter 1 auf der x-Achse, über die Wachstums-Phase mit 2, der Reife-Phase auf 3 und der Niedergangsphase mit 4 lassen sich Streuung, Mittelwert und Ausreißer der jeweiligen Verhaltensweise anschaulich darstellen.

2.2.1.1 Transformationale Führung

Der transformationale Führungsansatz geht davon aus, dass es möglich ist, die Geführten zu einer, - über gängige Austauschprozesse hinausgehende, - höhere Leistungsbereitschaft zu bewegen. Dies bedeutet, die Mitarbeiter für höhere Bedürfnisse zu begeistern und damit den Rahmen gängiger Austauschprozesse zu erweitern (Avolio & Bass, 2004, S. 25f.). Bass (1999, S. 20f.) versteht unter höheren Bedürfnissen und Motiven, dass nicht nur die unmittelbare Selbstverwirklichung der Mitarbeiter von der Führung verfolgt wird, sondern vor allem, dass die positive, wirtschaftliche Entwicklung des Unternehmens in deren Motivation und Selbstverständnis eingebunden wird. Dadurch lässt sich das nüchterne Kalkül der transaktionalen Austauschbeziehung aufheben und eine deutlich gesteigerte Leistungsbereitschaft bei den Geführten erzeugen, wie auch eine Studie der Deutschen Employer Branding Akademie (Deba) zeigen konnte (de Paoli, 2008). Bass & Avolio (2004) sehen gerade in der Verknüpfung, der Kombination des transaktionalen mit dem transformationalen Führungsansatz, die Möglichkeit eine zusätzliche Leistungsmotivation und -bereitschaft zu erzielen (vgl. auch Bass, 1999, S. 11).

Nachfolgende Abbildung 59 verdeutlicht den Anteil transformationaler Führungsverhaltensweisen in den vier Unternehmenslebensphasen „Start-Up“, „Wachstum“, „Reife“ und „Niedergang“. Entsprechend der fünfstufigen Skala des Multifactor Leadership Questionnaire von 0 (überhaupt nicht), 1 (sehr selten), 2 (manchmal) über 3 (häufig) bis 4 (meistens, wenn nicht immer) wird die unterschiedlich stark ausgeprägte Führung bei Idealized Influence (active) mit Werten von 1,47 in der Niedergangsphase bis 2,76 in der Wachstumsphase gezeigt. Die Werte nehmen in jeder Darstellung kontinuierlich von der Wachstums- bis hin zur Niedergangsphase ab.

Die durchschnittlichen Werte umfassen bei Idealized Influence (passive) 2,62 (Wachstumsphase) bis hin zu 1,76 (Niedergangsphase). Bei Inspirational Motivation bewegt sich die Bandbereite zw. 3,02 (Wachstumsphase) und 2,18 (Niedergangsphase), bei Intellectual Motivation zw. 2,75 bzw. 1,89 und bei Individualized zw. 2,75 und 1,50.

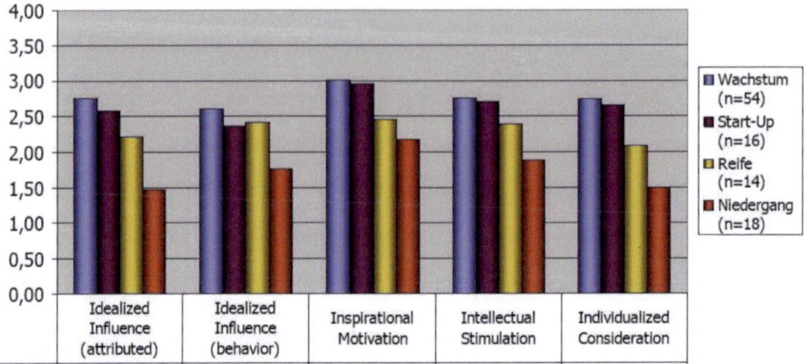

	Idealized Influence (attributed)	Idealized Influence (behavior)	Inspirational Motivation	Intellectual Stimulation	Individualized Consideration
Wachstum (n=54)	2,76	2,62	3,02	2,75	2,75
Start-Up (n=16)	2,58	2,37	2,97	2,70	2,67
Reife (n=14)	2,21	2,41	2,45	2,39	2,09
Niedergang (n=18)	1,47	1,76	2,18	1,89	1,50

Abbildung 59: Anteil der transformationalen Führung an verschiedenen Lebensphasen

Detailliert werden in den folgenden Abschnitten die Ausprägungen der einzelnen transformationalen Subskalen erläutert. Interessant ist, dass alle transformationalen Führungsverhaltensweisen überdurchschnittlich stark in der Start-Up- und Wachstums-Phase zu finden sind, wohingegen sich gerade die Reife- und Niedergangsphase durch unterdurchschnittliche Bewertungen auszeichnen.

Besonders deutlich wird dies in der nachfolgenden Abbildung 60. Die kontinuierliche Abnahme des transformationalen Faktors „Idealized Influence (attributed)" von der Wachstums- mit 2,76, Start-Up- mit 2,58 über 2,21 in der Reifephase bis hin zur Niedergangsphase mit einer Bewertung von 1,47 auf der Skala des MLQ zur Erfassung des Führungsverhaltens unterstreicht die deutlich im Unternehmensphasenverlauf variierende Führungsarbeit.

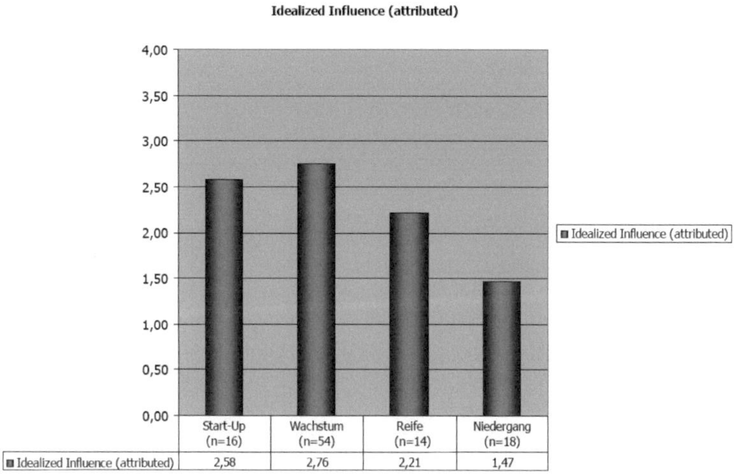

Abbildung 60: Anteil „Idealized Influence (attributed)" in verschiedenen Lebensphasen

Eine derartig signifikante Prägnanz ist in Abbildung 61 zu „Idealized Influence (behavior)" nicht zu erkennen. Offensichtlich ist lediglich die geringe Ausprägung dieser Art der Führung in der Niedergangsphase mit einem Wert von 1,76.

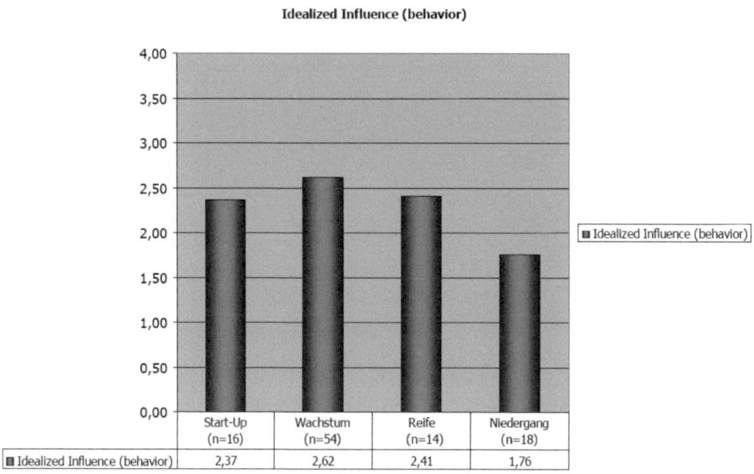

Abbildung 61: Anteil „Idealized Influence (behavior)" in verschiedenen Lebensphasen

Eine Führung wie „Idealized Influence (behavior)", die sich durch Verlässlichkeit und Ansehen auszeichnet und gleichermaßen in der Lage ist, ein entsprechendes wertbasiertes Verhalten vorzuleben, scheint in der Wachstums-, Start-Up- und Wachstumsphase mit Werten von 2,62; 2,37 und 2,41 gleichermaßen verbreitet zu sein.

Der transformationale Faktor „Inspirational Motivation" zeichnet sich in der folgenden Abbildung 62 dagegen durch eine kontinuierliche, phasenspezifische Abnahme der Werte aus. Mit einem überdurchschnittlichen Wert von 3,02 in der Wachstumsphase und 2,97 in der Start-Up-Phase unterstreicht diese Untersuchung die Bedeutung dieses Führungsverhaltens. Eingehend wurde es bereits im Kapitel 7 „Führung" und Kapitel 8.7 „Unternehmenslebensphasen und Führungsverhalten im Allgemeinen" erläutert.

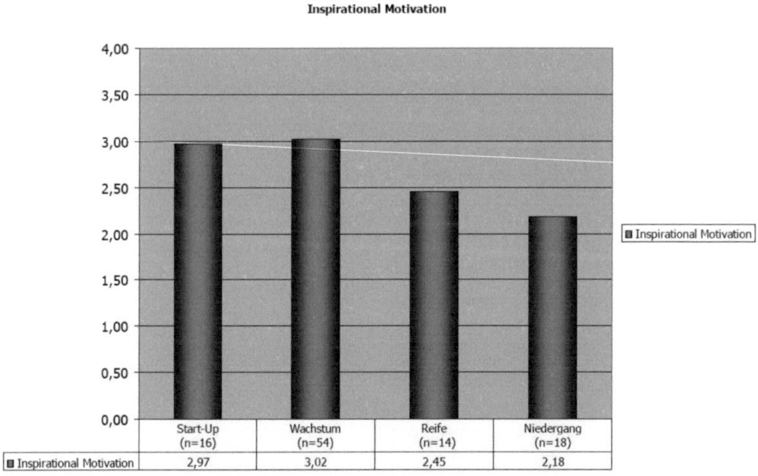

Abbildung 62: Anteil „Inspirational Motivation" in verschiedenen Lebensphasen

Unterdurchschnittliche Werte finden sich hingegen mit 2,45 in der Reifephase und 2,18 in der Niedergangsphase. Was aber auch hier unverkennbar ist, die Führungsverhaltensweise variiert deutlich im Verlauf der verschiedenen Lebensphasen.

Unter dem Faktor „Intellectual Stimulation" verbirgt sich die Bereitschaft, wie auch Fertigkeit der Führungskraft auf intellektueller Ebene die Mitarbeiter zum aktiven Mitdenken, zum Hinterfragen der Gegebenheiten zu bewegen. Gerade in jungen und wachsenden Unternehmen sollte eine derartige Art der Führung besonders ausgeprägt sein, da Strukturen, Prozesse oftmals noch nicht etabliert und institutionalisiert sind. Gleichsam erscheint es vor allem in wissensintensiven, technologielastigen und forschenden Branchen von Bedeutung und überlebensnotwendig, einen intellektuellen Austausch zu pflegen und auszuleben. Nachfolgende Abbildung 63 bestätigt diese Vermutung.

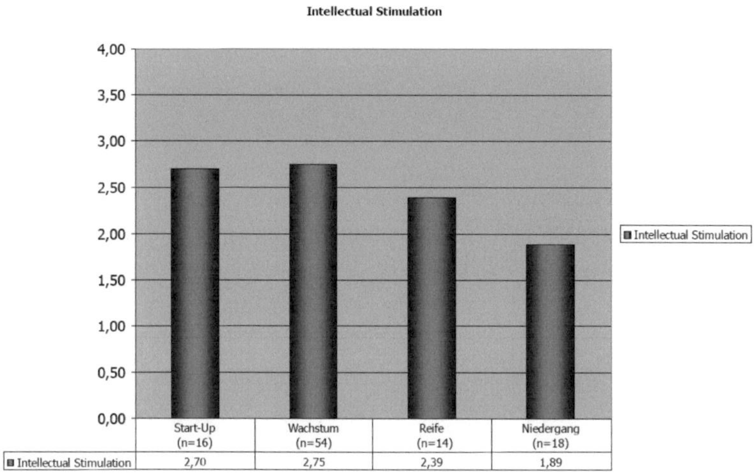

Abbildung 63: Anteil „Intellectual Stimulation" in verschiedenen Lebensphasen

Mit Werten von 2,75 in der Wachstumsphase und 2,70 in der Start-Up-Phase ist diese Führungsverhaltensweise der „Intellectual Stimulation" überdurchschnittlich ausgeprägt. Im Gegensatz dazu weisen gerade die Reife- und die Niedergangsphase mit Werten von 2,39 bzw. 1,89 unterdurchschnittliche Ausprägungen aus.

Eine Führung mit „Individualized Consideration" bedeutet für den Vorgesetzten, seinen Mitarbeiter wertschätzend und individuell zu behandeln. „Individualized Consideration" beinhaltet nicht nur die Berücksichtigung der unterschiedlichen Anforderungen des einzelnen Mitarbeiters, sondern auch diesen entsprechend zu fördern und dessen Entwicklung zu unterstützen.

In nachfolgender Abbildung 64 fällt besonders auf, dass diese Führungsverhaltensweise vergleichsweise stark in der Wachstums- mit 2,75 und in der Start-Up-Phase anzutreffen ist. Der mittlerweile vertraute Abbruch in der Reife- wie auch in der Niedergangsphase mit Werten von 2,09 bzw. 1,50 auf der Skala des MLQ zur Erfassung des Führungsverhaltens unterstreicht auch hier die deutlich in der Entwicklung eines Unternehmens variierende Führungsarbeit.

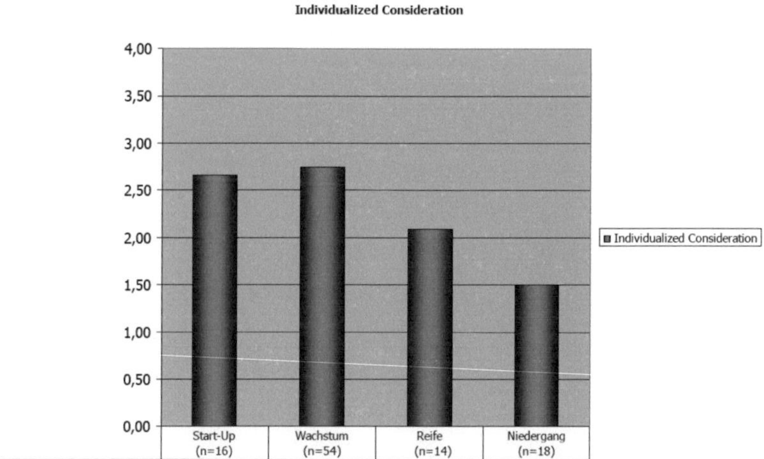

	Start-Up (n=16)	Wachstum (n=54)	Reife (n=14)	Niedergang (n=18)
Individualized Consideration	2,67	2,75	2,09	1,50

Abbildung 64: Anteil „Individualized Consideration" in verschiedenen Lebensphasen

2.2.1.2 Transaktionale Führung

Entsprechend den vorhergehenden Ausführungen lässt sich der transaktionale Führungsansatz als sozialer Austauschprozess interpretieren. Durch die Interaktion von Mitarbeiter und Führungskraft beeinflussen sich beide gegenseitig. Avolio & Bass (2004, S. 3) zufolge, zollen Mitarbeiter ihrem Vorgesetzten bspw. Respekt und Anerkennung als Gegenleistung für dessen geleistete Koordinierungssaufwand und dessen Kompetenz. Es ist entsprechend Burns' Konzept der transaktionalen Führung ein Handel zu erkennen, im Sinnes eines Austausch von „du gibst mir und ich gebe dir"(N.N., 2006, S.17)[100]. Transak-

[100] N.N. (2006): Intensivtraining für Ausstrahlung und Transformationale Führung mit dem Zürcher Ressourcen Modell (ZRM) - Eine Studie über die Effekte eines ressourcenaktivierenden Selbstmanagement-

tionale Führung greift dabei auf das Modell des operanten Lernens zurück (Luthans, 1985). Die Geführten haben ihr Handeln zu verantworten und mit entsprechend positiven bzw. negativen Sanktionen zu rechnen (vgl. Avolio & Bass, 2004, S. 24 und Judge & Piccolo, 2004, S. 757). Bass (1999, S. 10) nimmt an, dass die Beteiligten Nutzen-orientiert agieren. Er geht auch davon aus, dass die gegenseitige Wahrnehmung und mögliche Ursachenzuschreibung für das Verhalten von Führungskraft und Mitarbeiter eine entscheidende Rolle spielt. Damit wirkt sich bspw. die Wahrnehmung, ob die persönliche Leistung des Geführten oder Kontextfaktoren für den Erfolg eines Projekts verantwortlich sind, direkt auf das Austauschverhältnis zwischen Führungskraft und Mitarbeiter aus. Felfe (2003, S. 24) plädiert daher dafür auch Attributionstheorien dem transaktionalen Führungsansatz zuzurechnen.

Inwieweit dieses Führungsverhalten phasenspezifische Merkmale beinhaltet, vermittelt nachfolgende Abbildung 65. Einer überdurchschnittlich ausgeprägten Führung im Sinne des „Contingent Reward" in der Start-Up- und in der Wachstumsphase steht bspw. eine deutlich markante Führung „Management by Exception (passive)" in der Reife- und Niedergangsphase gegenüber.

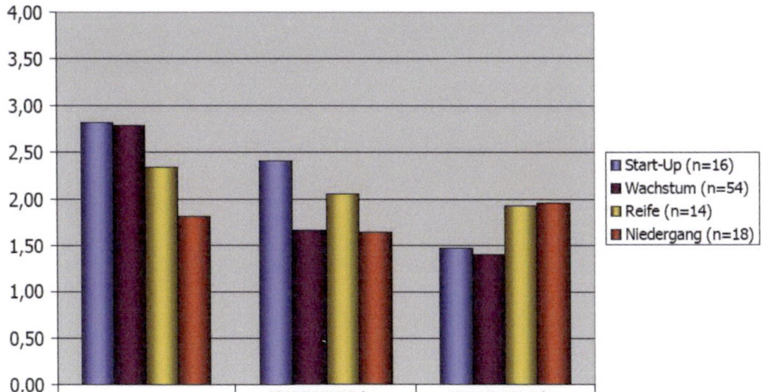

	Contingent Reward	Management-by-Exception (active)	Management-by-Exception (passive)
Start-Up (n=16)	2,82	2,40	1,47
Wachstum (n=54)	2,79	1,66	1,40
Reife (n=14)	2,34	2,05	1,93
Niedergang (n=18)	1,82	1,64	1,96

Abbildung 65: Anteil der transaktionalen Führung an verschiedenen Lebensphasen

trainings auf die Ausstrahlung von Führungspersonen. Kurzstudie zur Wirksamkeitsstudie „Ausstrahlung und transformationale Führung"

Die folgenden Abbildungen widmen sich jeweils gesondert den phasenspezifischen Ausprägungen von „Contingent Reward", „Management-by-Exception (active)" und „Management-by-Exception (passive)".

Nachfolgende Abbildung 66 liefert einen eindrücklichen Beleg für die Augmentationshypothese aus phasenspezifischer Sichtweise. Gerade in Phasen, die sich durch einen hohen transformationalen Führungsanteil auszeichnen, wie in der Start-Up- und Wachstumsphase, sollte ein entsprechend transaktionaler „Unterbau" gewährleistet sein. Mit einem überdurchschnittlichen Führungsanteil an „Contingent Reward" lässt sich dies ausgezeichnet aufzeigen.

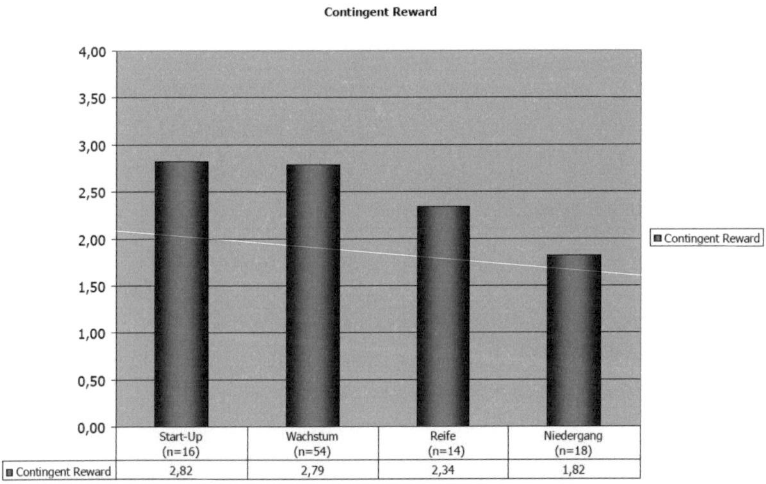

Abbildung 66: Anteil „Contingent Reward" in verschiedenen Lebensphasen

Unterschiede in den Bewertungen der Wachstums- und Start-Up-Phase mit Werten von 2,79 bzw. 2,82 sind dabei kaum festzustellen. Die unterdurchschnittlichen Werte von 2,34 in der Reife- und 1,82 in der Niedergangsphase betonen jedoch auch die, bei einer transaktionalen Führung gegebenen, phasenspezifischen Unterschiede.

Charakteristisch für ein Führungsverhalten mit „Management-by-Exception (active)" ist die Reaktivität der Führung. Ein aktives Eingreifen in Arbeitsprozesse erfolgt erst beim Auftreten von Abweichungen und Problemen. Der Behandlung und dem Beheben von

Fehlern, wie der Aufrechterhaltung des bestehenden Zustands widmet sich diese Führung vor allem. Diese Führungsverhaltensweise ist im Wesentlichen in der Start-Up- und Reifephase mit Werten von 2,40 bzw. 2,05 anzutreffen. Nachfolgende Abbildung 67 verdeutlicht diese Verteilung entsprechend der Unternehmenslebensphasen.

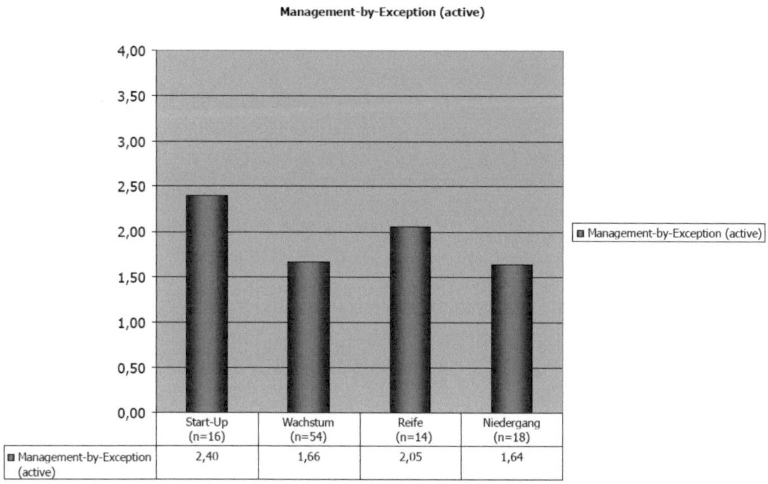

Abbildung 67: Anteil „Management-by-Exception (active)“ in verschiedenen Lebensphasen

Interessant stellt sich dabei die unterdurchschnittlich, aber ähnlich große Ausprägung des Führungsverhaltens der Wachstums- und Niedergangsphase mit Werten von 1,66 bzw. 1,64 dar. Welche Ursachen dafür verantwortlich sind, dass in diesen beiden letztgenannten Phasen vergleichbar stark mit „Management-by-Exception (active)“ geführt wird, lässt sich an dieser Stelle noch nicht abschließend klären. Was sich jedoch abzuzeichnen scheint, ist eine Verlagerung in der Gewichtung der Führungsverhaltensweisen. Den zuvor überwiegend in der Start-Up- und Wachstumsphase zu beobachtenden transformationalen Führungsansätzen scheinen transaktionale Führungsansätze in der Reife- und Niedergangsphase gegenüberzustehen. Nachfolgende Abbildung 68 könnte als Beleg dieser Aussage herangezogen werden.

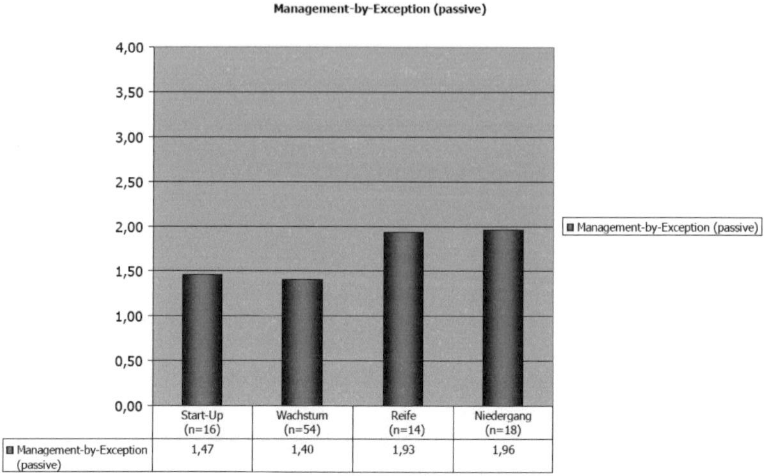

Abbildung 68: Anteil „Management-by-Exception (passive)" in verschiedenen Lebensphasen

Bei einer Führung mit „Management-by-Exception (passive)" kommt es lediglich zu einem Eingreifen seitens der Führungskraft, wenn die gegebenen Ziele nicht erreicht werden. Die Wachstumsphase ist entsprechend unterdurchschnittlich mit einem Wert von 1,40 ausgeprägt. Dies dürfte sich wesentlich aus den Anforderungen dieser Phase erklären, dem Zwang, Prozesse und Potentiale zu multiplizieren und das Unternehmen aktiv zu entwickeln (vgl. auch Pümpin, 1990). Diese Aussage ist sicherlich auch auf die Start-Up-Phase mit einem Wert von 1,47 übertragbar. In der Reife-, wie auch in der Niedergangsphase greift die Führung vorwiegend auf etablierte Strukturen und Prozesse zurück. Die Notwenigkeit einer „aktiveren" Führung scheint vordergründig nicht gegeben zu sein. Die Werte von 1,93 und 1,96 auf der Skala des MLQ zur Erfassung des Führungsverhaltens unterstreicht auch hier in Verbindung mit den beiden erstgenannten Führungsverhaltensweisen, die im Verlauf eines Unternehmens variierende Führungsarbeit.

2.2.1.3 Laisser-Faire Führung

Eine Führung mit Laisser-Faire ist durch Inaktivität und einen weitgehenden Verzicht auf Führung gekennzeichnet. Durch die Abwesenheit einer Führungskraft oder permanente Verzögerungen bei Entscheidungen ist diese Führungsverhaltensweise nicht nur ineffektiv, sondern auch Ursache neu entstehender Probleme (Avolio et al. 1999, S. 441). Entsprechend Bass (1999, S. 21) sind Führungskräfte, die mittels Laisser-Faire führen, bestrebt, bei wichtigen Fragestellungen nicht beteiligt zu werden, nicht greifbar sind, wenn sie gebraucht werden und daran interessiert sind, die Beantwortung dringender Fragen auf später zu verschieben. Die Untersuchungsfrage, die sich daraus ableitet, besteht darin, inwieweit sich diese Verhaltensweise als typisch für eine Unternehmenslebensphase erweist.

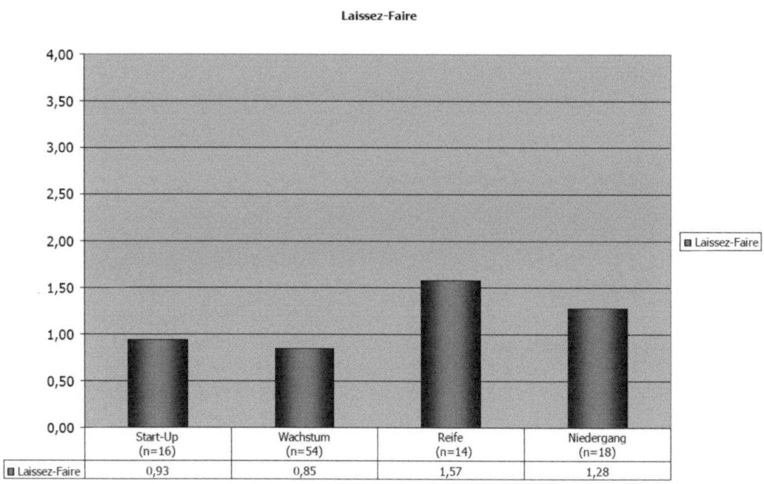

Abbildung 69: Anteil einer „Laisser-Faire“- Führung an verschiedenen Lebensphasen

Den Untersuchungsergebnissen zufolge findet sich eine Führungsverhaltensweise im Stile des Laisser-Faire überdurchschnittlich stark ausgeprägt - gerade im Vergleich zu anderen Unternehmenslebensphasen - in der Reife- wie auch der Niedergangsphase. Inwieweit diese Verhaltensweise schon als frühes Vorzeichen eines einsetzenden Niedergangs des Unternehmens zu deuten ist oder auf den erprobten und lange bewährten Verfahren und Strukturen eines Unternehmens beruht, welche ggf. keiner aktiven Führung bedürfen, ist in weitergehenden Untersuchungen zu klären.

Obenstehende Abbildung 69 verdeutlicht diese phasenspezifische Verteilung einer Laisser-Faire-Führung. Den geringsten Anteil dieser Führungsverhaltensweise ist mit Werten von 0,85 in der Wachstums-Phase festzustellen. Dies kann zu einem großen Teil auf die Anforderungen dieser Phase zurückzuführen sein, neue Nutzen-Potentiale für das Unternehmen zu erschließen, Strukturen zu etablieren und das Unternehmen „aktiv" zu führen (vgl. auch Pümpin, 1990). Der ebenfalls unterdurchschnittlich ausgeprägte Anteil einer Laisser-Faire-Führung in der Start-Up-Phase mit einem Wert von 0,93 lässt sich vermutlich auf ähnliche Ursachen zurückführen. Die phasenspezifischen Unterschiede in der Führung werden jedoch auch hier deutlich. In der Niedergangs- wie auch in der Reifephase mit 1,28 bzw. 1,53 ist die Laisser-Faire-Führung überdurchschnittlich stark ausgebildet. Im Überblick der verschiedenen Lebensphasen ist dabei ein Wandel bzw. Wechsel von einer überdurchschnittlich stark ausgeprägten transformationalen Führung in der Start-Up- und Wachstumsphase zu einer starken Führung im Sinne des Laisser-Faire in der Reife- und Niedergangsphase zu konstatieren.

2.2.2 Führung und Erfolg

Die grundlegende Zielsetzung dieser Arbeit gilt der Identifikation eines korrelativen Zusammenhangs von Führungsverhalten und Erfolg. Wie in den vorhergehenden Kapiteln umfassend erläutert, vertritt diese Arbeit eine individualistische Sichtweise des Erfolgsbegriffs. Entsprechend den Arbeiten von Pfeffer (1977, S. 104-112), Smith, Carson & Alexander (1984, S. 765-776) oder Hentze, Kamel & Lindert (1997, S. 44) wird Führung als erfolgsrelevant betrachtet. Howell & Avolio (1993), Barling, Weber & Kelloway (1996), de Hoogh et al. (2002) und Geyer & Steyrer (1994) wie auch MacKenzie, Podsakoff & Rich (2001) konnten die Effektivität transformationaler Führung in verschiedenen Settings und Studien belegen. Im Speziellen leitet sich daraus die nachfolgende Fragestellung ab:

- Welches Führungsverhalten ist für den nachhaltigen Erfolg von schnell wachsenden Unternehmen verantwortlich?

Die nachfolgenden Abschnitte widmen sich jeweils einer Führungsverhaltensweise - entsprechend des „Full Range of Leadership" - und quantifizieren deren Korrelationen zu den drei Erfolgsgrößen „Extra Effort“, „Saticfaction“ und „Effectiveness“. Die Betrachtung von Umsatz- bzw. Mitarbeiterwachstum erfolgt nicht, da sich keine ausreichende Datenmenge erheben ließ.

2.2.2.1 Charisma - „Idealized Influence - attributed"

Unter „Idealized Influence - attributed" ist der Grad des Vertrauens und Respekts gegenüber dem Führenden und dem Ausmaß, indem er einer Berufung zu folgen scheint, zu verstehen. Die dazugehörigen Items untergliedern sich in: „stellt den persönlichen Nutzen hinter den Gesamtnutzen", „handelt so, dass man sie/ ihn akzeptiert", „entfaltet eine Atmosphäre von Vertrauen und Stärke“ sowie „ich bin stolz darauf, mit ihm/ihr zusammenzuarbeiten". Charisma wird in diversen Arbeiten synonym mit „Idealized Influence - attributed" gebraucht. Dementsprechend lässt sich Charisma bzw. „Idealized Influence - attributed" auch verstehen als ,,a powerful attractive personal quality that has a strong influence over other people and makes them admire you“ (Longman Dictionary of Contemporary English 1995, S. 214).

Verschiedene Studien dokumentieren den positiven Einfluss des Charismas einer Führungskraft auf den Erfolg eines Unternehmens. Eine Untersuchung an der Fachhochschule Mainz im Jahr 2004 ergab, dass das Image des Firmenoberhaupts zu 50 Prozent für das Image des Unternehmens verantwortlich sei (Rilke, 2004). Vertrauenswürdige Führungskräfte, die ihre Mitarbeiter als gleichwertige Partner betrachten und anerkennen, wirken anscheinend sympathischer als andere (Hesse & Schrader 2001, S. 18). Einer Studie ,,Charisma, Markencharisma und Erfolg“ zufolge, strahlen charismatische Persönlichkeiten ein hohes Maß an Authentizität, Autorität und Würde, Willenskraft und Intelligenz, Eloquenz und Charme, aber auch überzeugendes Auftreten, Selbstvertrauen und Kreativität aus (Hauer, 2007). Dieser Betrachtungsweise folgend, verfügt eine derartige Führungskraft über die Fähigkeit, Mitarbeiter zu überdurchschnittlichen Leistungen zu bewegen, indem im Interesse eines gemeinsamen Ziels persönliche Grenzen durchbrochen werden (Hauer, 2007).

Bass (1985, S. 31) hebt dabei jedoch hervor, dass Charisma alleine nicht ausreichend sei für eine effiziente transformationale Führung, denn ,,charisma is a necessary ingredient of transformational leadership, but by itself it is not sufficient to account for the transformational process."

In der vorliegenden Untersuchung und entsprechend der nachfolgenden Tabelle I, lässt sich sowohl in Bezug auf „Extra Effort" als auch „Effectiveness" eine starke Korrelation sowohl nach Pearson (0,669 bzw. 0,663) als auch nach Spearman-Rho (0,579 bzw. 0,680) zu „Idealized Influence - attributed" feststellen. Die Korrelationen von „Idealized Influence - attributed" zu Satisfaction, der Mitarbeiterzufriedenheit, sind mit 0,726 (Pearson) bzw. 0,649 (Spearman-Rho) ebenfalls sehr stark positiv besetzt. Diese Ergebnisse decken sich mit ähnlichen Untersuchungen bspw. von Brown, Birnstihl & Wheeler (1998), wie auch Tomas, Hult, Nichols (1999, S. 194-212) oder Barbuto, Cundall & Fritz (2004).

		Idealized Influence (attributed)	Extra Effort	Effectiveness	Satisfaction
Idealized Influence (attributed)	Korrelation nach Pearson (n=103)	1,000	0,669 (**)	0,663 (**)	0,726 (**)
	Korrelation nach Spearman-Rho (n=103)	1,000	0,579 (**)	0,680 (**)	0,649 (**)

** Die Korrelation ist auf dem Niveau von 0,01 (2-seitig) signifikant.

Tabelle II: Korrelation - Idealized Influence (attributed) und transformationale Erfolgsgrößen

Inwieweit die Hierarchie-Ebene der Befragten, - erste und zweite Führungsebene - und die Tatsache, dass knapp 2/3 (67 von 103) der Führungskräfte an „ihrem" Unternehmen beteiligt sind, mit für diese Ergebnisse verantwortlich sind, ist ggf. mit weiteren Untersuchungen zu klären.

2.2.2.2 „Idealized Influence - behaviour"

Idealized Influence (behaviour) steht für den Grad des Vertrauens und Respekts den der Führende gegenüber seinen Mitarbeitern vorlebt und dem Umfang in dem er seine Mitarbeiter durch sein Beispiel und Verhalten zu beeinflussen vermag. Entsprechende Items sind: „spricht über seine wichtigsten Wertvorstellungen und Überzeugungen"; „führt die Wichtigkeit einer starken Vision auf"; „berücksichtigt die moralischen und ethischen Auswirkungen von Entscheidungen", wie auch „betont die Wichtigkeit einer gemeinsamen Vision". Eine derartige Führungskraft scheint in der Lage zu sein, die jeweiligen Geführten im besten Sinne positiv zu manipulieren (Rosenstiel, 2001, S. 334). Martin Luther King, Malcom X, Alexander der Große, John F. Kennedy oder Mahatma Ghandi stellten Führungspersönlichkeiten dar, die in der Lage waren, durch emotionale Inspiration eine Vision zu begründen und mit dieser Vision, die Geführten aktiv für deren Umsetzung zu begeistern (Deluga, 1998).

		Idealized Influence (behavior)	Extra Effort	Effectiveness	Satisfaction
Idealized Influence (behavior)	Korrelation nach Pearson (n=103)	1,000	0,442 (**)	0,373 (**)	0,395 (**)
	Korrelation nach Spearman-Rho (n=103)	1,000	0,440 (**)	0,395 (**)	0,398 (**)

** Die Korrelation ist auf dem Niveau von 0,01 (2-seitig) signifikant.

Tabelle III:..Korrelation - Idealized Influence (behavior) und transformationale Erfolgsgrößen

In der Auswertung der Untersuchung entsprechend Tabelle II lässt sich sowohl in Bezug auf „Extra Effort" als auch „Effectiveness" feststellen, dass eine Korrelation zu „Idealized Influence - behavior" sowohl nach Pearson (0,442 bzw. 0,373) als auch nach Spearman-Rho (0,440 bzw. 0,395) besteht. Die Korrelationen von „Idealized Influence - behavior" zu Satisfaction, der Mitarbeiterzufriedenheit, sind mit 0,395 (Pearson) bzw. 0,398 (Spearman-Rho) ebenfalls positiv besetzt. Es fällt jedoch auch, dass die Korrelationen weniger stark ausgeprägt sind als in vergleichbaren Studien von Brown, Birnstihl & Wheeler (1998) oder Paul, Costley, Howell & Dorfman (2002, S. 192-200).

Berücksichtigt man jedoch das Bildungsniveau der Befragten - bei einem knappen Drittel handelt es sich um mindestens promovierte Akademiker - und dem sehr wissenschaftsnahen, naturwissenschaftlichen Branchenumfeld, scheint sich zu klären, warum eher rationale und weniger emotionale Aspekte, die Geführten zu „Mehr-Leistung“ und „Zufriedenheit“ motivieren.

2.2.2.3 Inspiration - „Inspirational Motivation"

Die „Verhaltensweise“ Inspiration - „Inspirational Motivation" verkörpert anspornende Zukunftsvisionen und ist in der Lage Emotionen und Aktivität bei den Mitarbeitern zu wecken. Zu den relevanten Items gehören: „spricht optimistisch über die Zukunft“; „spricht mit Begeisterung darüber, was erreicht werden muss“; „formuliert eine motivierende Zukunftsvision“ und „zeigt Zuversicht, dass die Ziele erreicht werden“. Armstrong (1998, S. 84) zufolge haben ,,visionäre Führungskräfte die Begabung, erfolgsorientierte Organisationen zu schaffen oder solche Organisationen, denen diese Eigenschaft fehlt, wieder auf den Erfolg auszurichten.“ Conger & Kanungo (1998, S. 14) stellen in diesem Zusammenhang fest: ,,At the heart of Bass and Avolio's model of transformational leaders is the notion that these leaders are able to motivate subordinates to performance levels that exceed both their own and their leader's expectations. Transformational leaders accomplish this by raising the importance of certain goals, by demonstrating the means to achieve them, and by inducing subordinates to transcend their self-interest for the goals' achievement."

Dieser „anpackende Optimismus" spiegelt sich auch hier in Bezug auf „Extra Effort“ wie auch „Effectiveness“ wider. Die Korrelationen zu Inspiration - „Inspirational Motivation" sind sowohl nach Pearson (0,420 bzw. 0,442) als auch nach Spearman-Rho (0,349 bzw. 0,461) signifikant. Die ebenfalls signifikanten Korrelationen von Inspiration - „Inspirational Motivation" zur Mitarbeiterzufriedenheit, zu „Satisfaction“, sind mit 0,395 (Pearson) bzw. 0,398 (Spearman-Rho) ebenfalls positiv besetzt.

		Inspirational Motivation	Extra Effort	Effectiveness	Satisfaction
Inspirational Motivation	Korrelation nach Pearson (n=103)	1,000	0,420 (**)	0,442 (**)	0,470 (**)
	Korrelation nach Spearman-Rho (n=103)	1,000	0,349 (**)	0,461 (**)	0,427 (**)

** Die Korrelation ist auf dem Niveau von 0,01 (2-seitig) signifikant.

Tabelle IV: Korrelation - Inspirational Motivation und transformationale Erfolgsgrößen

2.2.2.4 Geistige Anregung - „Intellectual Stimulation"

Geistige Anregung „Intellectual Stimulation" verweist auf eine Führung, die zum Aufbrechen eingefahrener Denkmuster anregt und innovatives Verhalten fördert. Eine derartige Führungskraft unterstützt aktiv die Suche nach alternativen, kreativen Lösungswegen bei gegebenen Problemen und hinterfragt permanent den vorherrschenden Zustand. Darüber hinaus zeichnet er bzw. sie sich durch die Fähigkeit aus, motivierend auf seine/ ihre Mitarbeiter einzuwirken und deren Annahmen, Werte und Überzeugungen in Frage zu stellen und sie zu eigenständigen, kreativen Lösungsansätzen zu bewegen. Kennzeichnend für „Intellectual Stimulation" sind Items wie: „überprüft kritische Annahmen und hinterfragt ihre Sinnhaftigkeit"; „sucht unterschiedliche Perspektiven beim Lösen von Problemen"; „sorgt dafür, dass Sie Probleme von verschiedenen Standpunkten aus sehen" und „schlägt neue Wege vor, wie man an die Bewältigung von Aufgaben herangeht". Die Bedeutung dieser Form von „fordernder Kreativität" lässt sich auch aus Studien des Zürcher Ressourcen Modells (ZRM, 2007)[101] wie auch von PricewaterhouseCoopers und der EUROPEAN BUSINESS SCHOOL (2006)[102] ableiten. Eine weitere Studie „Excellence of Innovation in German Industries (EIGI)" der Unternehmensberatung The Galileo Consulting Group im Jahre 2006 unterstreicht als maßgeblichen Erfolgsfaktor die Innovationskultur in Unternehmen, die wesentliche Elemente von „Intellectual Stimulation" beinhaltet (Behnam, Gilbert & Luber, 2006).

---

[101] Vgl.: ZRM, 2007. Intensivtraining für Ausstrahlung und Transformationale Führung mit dem Zürcher Ressourcen Modell (ZRM). Zürich. Unter http://www.zrm.ch/default.htm?/studien.htm)

[102] Vgl.: N.N. (2006): Innovation Performance - Das Erfolgsgeheimnis innovativer Dienstleister. Studie in Zusammenarbeit von PwC, dem Lehrstuhl für Industrielles Management der European Business School (ebs) sowie dem Deutschen Zentrum für Luft- und Raumfahrt (DLR)

		Intellectual Stimulation	Extra Effort	Effectiveness	Satisfaction
Intellectual Stimulation	Korrelation nach Pearson (n=103)	1,000	0,571 (**)	0,541 (**)	0,604 (**)
	Korrelation nach Spearman-Rho (n=103)	1,000	0,557 (**)	0,508 (**)	0,531 (**)

** Die Korrelation ist auf dem Niveau von 0,01 (2-seitig) signifikant.

Tabelle V: Korrelation - Intellectual Stimulation und transformationale Erfolgsgrößen

Diese Ergebnisse spiegeln sich auch in vorhergehender Tabelle IV in Bezug auf „Extra Effort" wie auch „Effectiveness" wider. Die Korrelationen zu „Intellectual Stimulation" sind sowohl nach Pearson (0,571 bzw. 0,541) als auch nach Spearman-Rho (0,557 bzw. 0,508) signifikant. Die ebenfalls sehr positiven Korrelationen von „Intellectual Stimulation" zur Mitarbeiterzufriedenheit, zu „Satisfaction" sind mit 0,604 (Pearson) bzw. 0,531 (Spearman-Rho) ebenfalls signifikant.

Diese Ergebnisse lassen sich vor dem beruflichen und wissenschaftlichen Hintergrund der Befragten interpretieren. Gerade in einem Marktsegment wie der Life Science Branche sind Fragestellungen überaus komplex, Businessmodelle, wie auch wissenschaftliche Entwicklungen meist nicht langfristig determiniert. In diesem Zusammenhang sind kontroverse Herangehensweisen und die offensive Betrachtung alternativer Standpunkte nicht nur zukunftsweisend sondern überlebensnotwendig (Geroski, 1989, S. 572-578). Der geistigen Anregung „Intellectual Stimulation" kommt damit eine Schlüsselkompetenz zu.

2.2.2.5 Individualisierten Berücksichtigung - „Individualized Consideration"

Unter individueller Wertschätzung, sog. „Individualisierter Berücksichtigung" - „Individualized Consideration" ist das Eingehen der Führungskraft auf die Einzelperson zu verstehen. Gleichermaßen fällt darunter die individuelle Berücksichtigung der Bedürfnisse eines jeden Einzelnen und das Bereitstellen von Hilfen und Anleitungen im Arbeitsprozess. Dieser transformationale Subfaktor ist durch Items gekennzeichnet, wie: „investiert Zeit Sie zu trainieren und zu coachen"; „behandelt Sie als Individuum und nicht nur als Mitglied des Teams"; „betrachtet Sie als Individuum mit unterschiedlichen Bedürfnissen, Fähigkeiten und Zielen", sowie „hilft Ihnen bei der Entwicklung ihrer Stärken".

		Individualized Consideration	Extra Effort	Effectiveness	Satisfaction
Individualized Consideration	Korrelation nach Pearson (n=103)	1,000	0,667 (**)	0,609 (**)	0,731 (**)
	Korrelation nach Spearman-Rho (n=103)	1,000	0,595 (**)	0,560 (**)	0,662 (**)

** Die Korrelation ist auf dem Niveau von 0,01 (2-seitig) signifikant.

Tabelle VI: Korrelation - „Individualized Consideration" und transformationale Erfolgsgrößen

In der vorliegenden Untersuchung und aus obenstehender Tabelle V lässt sich sowohl in Bezug auf „Extra Effort" als auch „Effectiveness" eine starke Korrelation sowohl nach Pearson (0,667 bzw. 0,609) als auch nach Spearman-Rho (0,595 bzw. 0,560) zu „Individualized Consideration" feststellen. Die Korrelationen von „Individualized Consideration" zu Satisfaction, der Mitarbeiterzufriedenheit, sind mit 0,731 (Pearson) bzw. 0,662 (Spearman-Rho) signifikant.

Was dabei jedoch auffällt, ist der Grad der Ausprägung auf die Mitarbeiterzufriedenheit. Ungeachtet der Hierarchieebene, der Verantwortung des einzelnen, deuten die Ergebnisse daraufhin, dass ein ausgeprägtes Bedürfnis besteht, individuell behandelt zu werden, eine persönliche Beziehung zu seiner Führungskraft zu pflegen. Ein aktives „Job Enlargement" und „Job Enrichment" im Sinne von Herzberg (1968) scheint damit erfolgsförderlich zu sein.

2.2.2.6 Leistungsgerechte Entlohnung - „Contingent Reward"

Unter „Contingent Reward" ist eine leistungsgerechte Entlohnung zu verstehen. Der erste transaktionale Führungsstil beruht darauf, dass Mitarbeiter für geleistete, vereinbarte Tätigkeiten entlohnt werden. Wunderer (2003, S. 242) zufolge sind Grundzüge transaktionaler Führung erkennbar, sofern die Bedürfnisse und Ziele der Geführten berücksichtigt werden, d.h. dass diese definiert und entsprechende unterstützende Bedingungen geschaffen werden. Relevante Items des „Contingent Reward" sind: „bietet Ihnen im Austausch für ihre Bemühungen Unterstützung an"; „erörtert im Detail, was für die Erreichung von Leistungszielen erforderlich ist"; „macht deutlich, was bei Erreichung der Leistungsziele zu erwarten ist" und „zeigt Zufriedenheit, wenn die Erwartungen erfüllt werden".

		Contingent Reward	Extra Effort	Effectiveness	Satisfaction
Contingent Reward	Korrelation nach Pearson (n=103)	1,000	0,644 (**)	0,575 (**)	0,636 (**)
	Korrelation nach Spearman-Rho (n=103)	1,000	0,620 (**)	0,568 (**)	0,549 (**)

** Die Korrelation ist auf dem Niveau von 0,01 (2-seitig) signifikant.

Tabelle VII:. Korrelation - „Individualized Consideration" und transformationale Erfolgsgrößen

Entsprechend der Auswertung der Untersuchung, - dargestellt in obenstehender Tabelle VI - lässt sich sowohl in Bezug auf „Extra Effort" als auch „Effectiveness" feststellen, dass eine Korrelation zu „Contingent Reward" sowohl nach Pearson (0,644 bzw. 0,575) als auch nach Spearman-Rho (0,620 bzw. 0,568) besteht. Die Korrelationen von „Contingent Reward" zu Satisfaction, der Mitarbeiterzufriedenheit, sind mit 0,636 (Pearson) bzw. 0,549 (Spearman-Rho) ebenfalls signifikant.

Dieses Ergebnis spiegelt auch die Wirkungsweise, der aus der Literatur bekannten Augmentationshypothese wider (Avolio & Bass, 1988, S. 29-50). Erst durch das Zusammenwirken von transformationaler und transaktionaler Führung lässt sich dieser in früheren Arbeiten (bspw. Avolio & Bass, 1988) als „add-on effect" bezeichnet Augmentationseffekt erzeugen. Demzufolge lassen sich durch das Zusammenwirken dieser beiden Führungsverhaltensweisen zusätzliche positive Effekte hinsichtlich der genannten Erfolgskriterien erzielen (Kroeger & Tartler, 2002, S. 125-140). In krisenbehafteten Zeiten erweisen sich sowohl in der Wirtschaft als auch in der Politik die Korrelation zwischen transformationaler Führung und Erfolg und der damit einhergehenden Wirkung des Augmentationseffekts als signifikant (House, Spangler & Woycke, 1991, S. 364-396).

2.2.2.7 Management by Exception - active

Management by Exception - active beschreibt eine Führungsweise, die dadurch gekennzeichnet ist, dass der Führende nur dann in den Arbeitsprozess einzugreifen bereit ist, wenn Abweichungen passieren. Wesentlich für eine Führung im Sinne des Management by Exception - active stellt die Aufrechterhaltung des Status quo dar. Management by Exception - active ist durch Items gekennzeichnet, wie: „konzentriert sich auf Unregelmäßigkeiten, Fehler, Ausnahmen und Abweichungen von Standards"; „konzentriert sich ganz auf die Bearbeitung von Fehlern, Beschwerden und Misserfolgen"; „verfolgt alle Fehler" wie auch „zeigt Ihnen mit Nachdruck, wenn Standards nicht eingehalten werden".

Bei der Betrachtung obenstehender Tabelle VII fällt auf, dass sich ein Zusammenhang zwischen den aufgeführten Erfolgsskalen und „Management-by-Exception (active)" kaum aufzeigen lässt. In Bezug auf „Extra Effort" als auch „Effectiveness" bewegen sich die Werte bei „Management-by-Exception (active)" sowohl nach Pearson (0,141 bzw. 0,167) als auch nach Spearman-Rho in einem Bereich zw. 0,207 und 0,187. Die Korrelationen von „Management-by-Exception (active)" zu Satisfaction, der Mitarbeiterzufriedenheit, sind mit -0,029 (Pearson) bzw. 0,014 (Spearman-Rho) nicht signifikant.

		Management-by-Exception (active)	Extra Effort	Effectiveness	Satisfaction
Management-by-Exception (active)	Korrelation nach Pearson (n=103)	1,000	0,141	0,167	-0,029
	Korrelation nach Spearman-Rho (n=103)	1,000	0,207 (*)	0,187	0,014

* Die Korrelation ist auf dem Niveau von 0,05 (2-seitig) signifikant.
** Die Korrelation ist auf dem Niveau von 0,01 (2-seitig) signifikant.

Tabelle VIII: Korrelation - „Management-by-Exception (active)" und transformationale Erfolgsgrößen

Führungskräfte, die aktives „Management by Exception" praktizieren, zeichnen sich im Allgemeinen dadurch aus, dass sie die Arbeitsabläufe ihrer Mitarbeiter im Hinblick auf mögliche Probleme, Risikofaktoren und Fehlerquellen kontrollieren, was bei Routinetätigkeiten auch angemessen sein kann. Werden jedoch projektspezifische, nicht alltägliche Zielsetzungen verfolgt, erweist sich diese Form der Führung als ineffektiv. Diese Ergebnisse entsprechen den im Vorfeld postulierten Hypothesen und finden ihre Bestätigung in verschiedenen Untersuchungen wie die von Rathgeber (2005) oder Geyer & Steyrer (1998, S. 377-401). Eine derartige Führung erscheint angesichts des Qualifikationsniveaus wie auch der Hierarchie-Ebene der an der Untersuchung Beteiligten nicht erfolgversprechend zu sein, wie die Ergebnisse bestätigen.

2.2.2.8 Management by Exception - passive

Unter „Management by Exception - passive" ist eine Handlungsweise zu verstehen, die dadurch gekennzeichnet ist, dass die Führungskraft erst dann eingreift wenn es zu Abweichungen bei den Zielvorgaben kommt. Nicht während des Entstehungsprozesses bzw. bei den eigentlichen Tätigkeiten der Mitarbeiter erfolgt eine Reaktion der Führungskraft sondern erst im Abgleich mit den gegebenen Zielen. „Management by Exception - passive" zeigt an, ob der Führende nur dann zu Eingriffen bereit ist, wenn Ergebnisse nicht erreicht wurden und ob ausschließlich die Aufrechterhaltung des Status quo im Auge behalten wird. Maßgeblich Items sind: „greift erst ein, wenn die Probleme ernst werden"; „wartet bis etwas schief läuft, bevor sie/ er eingreift"; „demonstriert seine/ ihre feste Überzeugung: „Was nicht zerbrochen ist, muss nicht repariert werden." und „agiert erst, wenn Probleme chronisch sind".

		Management-by-Exception (passive)	Extra Effort	Effectiveness	Satisfaction
Management-by-Exception (passive)	Korrelation nach Pearson (n=103)	1,000	-0,382 (**)	-0,421 (**)	-0,418 (**)
	Korrelation nach Spearman-Rho (n=103)	1,000	-0,317 (**)	-0,390 (**)	-0,365 (**)

** Die Korrelation ist auf dem Niveau von 0,01 (2-seitig) signifikant.

Tabelle IX: Korrelation - „Management-by-Exception (passive)" und transformationale Erfolgsgrößen

Betrachtet man die vorliegenden Ergebnisse, - entsprechend obenstehender Tabelle VIII, - werden die Auswirkungen dieses Führungsverhaltens auf die Erfolgsmaße „Extra Effort", „Effectiveness" und „Satisfaction", die Mitarbeiterzufriedenheit mehr als deutlich. Es lässt sich sowohl in Bezug auf „Extra Effort" als auch „Effectiveness" feststellen, dass eine negative Korrelation zu „Management-by-Exception (passive)" sowohl nach Pearson (-0,382 bzw. -0,421) als auch nach Spearman-Rho (-0,317 bzw. -0,390) besteht. Die Korrelationen von „Management-by-Exception (passive)" zu „Satisfaction" sind mit -0,418 (Pearson) bzw. -0,365 (Spearman-Rho) ebenfalls signifikant.

Um zu verstehen, warum diese Ergebnisse in ihrer Signifikanz bzw. Aussage weitaus deutlicher ausfallen als Arbeiten von Geyer & Steyrer (1998, S. 377-401) oder Barbuto, Cundall & Fritz (2004) bietet sich erneut - auch im Vergleich zu den genannten Untersuchungen - das Bildungsniveau der Beteiligten, wie auch deren Involvement, - im Sinne einer aktiven finanziellen Beteiligung und deren Aktivität als Führungskraft, - als Erklärungsansatz an. Diese Aussage deckt sich mit Erkenntnissen von Denison (1990), der Einflussfaktoren untersuchte, die die Effektivität von Organisationen signifikant beeinflussen. Demzufolge unterstützt nicht nur eine hohe „Übereinstimmung (consistency)" in Normen, Werten und Anschauungen die Konsensbildung und Koordination der Mitarbeiter, sondern auch eine „starke Beteiligung (involvement)" im Sinne der Identifikation und Motivation.

2.2.2.9 Laisser-Faire

Laisser-Faire stellt einen der bekanntesten Führungsstile dar. Dabei geht es darum, in welchem Maße sich der Vorgesetzte um Resultate kümmert, Entscheidungen trifft, Anweisungen gibt oder auch von sich aus zu Kontakten bereit ist. Wird im Stile des Laisser-Faire geführt, genießen die Mitarbeiter volle Freiheit bei der Ausführung ihrer Tätigkeiten. Seitens der Führung werden Beurteilungen vermieden und auch keine Vorschläge getätigt. Items, die Laisser-Faire kennzeichnen, sind: „vermeidet es, bei wichtigen Fragestellungen beteiligt zu werden"; „ist nicht greifbar, wenn er/ sie gebraucht wird"; „vermeidet es, konkrete Entscheidungen zu treffen" und „verschiebt die Beantwortung dringender Fragen auf später".

		Laisser-Faire	Extra Effort	Effectiveness	Satisfaction
Laisser-Faire	Korrelation nach Pearson (n=103)	1,000	-0,410 (**)	-0,497 (**)	-0,440 (**)
	Korrelation nach Spearman-Rho (n=103)	1,000	-0,330 (**)	-0,461 (**)	-0,369 (**)

** Die Korrelation ist auf dem Niveau von 0,01 (2-seitig) signifikant.

Tabelle X: Korrelation - „Laisser-faire" und transformationale Erfolgsgrößen

Schon Lewin, Lippitt & White (1939, S. 271-299) identifizieren Laisser Faire als die am wenigsten erfolgreiche Führungsverhaltensweise. Vergleichbare Untersuchungen finden sich in zahlreichen weiteren Arbeiten.[103] Die Ergebnisse der vorliegenden Untersuchung überraschen damit nicht. Sowohl in Bezug auf „Extra Effort" als auch „Effectiveness" lässt sich deutlich feststellen, dass eine negative Korrelation zu „Laisser-Faire" sowohl nach Pearson (-0,410 bzw. -0,497) als auch nach Spearman-Rho (-0,330 bzw. -0,461) besteht.

[103] Anmerkung: Im Kapitel 5 „Führung" finden sich entsprechende Arbeiten

Die Korrelationen von „Laisser-Faire" zu „Satisfaction" sind mit -0,440 (Pearson) bzw. -0,369 (Spearman-Rho) ebenfalls signifikant.

2.2.3 Lebensphase und Erfolg

Die Auseinandersetzung mit Lebensphasen wird in zahllosen Arbeiten dokumentiert (vgl. auch Kapitel 8 „Unternehmenslebensphasen"), die gezielte Behandlung einzelner Aspekte wird in historischen, wirtschaftlichen, biologischen wie auch psychologischen Dimensionen vielfach diskutiert. Erkenntnisse empirischer Art, die den Erfolg im Rahmen eines Lebensphasen-Modells quantitativ erfassen, sind in einem wirtschaftswissenschaftlichen Kontext jedoch kaum bekannt. Das Kapitel „Lebensphase und Erfolg" setzt sich mit der nachfolgenden Fragestellung auseinander:

- Welcher Zusammenhang besteht zwischen der Lebensphase und dem Erfolg eines schnell wachsenden Unternehmens?

Aufgeschlüsselt in die einzelnen Erfolgsgrößen werden nachfolgend die verschiedenen Lebensphasen verglichen. Die Darstellung ermöglicht eine Einschätzung, ob und inwieweit eine Unternehmenslebens-Phase erfolgreicher ist als eine andere. Diese Erkenntnis ist auch deshalb von Bedeutung, um eine zielgerichtete Unternehmensentwicklung, sowohl auf personeller als auch organisationaler, struktureller Ebene zu gewährleisten. Das Unternehmen W.L. Gore, als Produzent der gemeinhin bekannten Gore-Tex-Kleidung, wurde Ende 2007 bspw. zu einem der beliebtesten Arbeitgeber Deutschlands gekürt. Um eine entsprechende Arbeitsatmosphäre mit flachen Hierarchien zu gewährleisten, eröffnet dieses Unternehmen ab einer maximalen Belegschaftsgröße von 250 Mitarbeitern neue Standorte (Kösters, 2007).

Die Phasen „Start-Up", „Wachstum", „Reife" und „Niedergang" werden in den folgenden Abschnitten mit ihren jeweils phasenspezifischen Führungsverhaltensweisen vorgestellt und erläutert. Betrachtet man dabei die in dieser Untersuchung vorgestellten Erfolgsgrößen, „Extra Effort", „Effectiveness", „Satisfaction" und das durchschnittliche Mitarbeiterwachstum im Vergleich der verschiedenen Unternehmenslebensphasen, fällt auf, dass die ermittelten Erfolgsmaße in der Start-Up-, wie auch in der Wachstumsphase überdurchschnittlich stark vertreten sind. In folgender Abbildung 70 ist über die einzelnen Erfolgsgrößen hinweg ein leichtes Ansteigen der gemessenen Erfolgsgrößen von Start-Up zu Wachstum festzustellen, mit einem daran anschließenden deutlichen Einbruch bei der Reife- und Niedergangsphase. Dieser Betrachtungsweise folgend, scheinen Unternehmen der Start-Up- und Wachstumsphase erfolgreicher zu sein als Unternehmen, die sich in der Reife- und Niedergangsphase befinden. Diese Aussage würde auch dem Dynamik-Prinzip von Pümpin (1990) entsprechen. Anzumerken ist an dieser Abbildung, dass die Darstellung des Mitarbeiterwachstums hinsichtlich der gewählten Einheiten mit den restlichen Erfolgsgrößen nicht vergleichbar ist und aus diesem Grunde nicht aufgeführt wird. Die grundsätzlichen Tendenzen sind jedoch auch bei der Erfolgsgröße Mitarbeiterwachstum festzustellen, wie Abbildung 74 später noch verdeutlichen wird.

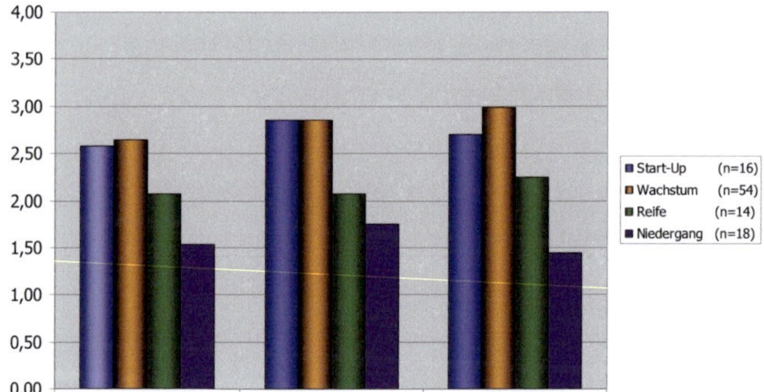

	Extra Effort	Effectiveness	Satisfaction
Start-Up (n=16)	2,58	2,85	2,70
Wachstum (n=54)	2,65	2,85	2,99
Reife (n=14)	2,07	2,07	2,25
Niedergang (n=18)	1,54	1,75	1,44

Abbildung 70: Übersicht - Lebensphasen und Erfolgsgrößen

In den nachfolgenden Abbildungen werden die einzelnen Erfolgsmaße jeweils gesondert betrachtet und nochmals kurz erläutert.

2.2.3.1 Extra Effort

„Extra Effort" kennzeichnet die Leistungsbereitschaft, die über das allgemeine Maß eines transaktionalen Austauschverhältnisses hinausgeht. Seien es freiwillige Überstunden oder ein außerbetriebliches Engagement - diese zusätzliche Leistungsbereitschaft hat sich in den vergangenen Jahren als eines der wesentlichen subjektiven Erfolgsmerkmale in der Führungsforschung herausgebildet (vgl. Geyer & Steyrer, 1998, S. 394ff., Mönninghoff & Rowold, 2006). Extra Effort wird im Rahmen der Bestimmung des Führungsverhaltens mit dem Multifactor Leadership Questionnaire (MLQ) erhoben. Eine phasenspezifische Betrachtung von Erfolgsmerkmalen wie „Extra Effort" oder „Effectiveness" ist aus der Literatur bislang nicht bekannt. Nachfolgende Abbildung 71 erinnert in einem ersten Eindruck an die Verteilung einzelner transformationaler Führungsverhaltensweisen in verschiedenen Unternehmenslebensphasen.

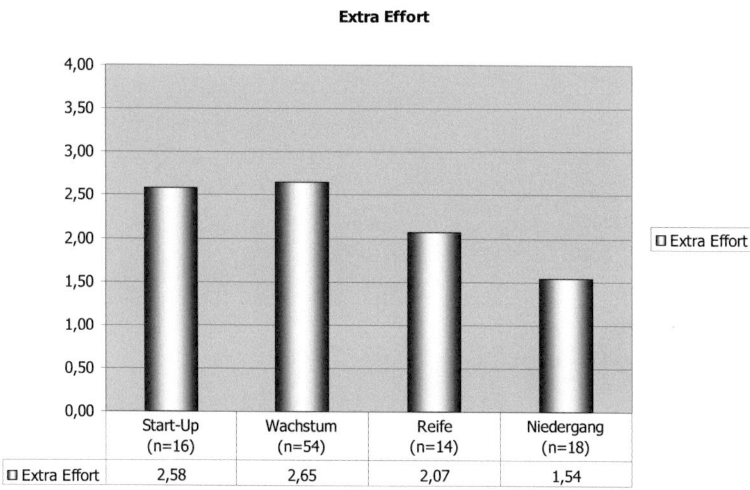

Abbildung 71: Extra Effort in den verschiedenen Lebensphasen

Diese zusätzliche Leistungsbereitschaft „Extra Effort" ist gerade in der Start-Up-, wie auch in der Wachstumsphase mit Werten von 2,58 bzw. 2,65 überdurchschnittlich ausgeprägt. Entsprechend unterdurchschnittlich präsentieren sich die Reifephase mit 2,07 und die Niedergangsphase mit 1,54 gemäß der Skala des MLQ. In der Niedergangsphase bedingen sich nachlassende Leistungsbereitschaft und Wahrnehmung des Zustands des Unternehmens gegenseitig. Führung stellt sich in krisenbehafteten Phasen als absolut erfolgskritisch dar (vgl. Wendt & Frey, 2002, S. 18ff, Dörr, 2006).

2.2.3.2 Effectiveness

Effektivität stellt eine Maßgröße wirksamer Aufgabenerfüllung dar (Witte, 1995, S. 263f). Kehr (2000) unterscheidet verschiedene Effektivitätskriterien der Führung. Neben der Leistung wird das „Wir-Gefühl", die so genannte Kohäsion der Gruppenmitglieder als „Effektivitätskriterium" herangezogen. Ein derartiges Zusammengehörigkeitsgefühl führt zu einer höheren Frustrationstoleranz, festen Verhaltensnormen und gemeinsamen Zielsetzungen und damit zu einer effektiven Arbeitshaltung. Diese Faktoren bedingen sich untereinander, sowohl positiv wie negativ. Eine hohe Gruppenkohäsion hat damit positiven Einfluss auf die Leistung der Organisationsmitglieder.

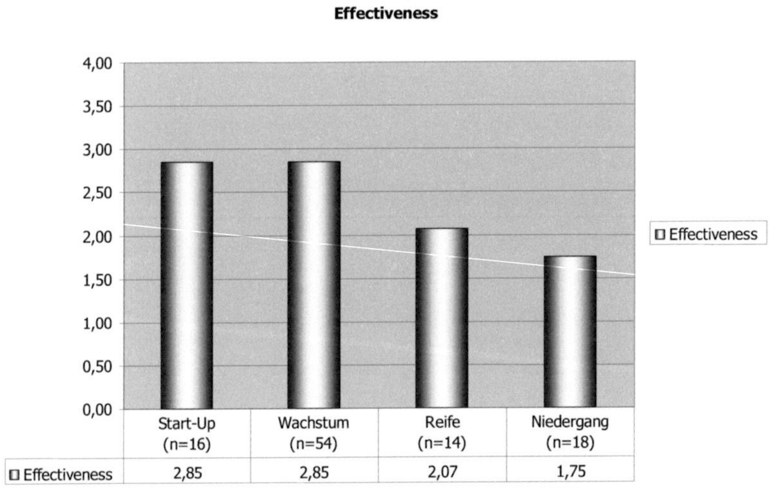

Abbildung 72: Effectiveness in den verschiedenen Lebensphasen

Obenstehende Abbildung 72 verdeutlicht die gleichermaßen positive Besetzung der Start-Up- und Wachstumsphase mit einem Wert von 2,85. Der Einbruch in der Reife- bzw. Niedergangsphase mit 2,07 und 1,75 unterstreicht die ggf. kippende Stimmung und Atmosphäre in den beiden letztgenannten Phasen.

2.2.3.3 Satisfaction

Die Zufriedenheit des Mitarbeiters mit seiner Führung wird unter „Satisfaction" erfasst. Empirische Belege für einen Zusammenhang zwischen Mitarbeiterzufriedenheit und Führungsverhalten lassen sich in zahlreicher Form finden (vgl. Stogdill & Shartle, 1955, Kaltenstadler, 1995, Sp. 1091ff. etc.). Untersuchungen, die sich der durchgehenden, phasenspezifischen Erfassung von „Satisfaction" widmen, finden sich jedoch keine. Arbeiten und Studien dazu sind meist im Zusammenhang mit den Schlagworten „Fluktuation", „Krise" und „Innere Kündigung" angesiedelt (vgl. Mertel, 2006, Hansmann & Scupin, Henze, 2004, Grimpe, 2005). Nachfolgende Abbildung 73 unterstreicht die positive Besetzung der Start-Up- und Wachstumsphase mit Werten von 2,70 bzw. 2,99. Die in der Wachstumsphase ansteigende „Satisfaction" lässt sich ggf. aus dem zunehmenden Maß an Struktur und subjektivem Sicherheitsempfinden begründen (vgl. auch Hansmann & Scupin, Henze, 2004). Werte von 2,25 in der Reife und 1,44 in der Niedergangsphase weisen jedoch auch auf die Bedeutung und Notwenigkeit einer Führung hin, die die Zufriedenheit der Mitarbeiter gewährleistet und den Erfolg des Unternehmens nachhaltig sicherstellt (vgl. Rosenstiel, Regnet & Domsch, 2003, Dressler & Frederich, 2005, Orlikowski, 2002, Kurzlechner, 2006).

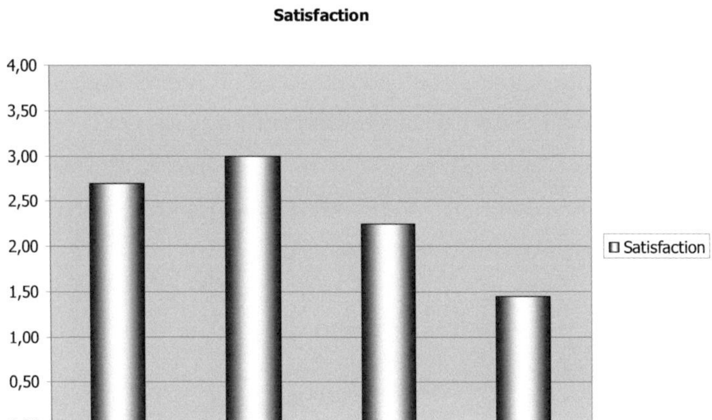

	Start-Up (n=16)	Wachstum (n=54)	Reife (n=14)	Niedergang (n=18)
Satisfaction	2,70	2,99	2,25	1,44

Abbildung 73: Satisfaction in den verschiedenen Lebensphasen

2.2.3.4 Mitabeiterwachstum

Diese Arbeit untersucht das Mitarbeiterwachstum (Wachstum MA) über einen Zeitraum von drei Jahren. Die ermittelten Werte stellen das durchschnittliche, jährliche Wachstum der Mitarbeiterzahlen der jeweiligen Unternehmen einer Unternehmenslebensphase dar. Auf die Problematik junger Unternehmen, die strukturbedingt oftmals exorbitante Wachstumsraten bei den Mitarbeiterzahlen aufweisen wird hingewiesen, ebenso, dass sechs Unternehmen der Untersuchung keinen Einzug in diesen Teil der Auswertung fanden. Diese Unternehmen sind jünger als drei Jahre. Auf diese Erfolgsgröße wird dennoch zurückgegriffen, da sie nicht nur häufig in der Literatur ihre Verwendung findet und sich damit zum Vergleich mit anderen Studien eignet, sondern oftmals auch über eine Inhaltsanalyse, über externe Quellen, zu eruieren ist. In Teilbereichen wurden die Aussagen der Unternehmen über eine Inhaltsanalyse von öffentlich zugänglichen Geschäftsberichten verifiziert bzw. über die Angaben der Unternehmenswebsite präzisiert. Anzumerken ist in diesem Zusammenhang, dass die ermittelte durchschnittliche Wachstumsrate der Stichprobe von 21%, der durch die Kommunikationsplattform Biotechnologie des Bundesministeriums für Bildung und Forschung bekannt gegebenen Wachstumsrate der deutschen Biotechnologie-Branche mit 22% im wesentlichen entspricht (vgl. Mannhardt & Ding, 2007).

Nachfolgende Abbildung 74 betont die aufgeführten Unterschiede mit einer 70% Wachstumsrate in der Start-Up-Phase im Vergleich zu einer 9% bzw. 6% Wachstumsrate in der Wachstums- und Reifephase. Die im Promille-Bereich angesiedelten aber dennoch positiven Veränderungen im Beschäftigungsverhältnis in der Niedergangsphase überraschen eher. Worauf sie zurückzuführen sind, ist ggf. dem vorliegenden Datensatz geschuldet bzw. in weiterführenden Untersuchungen zu klären.

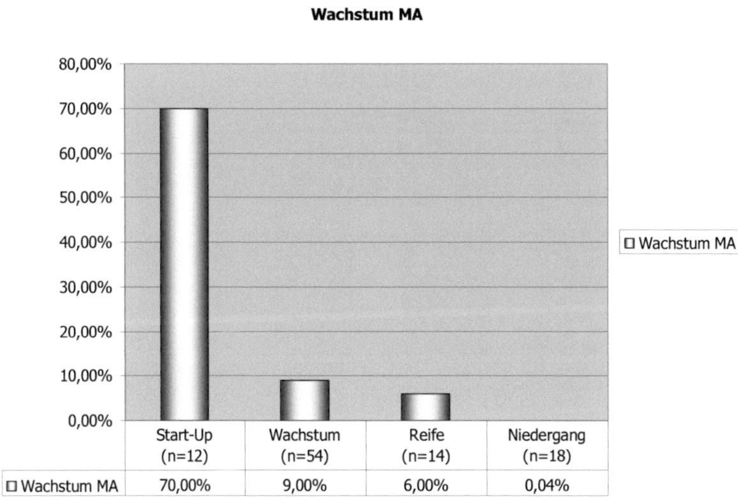

Abbildung 74: Mitarbeiterwachstum in den verschiedenen Lebensphasen

Obenstehende Abbildung 74 betont die aufgeführten Unterschiede mit einer 70% Wachstumsrate in der Start-Up-Phase im Vergleich zu einer 9% bzw. 6% Wachstumsrate in der Wachstums- und Reifephase. Die im Promille-Bereich angesiedelten aber dennoch positiven Veränderungen im Beschäftigungsverhältnis in der Niedergangsphase überraschen eher. Worauf sie zurückzuführen sind, ist ggf. dem vorliegenden Datensatz geschuldet bzw. in weiterführenden Untersuchungen zu klären.

2.2.4 Fallbeispiele der Lebensphasen

Nachfolgende Übersicht in Abbildung 75 verdeutlicht nochmals wie ausgeprägt die Erfolgsgrößen Extra Effort, Effectiveness und Satisfaction in den Phasen Start-Up und Wachstum sind. Mit dem positiven Ansteigen von Start-Up- über Wachstum bis hin zum anschließenden Abfallen auf unterdurchschnittliche Werte in den Phasen Reife und Niedergang erfährt nicht nur das Dynamik-Prinzip von Pümpin (1990) eine erneute Bestätigung, vor allem wird die positive Bedeutung der Start-Up- und Wachstumsphase für die erfolgreiche Führung eines Unternehmens ersichtlich.

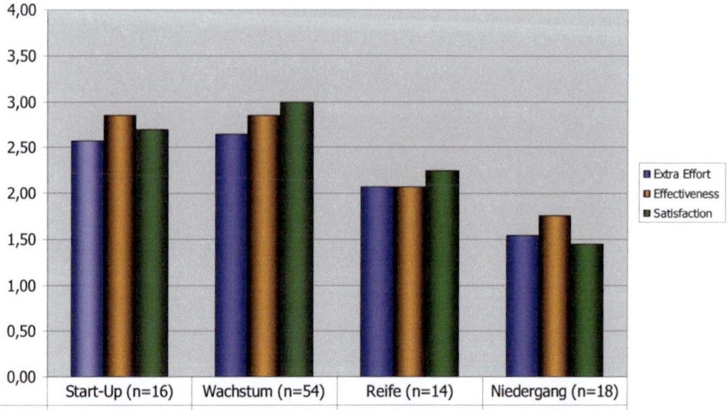

	Start-Up (n=16)	Wachstum (n=54)	Reife (n=14)	Niedergang (n=18)
Extra Effort	2,58	2,65	2,07	1,54
Effectiveness	2,85	2,85	2,07	1,75
Satisfaction	2,70	2,99	2,25	1,44

Abbildung 75: Übersicht - Erfolgsgrößen in den verschiedenen Lebensphasen

Eine erneute Einbindung der Erfolgsgröße Mitarbeiterwachstum in obenstehende Abbildung 75 erfolgte aus den zuvor benannten Gründen nicht. Die nachfolgenden Abschnitte setzen sich mit den Merkmalen der einzelnen Lebensphasen auseinander. An ausgewählten Beispielen, knappen „Case-Studies", werden die Besonderheiten der jeweiligen Phase knapp verdeutlicht.

2.2.4.1 Start-Up

Unternehmen der Start-Up-Phase, so genannte Pionier-Unternehmen zeichnen sich dadurch aus, dass sie im Begriff sind, mindestens ein attraktives Nutzenpotential zu erschließen (Pümpin & Prange, 1991). Meist sind die Prozesse und Strukturen innerhalb eines Unternehmens in dieser Phase nicht institutionalisiert und im Wesentlichen auf die Person des Gründers ausgerichtet. In dieser Phase kann die Existenz des Unternehmens durch Fehlentscheidungen der Führung schnell gefährdet werden.

Im Rahmen dieser Arbeit ist diese Lebensphase nicht nur durch ein 70% Mitarbeiterwachstum und überaus effektive und zufriedene Mitarbeiter gekennzeichnet, die anscheinend auch gerne „Extra Anstrengungen" für ihr Unternehmen leisten, sondern vor allem auch durch eine überdurchschnittlich stark ausgeprägte transformationale Führung. In Bezug auf „Contingent Reward" weist diese Unternehmenslebensphase die stärksten Ausschläge in der gesamten Untersuchung aus. Dies mag gerade in dieser Phase die Bedeutung der Augmentationshypothese unterstreichen und Führenden aufzeigen, wie wichtig dennoch in den Frühphasen eines Unternehmens eine grundlegende, leistungsgerechte Entlohnung ist, um überdurchschnittlich erfolgreich zu agieren.

Abbildung 76 vermittelt einen Überblick über die Ausprägungen des Führungsverhaltens und die Erfolgsgrößen der Start-Up-Phase. Die ebenfalls dargestellten Durchschnittswerte der Gesamt-Untersuchung dienen der Vergleichbarkeit und Einschätzung der Werte.

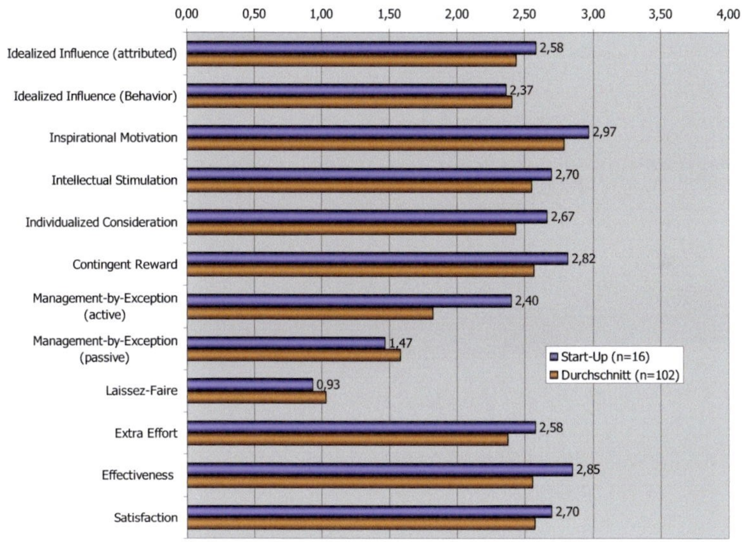

Abbildung 76: Die Start-Up-Phase im Überbblick

Nachfolgend aufgeführte Kurzbeschreibung - als „Case Study" - bezeichnet, illustriert die Besonderheiten eines Unternehmens in der Start-Up-Phase. Die Nennung dieses wie auch der nachfolgenden Unternehmen, unterbleibt aus Gründen des Datenschutzes. Abbildung 77 beinhaltet Hintergrundinformationen zu dem als Start-Up GmbH bezeichneten Unternehmen. Die Darstellung untergliedert sich in eine Kurzbeschreibung zu Geschäftsmodell und Markt, in Rahmendaten, wie Mitarbeiterzahl, Gründungsjahr und Rechtsform, sowie in Ausführungen zum Führungsverhalten, entsprechend des MLQ und der subjektiv erfassten und beschriebenen Führung innerhalb des Unternehmens. Gerade letzteres verdeutlicht die Eigenheiten des wahrgenommenen Führungsverhaltens, da gängige Führungsansätze wie auch Stile im Sprachgebrauch missverständlich bzw. uneinheitlich verwendet werden.[104]

Kurzprofil eines Unternehmens der Start-Up-Phase	
Kurzbeschreibung:	
• Geschäftsmodell:	Die Start-Up GmbH versteht sich als Entwickler und Anbieter innovativer Molekular-Diagnostik-Lösungen für Medizintechnologie-Unternehmen, Kliniken und Forschungsinstitutionen. Die Start-Up GmbH ist international tätig.
Rahmendaten:	
• Gründungsjahr:	2005
• Rechtsform:	GmbH
• Standort:	Großraum Linz, Österreich
• Mitarbeiter:	5 (Stand Ende 2007)
• Umsatz:	Euro 220.000.- (2006)
• Strukturen:	flache Strukturen, eine Hierarchie-Ebene
Führung:	Das Unternehmen weist überaus hohe Ausprägungen bei den gemessenen Erfolgsgrößen Satisfaction (3,0), Extra Effort (3,0) und Effectiveness (3,25) auf. Die Führung ist stark transformational ausgerichtet. Eine Führung im Stile des Laissez-Faire (0,5) findet praktisch nicht statt.
Besonderheiten:	Der Gründer ist gleichzeitig Geschäftsführender Gesellschafter. Intern wird sein Führungsstil als konsequent und geradlinig bezeichnet, mit der Betonung, dass persönliche Belange berücksichtigt werden.
Quelle:	Persönliches Interview, Gespräch mit Geschäftsführung und Mitarbeitern, Internet-Recherche.

Abbildung 77: Kurzprofil eines Unternehmens der Start-Up-Phase

2.2.4.2 Wachstum

Entsprechend den Ausführungen von Pümpin & Prange (1991) sind die Merkmale eines Unternehmens in der Wachstumsphase in der Expansion der Unternehmung, der Multiplikation von Nutzenpotentialen zu finden. Die Strukturen und Prozesse innerhalb des Unternehmens gestalten sich zunehmend professioneller. Nicht mehr der Gründer alleine bestimmt die Geschicke des Unternehmens, vielmehr sind die unterschiedlichen Kompetenzen eines Teams gefordert, das Unternehmen nachhaltig zu entwickeln. Die Unternehmen dieser Phase haben - entsprechend den Ergebnissen der Untersuchung - ein durchschnittliches Alter von 11,35 Jahre und 48,2 Mitarbeiter. Die Wachstumsphase

[104] Anmerkung: Entsprechende Ausführungen und Erläuterungen finden sich im Kapitel 7 „Führung".

zeichnet sich daneben nicht nur durch ein 9% Mitarbeiterwachstum und wie die Start-Up-Phase durch überdurchschnittlich engagierte Mitarbeiter aus, sondern durch die effektivsten und zufriedensten Mitarbeiter. Die höchsten Durchschnittswerte der Erfolgsgrößen „Satisfaction", „Extra Effort" und „Effectiveness" werden gemäß dieser Untersuchung, in der Wachstumsphase erzielt. Die höchsten Anteile transformationaler Führung finden sich ebenfalls in dieser Phase. Den niedrigsten Durchschnittswert für Laisser-Faire im Vergleich aller Phasen ist übrigens auch in der Wachstums-Phase anzutreffen.

Abbildung 78 stellt einen Überblick über die Ausprägungen des Führungsverhaltens und die Erfolgsgrößen der Wachstums-Phase dar.

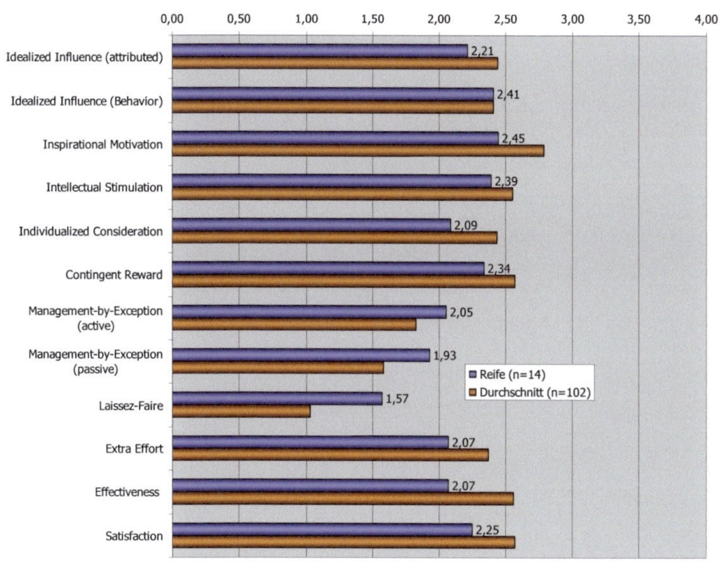

Abbildung 78: Die Wachstums-Phase im Überbblick

Als typisches Unternehmen der Wachstumsphase kann bspw. die nachfolgende als Wachstum AG aufgeführte Unternehmung bezeichnet werden. Sowohl das Führungsverhalten als auch die von Pümpin & Prange (1991) genannten Merkmale, entsprechen den Erwartungen an diese Phase. Lediglich im Hinblick auf die Mitarbeiterzahl schlägt es etwas aus dem Rahmen. Aus Gründen des Datenschutzes bleibt der Name des Unternehmens ungenannt. Die nachfolgende Abbildung 79 vermittelt einen knappen Eindruck des Unternehmens. Die Darstellung untergliedert sich auch hier in eine Kurzbeschreibung zu Geschäftsmodell und Markt, in Rahmendaten wie Mitarbeiterzahl, Gründungsjahr und Rechtsform, sowie in Ausführungen zum Führungsverhalten, entsprechend des MLQ und der subjektiv erfassten und beschriebenen Führung innerhalb des Unternehmens.

Kurzprofil eines Unternehmens der Wachstumsphase	
Kurzbeschreibung:	
• Geschäftsmodell:	Die Wachstum AG ist ein biopharmazeutisches Unternehmen mit Sitz in Nordrhein-Westfalen. Die Wachstum AG strebt eine führende Position bei der Entwicklung und Vermarktung von Arzneimitteln zur Behandlung des Schlaganfalls und weiterer thrombotischer Erkrankungen an. Die Kernkompetenz der XY AG ist es, vielversprechende Substanzen zu identifizieren, diese in Lizenz zu nehmen oder zu erwerben und ihre klinische Entwicklung und Marktzulassungsverfahren durchzuführen.
Rahmendaten:	
• Gründungsjahr:	2000
• Rechtsform:	Aktiengesellschaft
• Standort:	Nordrhein-Westfalen
• Mitarbeiter:	75 (Stand Ende 2007)
• Umsatz:	Euro 18.796.000.- (2006)
• Strukturen:	flache Strukturen, drei Hierarchie-Ebenen
Führung:	Das Unternehmen weist überaus hohe Ausprägungen bei den gemessenen Erfolgsgrößen Satisfaction (3,0), Extra Effort (3,33) und Effectiveness (3,0) auf. Die Führung ist stark transformational ausgerichtet. Die Führung mit Contingent Reward ist mit einem Wert von 3,5 ebenfalls stark ausgeprägt.
Besonderheiten:	Der Vorstand ist am Unternehmen selbst beteiligt. Die Führung wird intern als offen und lebendig beschrieben. Aktuell musste das Unternehmen einen Rückschlag in der klinischen Erprobung in Phase III hinnehmen.
Quelle:	Persönliches Interview, Gespräch mit Mitarbeitern, Internet-Recherche.

Abbildung 79: Kurzprofil eines Unternehmens der Wachstumsphase

2.2.4.3 Reife

Ein Unternehmen in der Reifephase weist nach Pümpin & Prange (1991) nachfolgende Merkmale auf, wie ein Höchstmaß an Struktur, einen vielstufigen Planungsprozess, sowie einen meist stabilen und guten Cash-Flow. Unternehmen in der Reife-Phase zählen im Allgemeinen zu den großen und etablierten Vertretern dieser Branche. Der persönliche Kontakt der Führung zu den ausführenden Instanzen besteht jedoch kaum noch. Im Durchschnitt sind Unternehmen dieser Phase - dieser Untersuchung zufolge - 12,7 Jahre alt und haben 4.260 Mitarbeiter. Anzumerken ist hierbei, dass innerhalb dieser Befragung ohne den größten Arbeitgeber dieser Phase, die Mitarbeiterzahl auf 722 sinken würde. Das durchschnittliche Mitarbeiterwachstum liegt bei 6%. Der größte Anteil transaktionaler Führung ist in dieser Phase zu beobachten.

In Abbildung 80 werden die Ausprägungen des Führungsverhaltens und die Erfolgsgrößen der Reife-Phase übersichtlich dargestellt. Durch die ebenfalls dargestellten Durchschnittswerte der Gesamt-Untersuchung werden die Besonderheiten dieser Phase, vor allem das Zusammenspiel von Führung und Erfolg deutlich.

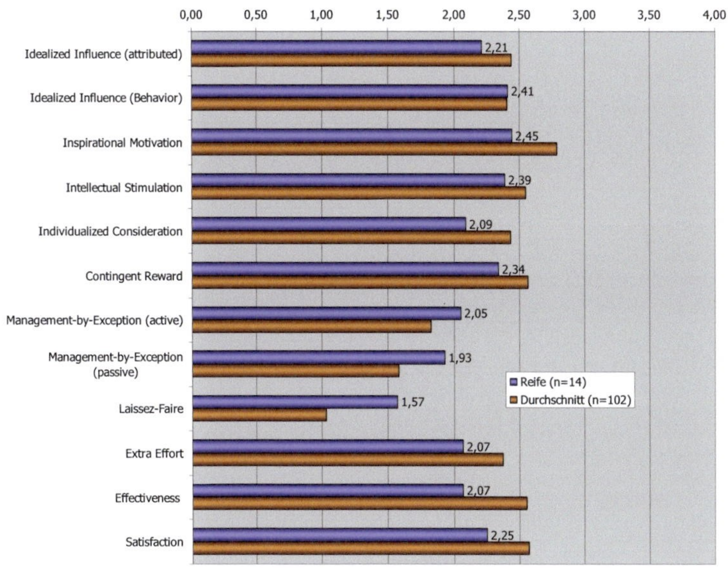

Abbildung 80: Die Reife-Phase im Überbblick

Die nachfolgend in Abbildung 81 beschriebene und als Reife AG bezeichnete Unternehmung kann als Beispiel eines Unternehmens der Reifephase dienen. Als Spin-Off eines weltweit-aktiven Pharmakonzerns konnte dieses Unternehmen seit seiner Gründung auf bestehende Kundenbindungen zurückgreifen und sich langsam entwickeln. Mit einem in den vergangenen Jahren eingeleiteten Strategie-Wechsel und einem damit verbundenen deutlich gesteigerten, internationalen Wachstum ging gleichzeitig ein Wechsel in der Führungskultur einher. Die Auswirkungen dieses Wandels sind noch nicht abschließend einzuschätzen.

Kurzprofil eines Unternehmens der Reifephase	
Kurzbeschreibung:	
• Geschäftsmodell:	Die Reife AG ist ein Schweizer Unternehmen mit Sitz im Großraum Basel. Die Reife AG strebt eine weltweit führende Position bei der Entwicklung und Vermarktung von Bioinformatik-Produkten an. Das Unternehmen ist mit Standorten in Deutschland und den Vereinigten Staaten international präsent.
Rahmendaten:	
• Gründungsjahr:	1997
• Rechtsform:	Aktiengesellschaft
• Standort:	Großraum Basel, Schweiz (Stammhaus)
• Mitarbeiter:	110 (Stand Ende 2007)
• Umsatz:	wird nicht publiziert
• Strukturen:	Vier Hierarchie-Ebenen
Führung:	Das Unternehmen weist mittlere bis geringe Ausprägungen bei den gemessenen Erfolgsgrößen Satisfaction (2,0), Extra Effort (2,0) und Effectiveness (1,0) auf. Die Führung ist sehr schwach transformational ausgerichtet. Die Führung mit Laissez Faire (1,75) und Management-by-Exception ist dagegen überdurchschnittlich stark ausgeprägt.
Besonderheiten:	Der CEO ist gleichzeitig größter Anteilseigner des Unternehmens. Der angestrebte Rückzug des CEO in den Verwaltungsrat wurde nach nur einem halben Jahr wieder rückgängig gemacht. Die aktuelle Führung des Unternehmens wird intern als sehr politisch, machtorientiert und kurzfristig bezeichnet. Die Fluktuation hat im Vergleich der Vorjahre deutlich zugenommen.
Quelle:	Persönliches Interview, Gespräch mit Mitarbeitern, Internet-Recherche.

Abbildung 81: Kurzprofil eines Unternehmens der Reifephase

2.2.4.4 Niedergang

Unternehmen in dieser Phase sind meist darauf fokussiert, etablierte Produkte zu fördern. In der Niedergangsphase streben Unternehmen gleichermaßen danach Prozesse zu optimieren und Abläufe zu rationalisieren. Die Sichtweise innerhalb des Unternehmens ist kostenorientiert. Eine strategische Betrachtung und Berücksichtigung von Nutzenpotentialen unterbleibt. Die Handlungsweise des Unternehmens gestaltet sich daneben retrospektiv. Diese Phase ist durch die existenzielle Bedrohung des Unternehmens charakterisiert und spiegelt sich in wachsender Unsicherheit und zunehmender Fluktuation bei den Mitarbeitern wider. Eine nachhaltige und durchgängige Führung ist nur noch selten anzutreffen.

Folgt man den Ergebnissen dieser Arbeit, sind Unternehmen in der Niedergangsphase 43,6 Jahre alt und beschäftigen durchschnittlich 3.336 Mitarbeiter. Jede der genannten Erfolgsgrößen weist unterdurchschnittliche Werte auf. Transformationale Führungsansätze sind nicht mehr zu erkennen. Laisser-Faire und Management-by-Exception (passive) dominieren das Führungsverhalten in der Niedergangsphase, wie Abbildung 82 verdeutlicht.

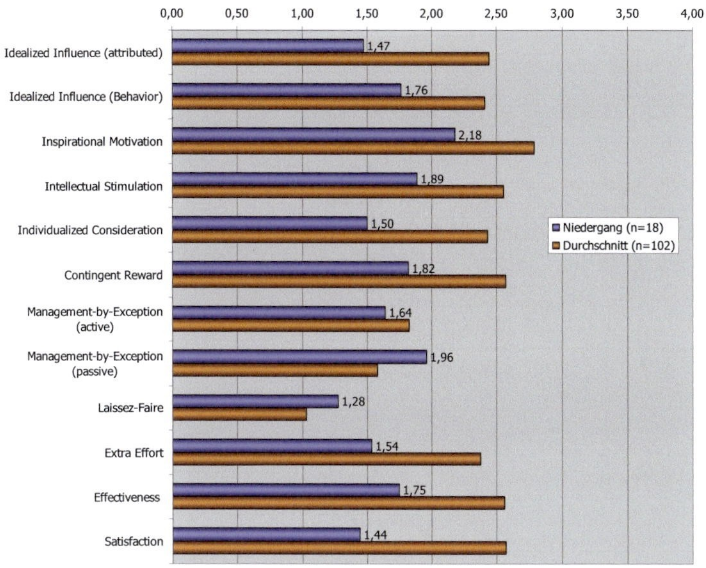

Abbildung 82: Die Niedergangs-Phase im Überbblick

Als einem der letzten Biotechnologie-Unternehmen gelang der Niedergang AG ihr Börsendebüt am Neuen Markt. Die Unternehmensentwicklung der Folgejahre entsprach nicht den Erwartungen der noch im Vorstand präsenten Gründer. In wesentlichen Punkten entsprach der Entwicklungsverlauf jedoch dem eines Wende-Unternehmens, eines Unternehmens in der Niedergangsphase. Nachfolgende Abbildung 83 beinhaltet auch hier eine Kurzbeschreibung des Geschäftsmodells, wie zusätzlich Rahmendaten zu Mitarbeiterzahl, Gründungsjahr und Rechtsform, sowie Ausführungen zum Führungsverhalten.

Kurzprofil eines Unternehmens der Niedergangsphase	
Kurzbeschreibung:	
• Geschäftsmodell:	Die Niedergang AG ist an der Schnittstelle zwischen dem klassischen Pharmageschäft und der Biotechnologie positioniert und auf dem noch jungen Gebiet der regenerativen Medizin / Tissue Engineering tätig. Unter den kommerziellen Anbietern von zellbasierten biologischen Arzneimitteln zur Regeneration von Gelenkknorpel und Knochen gilt die XW AG als Vorreiter. Bereits Ende der 90er Jahre erhielt die Gesellschaft als eines der ersten Unternehmen in Deutschland die Herstellungserlaubnis für körpereigene Knorpelzelltransplantate. Das Unternehmen war mit verschiedenen Standorten international präsent.
Rahmendaten:	
• Gründungsjahr:	1993
• Rechtsform:	Aktiengesellschaft
• Standort:	Großraum Berlin
• Mitarbeiter:	17 (Stand Ende 2007)
• Umsatz:	Euro 370.000.-
• Strukturen:	Drei Hierarchie-Ebenen
Führung:	Das Unternehmen weist geringe Ausprägungen bei den gemessenen Erfolgsgrößen Satisfaction (0,5), Extra Effort (0,67) und Effectiveness (1,25) auf. Die Führung ist nicht transformational ausgerichtet. Überdurchschnittlich stark ist die Führung mit Management-by-Exception (active) mit Werten von 2,75 bzw. 1,50 bei Laissez Faire (1,75) ausgeprägt.
Besonderheiten:	Die Niedergang AG entstand aus einer Forschungskooperation heraus. Die Entwicklung der Niedergang AG wurde durch einen mehrjährigen Führungsstreit beeinträchtigt. Die Belegschaft beträgt mittlerweile noch ein Sechstel vergangener Zeiten. Die Atmosphäre innerhalb des Unternehmens sei sehr stark durch Unsicherheit und Misstrauen geprägt. Die Führung zeichne sich eher durch Machtbewusstsein, denn durch eine langfristige Ausrichtung aus.
Quelle:	Persönliches Interview, Gespräch mit Mitarbeitern, Internet-Recherche.

Abbildung 83: Kurzprofil eines Unternehmens der Niedergangsphase

2.3 Multivariate Analyse

Mit einer multivariaten Analyse werden mehrere Modelle simultan in eine Untersuchung miteinbezogen und analysiert, im vorliegenden Fall Erfolg, Führungsverhalten und Unternehmenslebensphase. Es wird dabei nicht eine Variable isoliert (univariat verteilt) betrachtet, sondern das Zusammenspiel mehrerer Variablen zugleich. Ihre Abhängigkeitsstruktur lässt sich anhand eines linearen Regressionsmodells, wie folgt darstellen:

$$y = \beta_0 + \beta_1 \cdot x_1 + \beta_2 \cdot x_2 + \ldots + \beta_n \cdot x_n + \varepsilon$$

Der Erfolg wird dabei durch die Zielgröße y repräsentiert. Die unabhängigen Variablen x_1 bis x_3 spiegeln die Unternehmenslebensphasen Wachstum, Reife und Niedergang wider. Sie sind als „Dummies" kodiert, wobei die Phase 1, die Start-Up-Phase, die Referenzkategorie darstellt. Abbildung 84 verdeutlicht diesen Zusammenhang. Jeweils eine Phase kommt durch diese Kodierung zum Einsatz.

x1*Phase2	x2*Phase3	x3*Phase4	
0	**0**	**0**	→ **Phase 1**
1	**0**	**0**	→ **Phase 2**
0	**1**	**0**	→ **Phase 3**
0	**0**	**1**	→ **Phase 4**

Abbildung 84: Kodierung der diversen Phasen

Die Variablen x_4 bis x_{13} verkörpern die neun verschiedenen Führungsverhaltensweisen. ß als Parameterschätzer bestimmt die Stärke und Richtung des jeweiligen Einflussfaktors. Im Sinne einer multivariaten Analyse der erhobenen Daten stellt sich die Frage, inwieweit sich die Erfolgsfaktoren „Satisfaction", „Extra Effort" und „Effectiveness" durch Unternehmenslebensphase und Führungsverhalten beschreiben lassen. In Zusammenarbeit mit dem Institut für Statistik der Ludwigs Maximilians Universität, München, maßgeblich mit Unterstützung von Christian Heumann und Michael Schomaker wurde der vorliegende Datensatz verschiedenen Selektionsprozeduren unterzogen, um mögliche Kanditatenmodelle zu identifizieren.

Die Vorgehensweise entspricht dem nachfolgend, in Abbildung 85 dargestellten Ablauf-Diagramm. Die Modellauswahl orientierte sich dabei an Selektionsprozeduren aus SPSS[105], R[106] und Ad-hoc-Betrachtungen.

Als Entscheidungskriterium bzw. Qualitätskriterium der Modellgüte fungierte das Akaikes Informationskriterium (AIC) (Akaike, 1973). Entsprechend der vorgenommenen Auswahl wurde das, gemäß diesen Restriktionen, am besten geeignete Modell einer eingehenderen Betrachtung und Interpretation unterzogen.

[105] Anmerkung: SPSS bezeichnet sowohl eine Softwarefirma, die Statistik- und Analyse-Software entwickelt und vertreiben, als auch deren wichtigstes Produkt. SPSS steht für **S**tatistical **P**ackage of the **S**ocial **S**ciences. Siehe auch: Brosius, 2008.

[106] Anmerkung: Die Statistik-Software R ist eine Open-Source Implementierung der Sprache S zur Verarbeitung statistischer Daten. In den vergangenen Jahren hat sich R zu einem Standard des Austausches von statistischen Methoden entwickelt.
Siehe auch: Dolic, 2003.

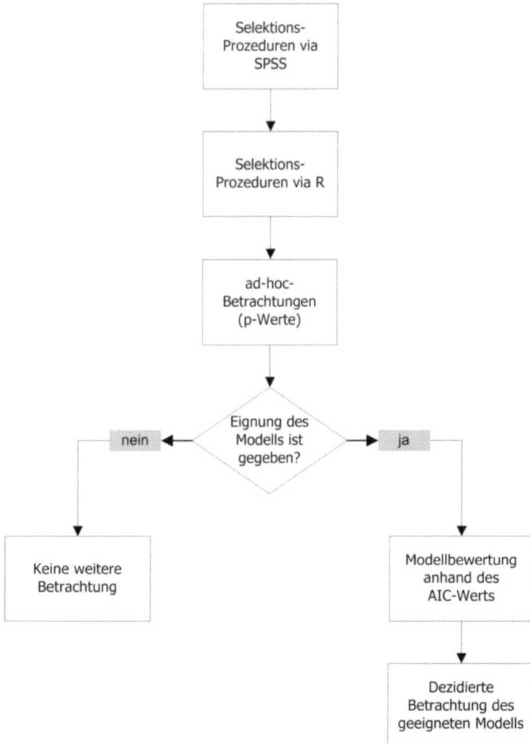

Abbildung 85: Ablaufdiagramm zur Modellauswahl

Die folgenden Abschnitte setzen sich jeweils dezidiert mit möglichen Prognosemodellen für die Zielgrößen „Satisfaction", „Extra Effort" und „Effectiveness" auseinander.

2.3.1 Prognosemodell Satisfaction

Im Prognosemodell Satisfaction stellt die „Zufriedenheit der Mitarbeiter" die Zielgröße der verschiedenen Kandidatenmodelle dar. Gemäß der zuvor beschriebenen Vorgehensweise lassen sich diverse Modellansätze durch Selektionsprozeduren von SPSS, R und Ad-hoc-Betrachtungen prüfen (Miller, 1990). Entsprechend der in Abbildung 85 beschriebenen Vorgehensweise wurden sechs Modelle identifiziert, die den vorliegenden Sachverhalt „gut" beschreiben. Nachfolgende Abbildung 86 vermittelt eine Übersicht über die verschiedenen Modell-Zusammensetzungen, deren Ermittlung und den dazugehörigen

AIC-Werten. Als Referenz-Modell sind darüber hinaus, unter Modell „SatisfactionVollmodell (SV)", ein Vollmodell mit allen Einflussgrößen und das Nullmodell (Modell SK) mit dazugehörigem AIC-Wert aufgeführt.

Kürzel	Beschreibung	AIC-Wert	Bemerkungen
Modell M1	*Y=(Phase+IIA+IC+Laissez+Laissez*Phase)*	196,0258	Ermittelt über ad-hoc-Betrachtungen (p-Werte), R (Stepwise und Backward)
Modell M2	*Y=(IIA+IC+Laissez)*	196,9192	Ermittelt über Stepwise SPSS
Modell M3	*Y=(IIA+IC)*	201,6879	Ermittelt über Forward SPSS
Modell M4	*Y=(Phase+IIA+IC+MEA+Laissez)*	197,5429	Ermittelt über Backward SPSS
Modell M5	*Y=(Phase+IIA+IC+Laissez)*	197,0827	Ermittelt ad-hoc aus M4
Modell M6	*Y=(Phase+IIA+Laissez+MEA+Laissez*Phase)*	197,4137	Ermittelt ad-hoc: M1 + MEA
Modell SV	*Y=(Phase+IIA+IIB+InsM+IntM+IC+CR+MEA +MEP+Laissez)*	205,3598	Vollmodell mit allen Einflußgrößen, ohne Interaktion
Modell SK	*Y=1*	287,4137	Statisches Modell mit Y=konstant Nullmodell

Abbildung 86: Übersicht Kandidatenmodelle „Satisfaction"

Gemäß der Konvention, der zufolge der kleinste AIC-Wert der eruierten Modelle auf das am besten geeignete Modell deutet - entsprechend der Datenquelle, den identifizierten Modellen und der getroffenen Annahmen -, beschreibt Modell M1 am besten die Abhängigkeiten von „Satisfaction", Unternehmenslebensphase und Führungsverhalten.

„Satisfaction", die Mitarbeiterzufriedenheit, lässt sich Modell M1 zufolge mit den Variablen Unternehmenslebensphase (Phase), Idealized Influence (attributed) (IIA), Individualized Consideration (IC), Laisser-Faire (Laisser) und einer Interaktionsvariablen aus Unternehmenslebensphase und Laisser-Faire (Laisser*Phase) beschreiben.

$$Y= (Phase+IIA+IC+Laisser+Laisser*Phase)$$

Ausformuliert, entsprechend der nachfolgend aufgeführten Daten, läßt sich Modell M1 dergestalt, darstellen:

$$Y(x) = ß0 +0,52139*Phase2-0,20428*Phase3+0,37086*Phase4+0,38922*IIA+0,39508*IC+0,15969*Laisser-0,36224*(Phase2:Laisser)-0,05799*(Phase3:Laisser)-0,57661*(Phase4:Laisser)$$

Die Interpretation der nachfolgenden Abbildung 87 basiert auf der Annahme einer Referenz-Phase. In diesem Fall handelt es sich um Phase 1, die Start-Up-Phase. Die Aussagen zu den jeweiligen Phasen orientieren sich durchweg an dieser Referenzphase. „Satisfaction" lässt sich in dieser Phase, ceteris paribus (cp) der anderen Variablen, mit einem Paramenter-Wert ß von 0,74296 schätzen. Der Anteil der Phase 2, der Wachstumsphase an der „Zufriedenheit" der Mitarbeiter, ist mit einem Wert von 0,52139 geringer besetzt, jedoch positiv. Diese Aussagen decken sich mit den Erkenntnissen aus den bivariaten Analysen. Interessant stellt sich jedoch die Reife-Phase dar, die mit einem Wert von -0,20428 einen negativen Anteil an der Erfolgsgröße „Satisfaction" aufweist. Zu erklären ist dieser Aspekt vermutlich über die zunehmende Bürokratisierung der Prozesse und Strukturen innerhalb eines Unternehmens in dieser Phase und der damit einhergehenden, zurückgehenden, individuellen Behandlung des einzelnen Mitarbeiters. Dieser Aussage scheint auch die überraschend positiv besetzte Niedergangsphase zu entsprechen. Trotz der in dieser Phase, teilweise die Existenz eines Unternehmens bedrohenden Situation, ist diese Phase mit einem Prognose-Wert von 0,37086 ausgerichtet. Ob sich diese Zufriedenheit der Mitarbeiter, in diesem Fall aus der gemeinsamen Bedrohung vor dem Niedergang und der damit möglichen Abgrenzung nach Außen oder teilweise aufbrechenden Strukturen geschuldet ist, ist in weiteren Untersuchungen zu klären. Was jedoch offensichtlich erscheint, ist der positive Einfluss einer charismatischen Führung, einer Führung mit Idealized Influence (attributed) (IIA). Im Gegensatz zu den statischen, gegebenen Phasen, lässt sich mit jeder Einheit mehr an Idealized Influence (attributed), die Zufriedenheit, „Satisfaction" um 0,38922 steigern. Berücksichtigt man daneben den Einfluss von Individualized Consideration (IC) mit einem geschätzten Koeffizienten von 0,39508 und Laisser-Faire (Laisser) mit 0,15969 stellt sich erfolgreiche Führung, im Sinne eines hohen Wertes an „Satisfaction", als eine Kombination aus einer charismatischen

Führungskraft mit Vorbildcharakter und der individuellen Berücksichtigung des jeweiligen Mitarbeiters mit seinen Potentialen und Bedürfnissen dar. Gesellt sich darüber hinaus Laisser-Faire hinzu, verstanden als Möglichkeit gänzlich eigenständig, eigenverantwortlich zu agieren, scheint ein hohes Maß an Zufriedenheit zu erzielen sein. Gerade Laisser-Faire überrascht, denn in den meisten Untersuchungen, wie in den vorhergehenden Kapiteln ausgiebig erläutert, ist dieses Führungsverhalten negativ besetzt. Über das überaus hohe Bildungsniveau und die Zugehörigkeit zu einer wissenschaftsnahen, technologielastigen Branche, lässt sich ggf. erklären, warum die Beteiligten an dieser Datenerhebung, sich in dieser Konstellation aus Idealized Influence (attributed), Individuallized Consideration (IC) und vor allem Laisser Faire, derart positiv führen lassen.

Betrachtet man abschließend die Interaktion aus Laisser-Faire und den verschiedenen Phasen, wird klar, dass dieses Führungsverhalten, dieses Maß an Eigenständigkeit tatsächlich sehr gezielt einzusetzen ist. In der Phase 1, der Start-Up-Phase, wie auch in der Phase 3, der Reife-Phase führt diese Interaktion zu eher neutralen Ergebnissen mit Werten von 0 bzw. -0,05799, wohingegen die Wachstums-, wie auch die Niedergangs-Phase nach einer stärker direktiven Führung verlangen.

In diesen Phasen ist die Kombination aus Laisser-Faire mit Werten von -0,36224 und -0,57661 negativ besetzt. Erklären ließe sich dies ebenfalls aus phasenspezifischen Merkmalen. Das Erschließen neuer Nutzenpotentiale genießt in diesen Phasen eine andere Bedeutung im Vergleich zu den Phasen Start-Up und Reife (vgl. auch Kapitel 7.3.4 Der Nutzenpotential-Lebenszyklus). Anzumerken ist hierbei, dass Laisser-Faire nur im Zusammenspiel in der Interaktion mit den jeweiligen Lebensphasen interpretierbar ist.

Prognosemodell M1 - *ß=(Phase+IIA+IC+Laissez+Laissez*Phase)*		
Koeffizient	**Prognose ß**	**Standardabweichung SE(ß)**
Phase 1 (Intercept)	0,74296	0,42633
Phase 2	0,52139	0,32415
Phase 3	-0,20428	0,54658
Phase 4	0,37086	0,40152
IIA (Individualized Influence (attributed))	0,38922	0,10592
IC (Individual Consideration)	0,39508	0,10757
Laissez (Laissez-Faire)	0,15969	0,22113
Phase 2 : Laissez (Laissez-Faire)	-0,36224	0,25129
Phase 3 : Laissez (Laissez-Faire)	-0,05799	0,32527
Phase 4 : Laissez (Laissez-Faire)	-0,57661	0,25979

Abbildung 87: Prognosemodell „Satisfaction“ - deren Standardabweichung und ihre Koeffizienten

Zusammengefasst lässt sich ableiten, dass das höchste Maß an Satisfaction, an Zufriedenheit, bei einem Mitarbeiter zu erzielen ist, wenn sich das Unternehmen in der Start-Up-Phase befindet und die Führung, ausgeprägt mit Individualized Consideration, Idealized Influence (attributed), sowie gezielt und punktuell mit Laisser-Faire führt.

2.3.2 Prognosemodell Effectiveness

„Effectiveness“ lässt sich im Prognosemodell Effectiveness als wahrgenommene Effektivität des Führungsverhaltens des Einzelnen, der Gruppe und Organisation gegenüber, erfassen. Entsprechend der zuvor beschriebenen Vorgehensweise lassen sich verschiedene Modellansätze durch Selektionsprozeduren von SPSS, R und Ad-hoc-Betrachtungen prüfen. Es konnten fünf Modelle identifiziert werden, die den vorliegenden Sachverhalt „gut“ beschreiben. Die nachfolgende Abbildung 88 stellt die verschiedenen Modell-

Zusammensetzungen, deren Ermittlung und dazugehörigem AIC-Wert dar. Als Referenz-Modell sind, unter Modell „EffectivenessVollmodell (EV)", ein Vollmodell mit allen Einflussgrößen und das Nullmodell (Modell EK) mit dazugehörigem AIC-Wert aufgeführt.

Kürzel	Beschreibung	AIC-Wert	Bemerkungen
Modell M15	*Y=(IIA+Laissez)*	194,2181	Ermittelt über ad-hoc-Betrachtungen (p-Werte) und SPSS
Modell M16	*Y=(IIA+MEA+Laissez)*	191,437	Ermittelt über ad-hoc-Betrachtungen (p-Werte) und SPSS
Modell M17	*Y=(IIA+MEA+Laissez+Phase)*	191,0735	Ermittelt über ad-hoc-Betrachtungen (p-Werte), SPSS und Stepwise SPSS
Modell M18	*Y=(IIA+Laissez+Phase)*	193,4766	Ermittelt über Forward SPSS, SPSS
Modell M19	*Y=(IIA+CR+MEA+Laissez)*	189,7524	Ermittelt aus Backward SPSS und R
Modell EV	*Y=(Phase+IIA+IIB+InsM+IntM+IC+CR+MEA +MEP+Laissez)*	198,4734	Vollmodell mit allen Einflußgrößen, ohne Interaktion
Modell EK	*Y=1*	259,16	Statisches Modell mit Y=konstant Nullmodell

Abbildung 88: Übersicht Kandidatenmodelle „Effectiveness"

Aufgrund der Annahme, dass der kleinste AIC-Wert der eruierten Modelle auf das geeignetste Modell deutet, beschreibt Modell M19 die Abhängigkeiten von „Effectiveness", Unternehmenslebensphase und Führungsverhalten am besten.

„Effectiveness", als die wahrgenommene Effektivität der Führung beschreibt die Wirksamkeit der Aufgabenerfüllung (Witte, 1995, Sp. 263-276). Ein weiteres Effektivitätskriterium stellt die so genannte Kohäsion der Gruppenmitglieder dar. Ein derartiges Zusammengehörigkeitsgefühl führt zu einer gesteigerten Frustrationstoleranz, starken Verhaltensnormen und gemeinsamen Zielsetzungen und damit zu einer effektiven Arbeitshaltung. „Effectiveness" lässt sich Modell M19 zufolge mit den Variablen Idealized Influence (attributed) (IIA), Contingent Reward (CR), Management-by-Exception (MEA) und Laisser-Faire (Laisser) beschreiben.

Y= (IIA+CR+MEA+Laisser)

Diese Beschreibung kann durch die in Abbildung 89 aufgeführten Koeffizienten weiter konkretisiert werden.

*Y(x) = ß0 +0,46777*IIA+0,20811*CR+0,13165*MEA-0,25538*Laisser*

Überaus interessant erweist sich bei der Betrachtung und Interpretation von Modell M19, dass sich nicht nur die Führungsverhaltensweise „Laisser-faire" mit einem Wert von -0,25538 negativ auf den Führungserfolg niederschlägt, sondern auch, dass Contingent Reward (CR) mit einem Koeffizienten von 0,20811 bzw. Idealized Influence (attributed) mit einem Wert von 0,46777 positiv auf den Erfolg, auf „Effectiveness" einspielen. Auch hier scheint sich die Wirksamkeit der Augmentationshypothese zu bestätigen.

Prognosemodell M19 - *ß=(IIA+CR+MEA+Laissez)*		
Koeffizient	**Prognose ß**	**Standardabweichung SE(ß)**
Phase 1 (Intercept)	0,91526	0,30730
IIA (Individualized Influence (attributed))	0,46777	0,09059
CR (Contingent Reward)	0,20811	0,11019
MEA (Managament-by.Exception (active))	0,13165	0,08262
Laissez (Laissez-Faire)	-0,25538	0,0799

Abbildung 89: Prognosemodell „Effectiveness"- Koeffizienten und deren Standardabweichung

Die Interpretation der Variable Management-by-Exception (active) (MEA) mit einem Koeffizienten von 0,13165 lässt vermuten, dass sich die „Effectiveness" der Führung am ehesten dadurch erreichen lässt, wenn der Führende nicht nur bereit ist, in den Arbeits-prozess einzugreifen, wenn Abweichungen passieren, sondern die Mitarbeiter auch charismatisch, mit Vorbildwirkung, entsprechend der Führungsverhaltensweise Idealized Influence (attributed), in Verbindung mit einer leistungsgerechten Entlohnung führt. Ein zu hohes Maß an Freiheit im Sinne von „Laisser-Faire" wirkt sich dahingegen negativ aus. In Bezug auf dieses Erfolgskriterium stellt sich die Kombination aus diesen zuvor benannten Führungsverhaltensweisen über alle Phasen hinweg als wirksam dar.

2.3.3 Prognosemodell Extra Effort

„Extra Effort" ist als Bereitschaft der Mitarbeiter zu zusätzlicher Anstrengung zu interpretieren. Um die Einflussgrößen dieses Erfolgsmaßes zu ermitteln, werden auch hier, auf Grundlage der beschriebenen Vorgehensweise verschiedene Modellansätze durch Selektionsprozeduren von SPSS, R und Ad-hoc-Betrachtungen geprüft (Miller, 1990). Es lassen sich vier Modelle identifizieren, die den Sachverhalt „gut" beschreiben. Abbildung 90 vermittelt eine Übersicht über die verschiedenen Modell-Zusammen-setzungen, deren Ermittlung und den dazugehörigen AIC-Werten.

Kürzel	Beschreibung	AIC-Wert	Bemerkungen
Modell M22	*Y=(IIA+IC++CR+Laissez)*	211,7889	Ermittelt über ad-hoc-Betrachtungen (p-Werte) und SPSS
Modell M23	*Y=(IIA+CR+Laissez)*	214,4708	Ermittelt über ad-hoc-Betrachtungen (p-Werte) und SPSS
Modell M24	*Y=(IIA+IC+CR)*	210,8093	Ermittelt über ad-hoc-Betrachtungen (p-Werte), SPSS, R-Prozeduren
Modell M25	*Y=(IA+CR)*	213,751	Ermittelt über SPSS, alle Prozeduren (Forward, Backward, Stepwise)
Modell EEV	*Y=(Phase+IIA+IIB+InsM+IntM+IC+CR+MEA +MEP+Laissez)*	224,8150	Vollmodell mit allen Einflußgrößen, ohne Interaktion
Modell EEK	*Y=1*	268,1772	Statisches Modell mit Y=konstant Nullmodell

Abbildung 90: Übersicht Kandidatenmodelle „Extra Effort"

Als Referenz-Modell sind daneben, unter Modell „ExtraEffortVollmodell (EEV)", ein Vollmodell mit allen Einflussgrößen und das Nullmodell (Modell EEK) mit dazugehörigem AIC-Wert aufgeführt.

Modell M24 zufolge, ist „Extra Effort“ am besten mit den Variablen Idealized Influence (attributed) (IIA), Individualized Consideration (IC) und Contingent Reward (CR) zu beschreiben.

$$Y= (IIA+IC+ CR)$$

Diese Beschreibung lässt sich durch die in Abbildung 91 aufgeführten Koeffizienten weiter präzisieren.

$$Y(x) = \beta 0 +0{,}2699*IIA+0{,}2971*IC+0{,}2984*CR$$

Auch hier deutet der Einfluss von Contingent Reward (CR) mit einem Koeffizienten von 0,2984 in Verbindung mit Individualized Consideration (IC) mit einem Koeffizienten von 0,2971 bzw. 0,2699 bei Idealized Influence (attributed) (IIA) auf die Wirksamkeit der Augmentationshypothese hin.

Prognosemodell M24 - *ß=(IIA+IC+CR)*		
Koeffizient	**Prognose ß**	**Standardabweichung SE(ß)**
Phase 1 (Intercept)	0,2128	0,2533
IIA (Individualized Influence (attributed))	0,2699	0,1123
IC (Individualized Consideration)	0,2971	0,1302
CR (Contingent Reward)	0,2984	0,1361

Abbildung 91: Prognosemodell „Extra Effort“- Koeffizienten und deren Standardabweichung

Auf Grundlage dieses Datensatzes ist zu vermuten, dass die Bereitschaft zu zusätzlichen Anstrengungen, „Extra Effort“ zu leisten über alle Phasen hinweg gleich verteilt ist. Es stellt sich dann nur die Frage, ob in allen Phasen eine leistungsgerechte Entlohnung in Verbindung mit einer individualisierten, charismatischen Führung zu finden ist.

Teil IV - Schlussteil & Folgerungen

1 Zusammenfassung und Interpretation der Ergebnisse

Die vorliegende Arbeit bewegt sich im Spannungsfeld zweier überaus etablierter Forschungsbereiche, der Führungsforschung und der Lebensphasenforschung. Sie stellt jedoch eine der ersten Untersuchungen dar, die angelehnt an das Lebensphasenmodell von Pümpin & Prange (1991), eine phasengerechte Führung mittels des Multifactor Leadership Questionnaire (MLQ) empirisch zu belegen versucht. In der Schnittmenge dieser beiden Felder zielt diese Untersuchung darauf ab, Zusammenhänge zw. Führungserfolg und Unternehmenslebensphase zu beschreiben und zu identifizieren. Im Besonderen strebt diese Arbeit danach, folgende Fragestellungen zu klären:

- Welcher Zusammenhang besteht zwischen dem Führungsverhalten eines schnell wachsenden Unternehmens und der Lebensphase des Unternehmens?
- Welcher Zusammenhang besteht zwischen der Lebensphase und dem Erfolg eines schnell wachsenden Unternehmens?
- Welches Führungsverhalten ist für den nachhaltigen Erfolg von schnell wachsenden Unternehmen verantwortlich?
- Welche Konstellation aus Unternehmenslebensphase und Führungsverhalten ist für den Erfolg eines Unternehmens verantwortlich?

Teil I der Arbeit widmet sich der Einführung in die Thematik, der Eingrenzung des Untersuchungsfeldes und der sich daraus ableitenden Zielsetzung.

Um ein grundlegendes Verständnis über die Gesamtheit des Untersuchungsfeldes zu erzielen, vermittelt Teil II der Arbeit unter „Theoretische Grundlagen“ einen Einblick in die Führungs-, die Lebensphasen- und die Erfolgsfaktorenforschung.

Die Führungsforschung blickt auf eine Jahrtausende währende Geschichte zurück. Die Auseinandersetzung mit Führung zieht sich wie ein roter Faden von den Aussagen Senecas und Columellas über die Lehren Machiavellis bis in unsere heutige Zeit. Das vergangene Jahrhundert wurde von unterschiedlichsten Führungstheorien wie der Eigenschafts-, der Verhaltensorientierten, der Situations- und Interaktionstheorie geprägt. Wesentlich bei diesen Ansätzen ist, dass sie entweder die Ursache der Fähigkeit „zu führen", zu erklären versuchen, erfolgreiches Führungsverhalten erläutern oder situative Einflussfaktoren bzw. die Interaktion zw. Führendem und Geführten als Untersuchungsobjekt behandeln. Als „state of the art"-Ansatz der Führungsforschung stellt sich der transformationale Führungsansatz dar. Hervorgegangen aus der charismatischen Führungsforschung, deckt er nicht nur den „full range of leadership" mit einer ganzen Bandbreite von Führungsverhaltensweisen ab, er lässt sich auch mit dem Multifactor Leadership Questionnaire (MLQ) quantitativ erfassen.

Durch die Betrachtung von verschiedenen Lebensphasen-Modellen erfährt der Leser durch welche Merkmale und Charakteristika sich Phasen gegeneinander abgrenzen bzw. welchen theoretischen Ansätzen einzelne Modelle folgen. Dieses Kapitel verdeutlicht auch, dass keine übergreifende Theorie existiert, die die Bereiche Unternehmenslebensphase und Führung integriert. Lediglich das Unternehmenslebensphasen-Modell von Pümpin & Prange (1991) verknüpft auf eine praktikable Art und Weise Ansätze aus Krisen- und Strukturänderungsmodellen mit führungsrelevanten Aspekten zu einem ganzheitlichen Modell, um phasengerechtes Führungsverhalten zu erklären.

Das Kapitel „Erfolg" stellt die vorherrschenden Strömungen, wie die kontextualistische und die individualistische Sichtweise dieses Wissenschaftsgebiets dar. Es wird erläutert, warum diese Arbeit die individualistische Position vertritt. Daneben werden die für diese Untersuchung relevanten Erfolgsindikatoren, wie Effectiveness, die „Effektivität der Führung, Extra Effort, die „Zusätzliche Leistungsbereitschaft" und Satisfaction, die „Zufriedenheit mit der Führung" und Effizienz, wie bspw. das Mitarbeiterwachstum erläutert.

Teil III, die „Empirische Untersuchung" umfasst die Modellentwicklung, das Methodische Vorgehen und die Auswertung der Arbeit.

Die Modellentwicklung erläutert die ursprünglich geplante Herangehensweise mit einem nicht standardisierten Verfahren. Sie beschreibt verschiedene etablierte Ansätze und überprüft diese auf ihre Eignung für diese Arbeit. In der Modellentwicklung wird abschließend begründet, warum sich diese Untersuchung auf die Verknüpfung des (standarisierten) Multifactor Leadership Questionnaire (MLQ) mit den Checklisten von Pümpin & Prange (1991) zur Modellbildung konzentriert.

Das Methodische Vorgehen beinhaltet die Darstellung des Untersuchungsfelds, des Bezugsrahmens und die Umsetzung der Untersuchung. Die Stichprobe rekrutierte sich aus 2.568 Unternehmen der Life Science Branche, die in der Schweiz, Deutschland oder Österreich beheimatet sind. Die Wahl dieses Segments begründet sich damit, dass es sich dabei nicht nur um eine etablierte Branche handelt. Darüber hinaus ermöglicht diese Branche aufgrund ihrer Wachstumsdynamik die Beobachtung einer Vielzahl von Entwicklungen in kurzer Zeit. Die Datenerhebung erfolgte in zwei Schritten, da die Rücklaufquote der Online-Befragung unbefriedigende Ergebnisse erbrachte. In der Konsequenz wurde die Datenerfassung mittels strukturierten persönlichen Interviews bei 104 Gesprächspartnern im deutschsprachigen Raum im Zeitraum von Spätsommer 2006 bis ins Frühjahr 2007 durchgeführt.

Die Auswertung der Arbeit bestätigt die Annahme der Arbeitshypothese von Pümpin & Prange (1991), dass „Führung in Abhängigkeit der Unternehmenslebensphase variiert". Die Fragestellung welches Führungsverhalten für den nachhaltigen Erfolg von schnell wachsenden Unternehmen verantwortlich ist, lässt sich eindeutig mit einer transformationalen Führung beantworten. Die Betrachtung des Zusammenhangs von Führungsverhalten und Lebensphase verdeutlicht die Bedeutung des transformationalen Führungsansatzes für die Start-Up- und Wachstumsphase, wohingegen transaktionale Führung und Laisser-faire die Reife- und die Niedergangsphase dominieren. Untersucht man den Zusammenhang von Erfolg und Unternehmenslebensphase, stellen sich die Start-Up- und die Wachstumsphase als erfolgreicher als die Phasen Reife und Niedergang dar.

1.1 Implikationen für die Praxis

Betrachtet man die Ergebnisse dieser Arbeit aus dem Blickwinkel eines Führenden wie auch aus dem eines Beratenden, lassen sich verschiedene Erkenntnisse für deren praktische Arbeit ableiten. Für den Führenden erscheinen drei Kernaussagen als relevant:

(1) „Führung variiert in Abhängigkeit der Unternehmenslebensphase."

(2) „Führung ist erfolgsrelevant."

(3) „Führung kann erlernt werden."

Berücksichtigt man Punkt (1), dann sollte sich jede Führungskraft darüber bewusst sein, dass die Führungsarbeit sowohl durch die gegebene Unternehmenslebensphase beeinflusst wird, als auch die Führung die Ausprägung der Lebensphase maßgeblich steuern kann. Dies verlangt von der Führungskraft, sich mit den spezifischen Gegebenheiten, den Strukturen und Herausforderungen der entsprechenden Phase auseinanderzusetzen und das eigene Führungsverhalten zu reflektieren.

Auf dieser Basis greift Punkt (2). Sind dem Führenden diese Grundlagen bewusst, kann dieser zielgerichtet und phasengerecht das jeweilige Unternehmen entwickeln und damit auch erfolgreich führen. Wesentliche Vorraussetzung sind hierbei die Kenntnis des eigenen Führungsverhaltens und die der phasenspezifischen Gegebenheiten. Berücksichtigt man in diesem Kontext die Erkenntnisse der Korrelationsanalyse, lässt sich durch den gezielten Einfluss eines entsprechenden Führungsverhaltens bspw. die Mitarbeiterzufriedenheit und dadurch mittelbar die Produktivität steigern (vgl. Hansmann, Scupin, Henze, 2004).

Punkt (3) orientiert sich gleichfalls an den vorgenannten Punkten. Sofern dem Führenden potentielle (Führungs-) Defizite bewusst sind, lassen sich diese gezielt beheben. Zwar ist der transformationale Führungsansatz in der charismatischen Führungsforschung beheimatet und dadurch den Eigenschaftstheorien zuzuordnen, dennoch konnten neuere Untersuchungen die Erlernbarkeit dieses Ansatzes bestätigen.

Aus dem Blickwinkel eines (extern) Beratenden, stellt der eingesetzte Fragebogen ein überaus dankbares Analyseinstrument dar, um Defizite sowohl auf führungstechnischer als auch auf organisationaler Ebene zu identifizieren. Durch die Interviewform lassen sich mögliche Problemstellungen zeitnah eingrenzen und präzisieren.[107] Auf dieser Grundlage können in einem nächsten Schritt die noch brachliegenden Potentiale vertieft betrachtet und gezielt bearbeitet und ausgeschöpft werden.

[107] Anmerkung: Im Verlauf der geführten Gespräche, war es erstaunlich, wie offen sich die Befragten zu kritischen Punkten innerhalb ihrer jeweiligen Unternehmen äußerten und wie offensichtlich sich einzelne Problemstellungen herauskristallisierten. Mögliche Lösungsansätze erschienen oftmals klar ableitbar.

Berücksichtigt man in diesem Kontext außerdem noch (potentielle) Investoren, erhalten diese über den verwandten Fragebogen nicht nur einen vertiefenden Einblick in die Strukturen und Abläufe des Unternehmens, wie auch über dessen Führung, sondern werden auch - bei Kenntnis des gesamten Lebensphasenmodells - für mögliche anstehende Herausforderungen und Risiken sensibilisiert. Der Fragebogen kann dadurch als objektives Analyseinstrument die Entscheidungsfindung unterstützen, wovon alle Beteiligten profitieren können.

Zusammengefasst vermittelt die individuelle Betrachtung eines Unternehmens - mit den Möglichkeiten dieser Arbeit - den jeweiligen Interessengruppen einen deutlich vertiefenden Einblick in die Strukturen und Abläufe dieser Unternehmung. Mit diesem Wissen lässt sich das Unternehmen gezielt führen und weiterentwickeln. Die zu Beginn der Arbeit aufgeworfene Frage, ob die „Kunst der Ökonomie“, um in den Worten von Georg Bernhard Shaws zu bleiben, erlernbar ist, lässt sich damit positiv bejahen.

1.2 Implikationen für die Forschung

Die vorliegenden Untersuchungsergebnisse liefern nicht nur Hinweise für die praktische Führungsarbeit, vielmehr regen sie dazu an, nach tiefergehenden Erkenntnissen in den angesprochenen Forschungsfeldern zu streben. Im Besondern seien dabei die gängigen Lebensphasen-Modelle angesprochen wie auch Aspekte der Erlernbarkeit der transformationalen Führung. Eine weitergehende Betrachtung könnte und sollte darüber hinaus in der Untersuchung bzw. Verknüpfung des transformationalen Führungsansatzes mit Persönlichkeitsmodellen liegen wie auch im Zusammenspiel mit der Wertekultur und dem Image eines Unternehmens.

1.2.1 Weitere Ansätze zu Lebensphasen-Modellen

In den vergangenen Jahrzehnten wurden zahlreiche Lebensphasen-Modelle entwickelt und publiziert. Der Fokus der Untersuchungen liegt bei einigen Arbeiten auf den Frühphasen der unternehmerischen Existenz (vgl. auch Jaeger, 1990, S. 707-732, Kirschbaum, 1990, S. 151 und Dietz, 1990). In den wenigsten Fällen wurden diese jedoch empirisch untersucht und überprüft. Dennoch ermöglicht der Detaillierungsgrad dieser Theorie-Modelle mit teils mehr als fünf Phasen dem Betrachter eine Vielzahl plausibler Erklärungsansätze. Folgt man jedoch den Ergebnissen dieser Arbeit, leitet sich aus führungstechnischen Erwägungen ein dreigliedriges Unternehmenslebensphasen-Modell ab. Erfolgreiches Führungsverhalten stellt sich in wesentlichen Aspekten in der Start-Up- und in der Wachstums-Phase als deckungsgleich dar. Begründen lässt sich diese Erkenntnis augenscheinlich über das Dynamik-Prinzip wie auch aus dem Wissen, dass ein Unternehmenslebenszyklus keiner deterministischen Abfolge unterliegt, sondern vielmehr in der Lage ist, sich permanent wieder neu zu entwickeln und zu beleben. Erfolgreiche Führung besteht somit darin, Strukturen der Wachstumsphase zu erschaffen und gleichzeitig die pionierhafte Kultur eines Start-Up-Unternehmens zu pflegen. Dem entspricht auch eine von Peters & Waterman (1982) in ihrem Werk „In Search of Excellence" geäußerte Hypothese, derzufolge vor allem Wachstums-Unternehmen, die „gewisse pionierhafte Züge aufweisen" als „excellent companies" zu betrachten seien. Die Fähigkeit in den Strukturen eines Wachstums-Unternehmens eine „pionierhafte" Arbeitsatmosphäre zu pflegen, beruht maßgeblich auf einer entsprechend (transformationalen) Führungsarbeit. Die Ergebnisse dieser Arbeit spiegeln diese Aussagen wider. Die Start-Up- und die Wachstumsphase weisen meist vergleichbare Ergebnisse auf. Bspw. liegen die betrachteten transformationalen Führungsverhaltensweisen (vgl. Abbildung 60) in der Start-Up und Wachstumsphase maximal 9% auseinander. Im Vergleich von Start-Up- zu Niedergangsphase sind dagegen Unterschiede von bis zu 50% festzustellen. Die Definition einer einheitlichen Start-Up- und Wachstumsphase erscheint daher naheliegend. Von Interesse sind in diesem Sinne zukünftig vor allem Untersuchungen, die ein dreistufiges Modell, entsprechend den Ergebnissen dieser Arbeit behandeln und überprüfen.

1.2.2 Weitere Ansätze zur Erlernbarkeit transformationaler Führung

Gerade vor dem Hintergrund der vorliegenden Ergebnisse und der Erkenntnis, dass Führung erfolgsrelevant ist, stellt sich die Frage, inwieweit diese Form der Führung erlernbar und trainierbar ist. Bislang haben sich nur wenige Arbeiten mit der Erlernbarkeit transformationaler Führung auseinandergesetzt. Von einer eigenen Studie aus dem Jahre 1998 berichten Avolio & Bass (2004, S. 33). Deren Arbeit zufolge ließ sich die „Intellectual Stimulation" sowie die „Inspirational Motivation" bei regional verantwortlichen Politikern durch Schulungsmaßnahmen signifikant verbessern. Auf vergleichbare Ergebnisse verweist Dvir et al. (2002, S. 738f.), die aufzeigen konnten, dass sich durch Trainingsmaßnahmen bei einer Militäreinheit der israelischen Armee die Fähigkeit transformational zu führen signifikant erhöhen ließ. Über die spezifischen Effekte im Hinblick auf die verschiedenen Skalen des transformationalen Führungsansatzes berichtet diese Studie jedoch nicht. Mit Mitarbeitern einer kanadischen Bank führten Barling et al. (1996) ein Training zur Steigerung deren transformationaler Führungskompetenz durch. Durch dieses eintägige, mit mehreren Einzelsitzungen verknüpfte Teamtraining konnten sie bspw. eine signifikante Verbesserung der Ausprägungen der Faktoren „Intellectual Stimulation" und „Individualized Consideration" erzielen. Ohne Effekt blieb das Training hingegen bei „Charisma" und „Inspirational Motivation". In einer experimentellen Evaluationsstudie wiesen Barling et al. (1996, S. 827ff.) nach, dass Führungskräfte einer Trainingsgruppe zu transformationaler Führung von ihren Mitarbeitern deutlich höhere Einschätzungen erhielten als die einer Kontrollgruppe. Jüngere Arbeiten von Rowold (2006, S. S. 106-123, 2007, S. 43-58), Mönninghoff & Rowold (2006), Bass & Avolio (2005) sowie Rowold & Radstaak (2005, S. 25-37) belegen ebenfalls, dass transformationale Führung trainier- und erlernbar ist.

Dennoch fordern Barling et al. (1996, S. 831.), Dvir et al. (2002, S. 741), wie auch Rowold & Radstaak (2005, S. 25-37) weitere Studien und Untersuchungen mit dem Fokus auf die „Erlernbarkeit transformationaler Führung" durchzuführen. Erst wenn es möglich sei, die Faktoren der transformationalen Führung durch Trainingsmaßnahmen gezielt zu verbessern, könne auch mehr über die Effekte transformationaler Führung herausgefunden werden (Barling et al. 1996, S. 831).

1.2.3 Weitere Forschungsfelder zur phasengerechten Führung

Berücksichtigt man die Ergebnisse der multivariaten Analyse, lässt sich klar aufzeigen, dass der Führungserfolg auf verschiedene, abgrenzbare Führungsverhaltensweisen zurückzuführen ist. Es lässt sich aus dieser Untersuchung ebenfalls ableiten, dass zwei der untersuchten Erfolgsmasse „Extra Effort" und „Effectiveness", bei einer entsprechenden Führung, phasenübergreifend wirksam sind. Die Phasenabhängigkeit der Mitarbeiterzufriedenheit „Satisfaction" erklärt sich aus den Bedingungen und Besonderheiten, der Charakteristik der einzelnen Phasen. Diese situativen Gegebenheiten scheinen das wahrgenommene Führungsverhalten zu beeinflussen.

Für die Zukunft leitet sich daraus die Frage ab, inwieweit das Bewusstsein gesteigert werden kann, die Phasenzugehörigkeit des eigenen Unternehmens stärker zu berücksichtigen bzw. verstärkt mit Idealized Influence (attributed), Individualized Consideration und Contingent Reward zu führen. Diese drei letztgenannten Führungsverhaltensweisen kamen bei allen Erfolgsgrößen zum Tragen.

1.2.4 Weitere Forschungsfelder zu transformationaler Führung

Die Auseinandersetzung mit dem transformationalen Führungsansatz erfolgt derzeit in verschiedensten Forschungsfeldern. Mit dem Zusammenhang von Persönlichkeitsmerkmalen und transformationaler Führung haben sich Bono & Judge (2004) zuletzt auseinandergesetzt. Sie berichten in ihrer Metaanalyse, dass die Persönlichkeitsmerkmale „Big Five" lediglich 12% der Variabilität des Faktors ‚Charisma' und nur 5% und 6% der Variabilität der Faktoren „Intellectual Stimulation" und „Individualized Consideration" erklären. (ZRM, 2006, S.14)[108] Transformationale Führung ist demzufolge nur zu geringen Teilen auf Persönlichkeitsmerkmale zurückzuführen (Bono & Judge, 2004, S. 906ff). Auf einen anderen Zusammenhang konzentriert sich hingegen eine Studie von Sosik (2005). Dieser untersuchte den Zusammenhang von Werten und transformationalem Führungsverhalten. Er konnte aufzeigen, dass Werte positiv mit charismatischer Führung korrelieren (Sosik, 2005, S. 236).

Gerade die Verknüpfung des transformationalen Führungsansatzes mit Untersuchungen aus dem Bereich Persönlichkeit und Wertekultur scheint zukünftig von Interesse zu sein. Die Bedeutung und Bewertung wie auch die Pflege des Images eines Unternehmens gewinnt damit nicht nur im Sinne einer nach außen gekehrten Sichtweise, sondern vor allem mit Blick nach innen, an Bedeutung für den nachhaltigen Unternehmenserfolg.

2 Diskussion und Ausblick

Aufgrund der Struktur des Fragebogens und infolge der durchgeführten Interviews liegen zahlreiche weitere Daten vor, die über die ursprüngliche Fragestellung dieser Arbeit hinausgehen. Sei es die vertiefende Betrachtung des Führungsverhaltens eines Gründers

[108] N.N. (2006): Intensivtraining für Ausstrahlung und Transformationale Führung mit dem Zürcher Ressourcen Modell (ZRM) - Eine Studie über die Effekte eines ressourcenaktivierenden Selbstmanagementtrainings auf die Ausstrahlung von Führungspersonen. Kurzstudie zur Wirksamkeitsstudie „Ausstrahlung und transformationale Führung"

im Gegensatz zum Führungsverhalten einer angestellten Führungskraft oder das sich unterscheidende Bildungsniveau bzw. der Ausbildungsschwerpunkt einer Führungskraft im Vergleich zu dessen Führungsverhalten, die Möglichkeiten, aus dem gegebenen Datensatz weitere Erfolgsdimensionen, weitere Erkenntnisse zu erschließen, sind überaus vielfältig.[109]

Dies gilt gleichfalls im Hinblick auf die Methodik dieser Pionierarbeit. Angesichts der Datenmenge und der überaus breit gesetzten Fragestellung lassen sich verschiedene Dimensionen und Aspekte in einem gänzlich anderen bzw. deutlich vertiefenden Kontext untersuchen. Aufgrund der noch nicht gegebenen bzw. nur in Teilaspekten vorherrschenden Vergleichbarkeit mit anderen Arbeiten, erscheint es geradezu zwingend erforderlich mit alternativen Methoden die erlangten Erkenntnisse zu hinterfragen.

Als interessant stellt sich daneben die Möglichkeit dar, diese Arbeit in einer Längsschnittstudie fortzuführen. Die Struktur der Untersuchung ermöglicht es, die betreffenden Personen erneut zu interviewen und entsprechende Daten zu erheben.

Diskussionswürdig erscheint für die weitere wissenschaftliche Betrachtung aber auch die Überprüfung der Ergebnisse dieser Untersuchung in einem anderen Branchenkontext. Vor dem Hintergrund, dass dies die bislang erste Arbeit ist, die sich empirisch mit einem phasenangepassten Führungsverhalten auf Grundlage des Ansatzes von Pümpin & Prange (1991) beschäftigt, rücken zahlreiche angrenzende Forschungsfelder in den Fokus der Betrachtung.

In diesem Sinne, mögen diese abschließenden Worte zur weiteren Auseinandersetzung mit dieser Thematik, der Schnittmenge zwischen Führung und Unternehmenslebensphasen einladen und die Diskussion weiter befruchten und entwickeln.

„Achte auf deine Gedanken - sie sind der Anfang deiner Taten."

(aus China)

[109] Anmerkung: Im Rahmen der Interviews bildete sich der (subjektive) Eindruck heraus, dass Führungskräfte, die bspw. Chemie studiert hatten, weitaus strukturierter und zielstrebiger ihrer Führungsarbeit nachgingen und nach einer nachhaltigeren Unternehmensentwicklung trachteten als studierte Biologen.

Teil V - Verzeichnisse

1 Literatur

Adizes, I. (1979). *Organizational passages: Diagnosing and treating lifecycle problems of organizations.* Organizational Dynamics, 8 (1/1979), S. 3-25.

Adizes, I. (1988). *Corporate lifecycles: How and why corporations grow and die and what to do about it.* Englewood Cliffs, New Jersey: Prentice Hall.

Agrawal, A. (2001). *University to industry knowledge transfer: Literature review and unanswered questions.* International Journal of Management Reviews, Vol. 3 (2001), 4, S. 285-302.

Akaike, H. (1973). *Information theory and an extension of the maximum likelihood principle.* Proceeeding of the Second International Symposiumon Information Theory Budapest, S. 267-281.

Allerbeck, M. (2002). *Ausgewählte Probleme der Führungsforschung - Eine empirische Studie.* München, 1977 (unveröffentlichte Dissertation). Neuberger, O.: Führen und führen lassen. Stuttgart: Lucius & Lucius.

Amburgey, K. & Amburgey, B. (2004). *Was erfolgreiche Unternehmen ausmacht.* In: *„Wege aus der Erfolglosigkeit der Erfolgsfaktorenforschung".* Heidelberg: KfW Herausgeberband, S. 15-42.

Amburgey, T. L., Kelly, D. & Barnett, W. P. (1993). *Resetting the clock: the dynamics of organizational change and failure.* Administrative Science Quaterly, Nr. 38, S. 51-73.

Amelang, M. & Bartussek, D. (1997). *Differentielle Psychologie und Persönlichkeitsforschung.* Stuttgart

Armstrong, M. (1998). *Wie man ein noch besserer Manager wird. Alle Managementtechniken von A-Z.* Landsberg am Lech: mvg.

Arnold, H. & Kelsey, B. L. (1995). *Methoden der Empirischen Führungsforschung.* Kieser, A. (Hrsg.): Handwörterbuch der Führung, 2te neu gestaltete Auflage, Stuttgart: Schäffer-Poeschel, Sp. 289f.

Avolio, B. J. & Bass, B. M. (1988). *Transformational leadership, charisma, and beyond.* Hunt, J. G., Baliga, B. R., Dachler, H. P. & Schriesheim, C. A. (Hrsg.): Emerging leadership vistas. Lexington, MA: Lexington Books, S. 29-50.

Avolio, B. J. & Bass, B. M. (2004). *Multifactor Leadership Questionnaire. Manual and Sampler Set.* 3te Auflage, Redwood City, CA: Mind Garden.

Baag, R. (2002). *Marketing in deutschen Biotechnologie-Unternehmen", Studie an der TU Berlin.* Berlin.

Babbage, C. (1835). *On the Economy of Machinery and Manufacturers.* 4te Auflage, London.

Bandura, A. (1977). *Social Learning Theory.* New York: Englewood Cliffs.

Barbuto, John E., Jr., Cundall, S. & Fritz, S., M. (2004). *Motivation, charismatic and transformational leadership: A field study of antecedents.* Midwest Academy of Management. Proceedings. Minneapolis, MN.

Barling, J., Loughlin, C. & Kelloway, E. K. (2002). *Development and test of a model linking safety-specific transformational leadership and occupational safety.* Journal of Applied Psychology, 87, S. 488-496.

Barling, J., Weber, T. & Kelloway, E. K. (1996). *Effects of transformational leadership training on attitudinal and financial outcomes: A field experiment.* Journal of Applied Psychology, 81(6), S. 827-832.

Bass, B. M. & Avolio, B. (1990). *Transformational Leadership Development. Manual for the Multifactor Leadership Questionnaire.* Palo Alto: Consulting Psychologist Press.

Bass, B. M. & Avolio, B. J. (1990). *The implication of transactional and transformational leadership for individual, team and organizational development.* Research in Organizational Change and Development. S. 231- 272.

Bass, B. M. & Avolio, B. J. (1998). *Improving organizational effectiveness through transformationalleadership. Introduction.* G. R. Hickman (Hrsg.), Leading organizations: Perspectives for a new era. Thousand Oaks: Sage, S.135-140.

Bass, B. M. & Steyrer, J. (1995). *Transaktionale und transformationale Führung.* A. Kieser, G. Reber, R. Wunderer (Hrsg.): Handwörterbuch der Führung, Stuttgart: Schäffer-Poeschel, Sp. 2053-2062.

Bass, B. M. (1985). *Leadership and Performance Beyond Expectations.* New York: Free Press.

Bass, B. M. (1986). *Charisma entwickeln und zielführend einsetzen.* Landsberg: Verlag Moderne Industrie.

Bass, B. M., & Avolio, B. (2005). *Training Full Range Leadership.* (J. Rowold, J. Radstaak, Trans.). Redwood City, CA: Mindgarden. (Original Work published 1999).

Bass, B. M., & Stogdill, R. M. (1990). *Bass & Stogdill's handbook of leadership: Theory, research, and managerial applications.* (3rd ed.). New York, London: Free Press, Collier Macmillan.

Bass, B. M., Avolio, B. J. (Hrsg.) (1974). *Improving Organizational Effectiveness through Transformational Leadership.* CA: Thousands Oaks.

Bauer, H. H. & Sauer, N. E. (2004). *Die Erfolgsfaktorenforschung als schwarzes Loch.* Die Betriebswirtschaft , 64. Jg., Nr. 4, S. 631-633.

Behnam, M., Gilbert, D., Luber, T. & Hümmler, H. (2006). *Innovation management in the snail-shell* (German Title: Innovationsmanagement im Schneckenhaus). Lebensmittelzeitung, 59 (17), S. 55.

Behnam, M., Gilbert, D.U., Luber, T. & Hümmler, H.G. (2006). *Lonely wolves hunting for new products. Empirical study on pharmaceutical and medical technology firms* (deutsch: Einsame Wölfe auf der Jagd nach neuen Produkten). Pharma-Marketing Journal, 31 (2), S. 58-60.

Bellinger, B. (1962). *Unternehmungskrisen und ihre Ursachen*. Albach, H.: Handelsbetrieb und Marktordnung: Festschrift zum 70ten Geburtstag von Carl Ruberg. Wiesbaden, S. 49-74.

Bendix, R. (1960). *Herrschaft und Industriearbeit.* Frankfurt am Main: Europäische Verlagsanstalt.

Bennis, W. & Nanus, B. (1990). *Führungskräfte: Die vier Schlüsselstrategien erfolgreichen Führens.* Frankfurt am Main: Campus.

Berkeley, T. A. (1988). *Does Leadership Make a Difference to Organizational Performance?* Administrative Science Quarterly, Vol. 33, No. 3, S. 388-400.

Birker, K. (1997). *Führungsstile und Entscheidungsmethoden*. Berlin: Cornelsen-Verlag.

Blake, R. R. & Mouton, J. S. (1965). *Personal and Organizational Change through group methods - The laboratory approach*. New York, London, Sydney.

Blake, R. R. & Mouton, J. S. (1967). *The managerial grid in three dimensions*. Training & Development Journal, S. 2-5.

Blake, R. R. & Mouton, J. S. (1981). *Productivity: The Human Side - A Social Dynamics Approach*. New York, London, Sydney.

Blake, R. R. & Mouton, J. S. (1986). *Effektives Krisenmanagement*. Personal, 38/1, S. 8-10.

Blake, R. R. & Mouton, J. S. (1992). *Verhaltenspsychologie im Betrieb.* 4te Auflage, Düsseldorf, Wien

Blank, W., Weitzel, J. R. & Green, S. G. (1990). *A test of the situational leadership theory.* Personnel Psychology, S. 579-597.

Bleicher, K. (1991). *Das Konzept Integriertes Management - Das St. Galler Management Konzept.* Frankfurt am Main, New York: Campus Verlag.

Bleicher, K. (1992). *Das Konzept Integriertes Management*. 2. rev. und erw. Auflage, Frankfurt a. M., New York.

Bleicher, K. (1994). *Normatives Management: Politik, Verfassung und Philosophie des Unternehmens.* Frankfurt a.M., New York.

Blume, L. & Fromm, O. (2000). *Wissenstransfer zwischen Universitäten und regionaler Wirtschaft: Eine empirische Untersuchung am Beispiel der Universität Gesamthochschule Kassel.* DIW Vierteljahrshefte zur Wirtschaftsforschung, 69. Jg. (2000), 1, S. 109-123.

Böhnisch, W., Jago, A. G. & Reber, G. (1987). *Zur interkulturellen Validität des Vroom-Yetton-Modells.* DBW, S. 85-93

Boisot, M. & Child, H. (1988). *The Iron Law of Fiefs - Bureaucratic Failure and the Problem of Governance in the Chinese System Reforms.* ASQ, 1988, S. 507-527. Kieser, A. (Hrsg.): *Handwörterbuch der Führung.* 2te neu gestaltete Auflage, Stuttgart: Schäffer-Poeschel, 1995, Sp. 586ff.

Bortz, J. & Döring, N. (2005). *Forschungsmethoden und Evaluation für Human- und Sozialwissenschaftler.* 3te Auflage, Springer, Heidelberg, S. 56f.

Brettel, M. (2002). *Entscheidungskriterien von Venture Capitalists - Eine empirische Analyse im internationalen Vergleich.* Die Betriebswirtschaft, S. 305-325.

Brockhaus, R., H. (1993). *Entrepreneurship education: A research agenda.* Klandt, Heinz; Müller-Böling, Detlef (Hg.), IntEnt92, Internationalizing Entrepreneurship Education and Training, Köln – Dortmund, S. 3-7.

Brosius, Felix (2008). *SPSS 16.* MITP-Verlag.

Brown, W., Birnstihl, E. A. & Wheeler, D. W. (1998). *Leading without authority: An examination of the impact of transformational leadership cooperative extension work groups and teams.* Lincoln, Nebraska.

Bryman, A. (1986). *Leadership and Organizations.* Boston.

Bryman, A. (1996). *Leadership in organizations.* Clegg, S.R., Hardy C. (Hrsg.): Handbook of organization studies, London: Sage, S. 276-292.

Bryman, A. (1999). *Leadership in organizations.* Clegg, S.R., Hardy C., Nord, W.R. (Hrsg.): Managing organisations. Current issues. London: Sage, S. 26-42.

Bryman, A., Bresnen, M., Ford, J. et al. (1987). *Leader Orientational Transience - An Investigation using Fiedler´s LPC Scale.* Journal of Occupational Psychology. S. 13-19.

Bundesministerium für Bildung und Forschung (2000). *Biotechnologie - Basis für Innovationen.* Bonn.

Bundesministerium für Bildung und Forschung (2006). *BioRegions in Germany - Strong impulses for the national technological development.* Berlin.

Bundesministeriums für Wirtschaft und Technologie (2000). *Junge Unternehmen - Probleme und Lösungen bei der Existenzgründung.* Bonn.

Burns, J. M. (1986). *Leadership.* New York, Harper and Row, deutsch: Bass, B. M.: *Charisma entwickeln und zielführend einsetzen.* Verlag Moderne Industrie, Landsberg.

Buzzell, R. D., Gale, B. T. (1989). *Das PIMS-Programm: Strategien und Unternehmenserfolg.* Wiesbaden.

Bycio, P., Hackett, R. D. & Allen, J. S. (1995). *Further assessments of Bass's (1985) conceptualisation of transactional and transformational leadership.* Journal of Applied Psychology, 80, S. 468-478.

Calder, B. J. (1977). *An Attribution Theory of Leadership.* Staw, B. M, Salancik, G. R. (Hrsg.). New Directions in Organizational Behaviour, Chicago.

Caldwell, C., Litz, R. & Nord, W. R. (2003). *Building Trust Through Effective Governance - Three Perspectives of Organizational Leadership.* Academy of Management Review, S. 667-673.

Campbell, D. T. & Stanley, J. C. (1963). *Experimental and Quasi-Experimental Designs for Research.* Chicago.

Capon, N., Farley, J. U., Hoenig, S. (1990). *Determinants of Financial Performance: A Meta-Analysis.* Management Science. Special Issue on Strategy, 36, S. 1143-1159.

Casanova, M. (2004). *Personal Branding. Die Führungskraft als Marke.* http://www.konsulenten.ch/PDFDateien/personal.pdf (27. 8. 2004).

Chandler, A.D., Jr. (1962). *Strategy and structure. Chapters in the history of the industrial enterprise.* Cambridge, Massachusetts, London.

Chen, D. D. & Meindel, J. R. (1991). *The Construction of Leadership Images in the Popular Press - The Case of Donald Burr and People Express.* ASQ, S. 521-551.

Child, J. & Yuan, L. (1995). *Führungsforschung - Führung in China.* Kieser, A. (Hrsg.): Handwörterbuch der Führung, 2te neu gestaltete Auflage, Schäffer-Poeschel, Stuttgart, Sp. 586ff.

Churchill, N. C. & Lewis, V. L. (1983). *The five stages of small business growth.* Harvard Business Review, S. 30-50.

Conger, J. A. & Kanungo, R. N. (1987). *Towards a Behavioural Theory of Charismatic Leadership in Organizational Settings.* Academy of Management Review, Vol. 12, S. 637-647.

Conger, J. A. & Kanungo, R. N. (1998). *Charismatic Leadership in Organizations.* London, New Delhi: Thousand Oaks.

Conger, J. A. & Kanungo, R. N. (Hrsg.) (1988). *Charismatic leadership - The elusive factor in organizational effectiveness.* San Francisco: Jossey-Bass.

Cook, T. D. & Campbell, D. T. (1975). *The Design and Conduct of Quasi-Experiments and True Experiments in Field Settings.* Dunette, M. D. (Hrsg.), Chicago: HIOP.

Crocker, G. (2001). *Integration - The European Life Sciences Report 2001.* Cambridge: Ernst & Young.

Dan, Bradstreet (1984). *Handbook of Corporate Leaders*. New York.

Danserau, F. J., Graen, G., & Haga, W. J. (1973). *A vertical dyad linkage approach to leadership within formal organizations - a longitudinal investigation of the role making process*. Organizational Behavior and Human Performance, S. 46-78.

Deibert, V. (2002). *Biotechnologie 2002 - Ein Sektor unter Vollnarkose*. GoingPublic Magazin - Sonderausgabe Biotechnologie 2002. München.

Deluga, R. (1998). *A historiometric Analysis of presidential charismatic Leadership - Franklin Roosevelt to Ronald Reagan.* Rhode Island: Bryant College.

Denison, D. R. (1990). *Corporate culture and organizational effectiveness.* New York: Wiley.

Deutsche Ausgleichsbank (1999). *Erfolgsfaktoren von Wachstumsführern*. Wissenschaftliche Reihe - Band 11, Bonn.

Dienesch, R. M., & Liden, R. C. (1989). *Leader-Member exchange model of leadership: A critique and further development.* Academy of Management Review, S. 618-634.

Dietz, J.-W. (1989). *Gründung innovativer Unternehmen*. Wiesbaden: Gabler-Verlag.

Diller, H. & Lücking, J. (1993). *Die Resonanz der Erfolgsfaktorenforschung beim Management von Großunternehmen.* Zeitschrift für Betriebswirtschaft, 63. S. 1229-1249.

Dolic, Dubravko (2003). *Statistik mit R. Einführung für Wirtschafts- und Sozialwissenschaftler.* Oldenbourg.

Dowdy, W.L. & Nikolchev, J. (1986). *Can industries de-mature? - Applying new technologies to mature industries.* Long Range Planning. 19 (2), S. 38-49.

Downs, A. (1993). *Inside Bureaucracy*. Boston: Waveland Press Inc.

Dressler, M. & Frederich, A. (2005). *Zufriedenheit am Arbeitsplatz. Arbeitsinhalt, Sicherheit oder Geld - was zählt mehr?* PersonalFührung, 38. Nr. 11, S. 46-54.

Dunegan, K. J., Uhl-Bien & M., Duchon, D. (2002). *LMX and Subordinate Performance: The Moderating Effects of Task Characteristics.* Journal of Business and Psychology, Springer, S. 275-285.

Eagly, A. H. & Johnson, B. T. (1975). *Gender and Leadership Theory as a Determinant of the Factor Structure Supervisory Behaviour Scales.* JAP, S. 736-741.

Ebermann, M. (2004). *Verzeichnis psychologischer und pädagogischer Testverfahren aus der Datenbank PSYNDEX-Test.*. Zentrum für Psychologische Information und Dokumentation der Universität Trier (ZPID) (Hrsg.). 11. Auflage, Trier.

Egri, C. P., & Herman, S. (2000). *Leadership in the North American environmental sector: values, leadership styles, and contexts of environmental leaders and their organizations.* Academy of Management Journal, S. 571-604.

Ernst & Young (2002). *Beyond Borders - The Global Biotechnology Report 2002.*

Ernst & Young (2007). *Beyond Borders - The Global Biotechnology Report 2007.*

Ernst & Young (2007). *Biotechnologie-Sektor mit weltweiten Rekordzahlen.* Medienmitteilung vom 16.04.2007

European Foundation for Quality Management (EFQM) (2000). *Das EFQM-Modell für Excellence.* Brüssel: EFQM.

Evans, M. (1995). *Führungstheorien - Weg-Ziel-Theorie.* Kieser, A. (Hrsg.): Handwörterbuch der Führung, 2te neu gestaltete Auflage, Stuttgart: Schäffer-Poeschel, Sp. 1076ff.

Fahrenberg, J., Hampel, R. & Selg, H. (2001). *Freiburger Persönlichkeitsinventar (FPI).* Göttingen.

Fallgatter, M. J. (2002). *Theorie des Entrepreneurship - Perspektiven zur Erforschung und Entwicklung junger Unternehmungen.* Bielefeld: DUV.

Feldmann, R. Ch. (2006). *Daten und Fakten - Die deutsche Biotechnologie-Branche.* Biotechnologie 2006. Wolfratshausen.

Fennekels, G. P. & D´Souza, S. (1999). *Management Fallstudien (MFA).* Göttingen

Fennekels, G. P. (1995). *Qualitative Führungsstil-Analyse (QFA).* Göttingen.

Fiedler, F. E. & Mai-Dalton, R. (1995). *Führungstheorie - Kontingenztheorie.* Kieser, A. (Hrsg.): Handwörterbuch der Führung, 2te neu gestaltete Auflage, Stuttgart: Schäffer-Poeschel, S. 940-953.

Fiedler, F. E. (1964). *A contingency model of leadership effectiveness.* New York: Academic Press.

Fiedler, F. E. (1967). *A theory of leadership effectiveness.* New York.

Fiedler, F. E. (1978). *Contingency Model and the Dynamics of the Leadership Process.* Berkowitz, L. (Hrsg.): Advances in Experimental Social Psychology. New York, S. 59-112

Field, R. H. G. (1979). *A Critique of the Vroom-Yetton Contingency Modell of Leadership Behaviour.* AMR, S. 249-257

Fischer, L. (1990). *Kooperative Führung: Mythos, Fiktion oder Perspektive?* Wiendieck, G., Wiswede, G. (Hrsg.): Führung im Wandel. Neue Perspektiven für Führungsforschung und Führungspraxis, Stuttgart: Ferdinand Enke, S. 131-156.

Fittkau-Garthe, H. & Fittkau, B. (1971). *Fragebogen zur Vorgesetztenverhaltensbeschreibung (FVVB).* Göttingen.

Fleishman, E. A. (1957). *The Leadership Opinion Questionnaire.* Stogdill, R. M., Coons, A. E.(Hrsg.): Leader Behavior: Its Description and Measurement, Columbus, S. 120-133

Flick, U. (1999). *Qualitative Forschung - Theorie, Methoden, Anwendung in Psychologie und Sozialwissenschaften*. Reinbek bei Hamburg: Rowohlt.

Ford, D. & Ryan, C. (1981). *Taking technology to market*. Harvard Business Review. 59 (2), S. 117-126.

Forsmann, D., Haenecke, H., Zerres, C. & Zerres, M. (2007). *Erfolgsfaktorenforschung*. ebook unter http://www.studium-ratgeber.de/erfolgsfaktorenforschung.php

Foster, R. N. (1986). *Innovation - Die technologische Offensive. Wiesbaden*: Gabler, S. 27-32. (Original: Foster, R. N. (1986). Innovation - The Attacker´s Advantage. New York: Summit)

Frank, H., Korunka, C. & Lueger, M. (2002). *The Significance of Personality in Business Startup Intentions, Startup Realization and Business Success*. Vienna Entrepreneurship Studies. Wien.

Fraunhofer Institut für Systemtechnik und Innovationsforschung (FhG-ISI), Zentrum für Europäische Wirtschaftsforschung (ZEW) (1998). *Beteiligungskapital und Technologie-orientierte Unternehmensgründungen, Gutachten für das Bundesministerium für Wirtschaft und Technologie Referat VI A5. Kurzfassung.* Karlsruhe, Mannheim: Bundesministerium für Wirtschaft und Technologie.

Gebel, T. (2003). *Erfolgsfaktoren beim Aufbau von Biotech-Unternehmen - Eine kritische Bestandsaufnahme*. Schönau.

Gebert, D. (1995). *Führung im MbO-Prozess*. Kieser, A. (Hrsg.): Handwörterbuch der Führung, 2te neu gestaltete Auflage, Stuttgart: Schäffer-Poeschel, Sp. 427

Georgopoulos, B. S., Mahoney, T. M. & Jones, N. W. (1957). *A Path-Goal-Approach to Productivity.* JAP, S. 345-353.

Geroski, P. A. (1989). *Entry, Innovation and Producitvity Growth*. Review of Economics and Statistics, 71, S. 572-578.

Geyer, A. & Steyrer, J. (1998). *Messung und Erfolgswirksamkeit transformationaler Führung.* Zeitschrift für Personalforschung, 12, 4, S. 377-401.

Ghiselli, E. E., Campbell, J. P. & Zedeck, S. (1981). *Measurement theory for the behavioural science.* San Francisco.

Glaser, B. G., & Strauss, A. L. (1967). *The discovery of grounded theory.* New York: Aldine de Gruyter.

Goebel, P. (1990). *Erfolgreiche Jungunternehmer*. München.

Goodson, J. R., McGee, G. W. & Cashman, J. S. (1989). *Situational Leadership Theory: A Test of Leadership Prescriptions.* Group and Organizations Studies, S. 446-461.

Gough, H. G. (1989). *The new California Psychological Inventory: Implications for research and practice.* McReynolds, P (Hrsg.): Recent advances in psychological assessment. Invited symposium conducted at the annual meeting of the Western Psychological Association, Sparks, Nevada.

Graeff, C. L. (1983). *The Situational Leadership Theory.* AMR, S. 285-291.

Graen, G. & Cashman, J. F. (1975). *A Role-Making Model of Leadership in Formal Organizations.* Hunt, J. G., Larson, L. L. (Hrsg.): Leadership Frontiers. Kent State, S. 143-166.

Graen, G., Novak, M. A. & Sommerkamp, P. (1982). *The Effects of Leadership-Member Exchange and Job Design on Productivity and Satisfaction.* OBHP, S. 109-131.

Graen, G.B. & Uhl-Bien, M. (1991). *The transformation of work group professionals into self-managing and partially self-designing contributors: Toward a theory of leadership-making.* Journal of Management Systems, Vol. 3 No. 3, S. 33-48.

Greene, C. N. (1973). *A Longitudinal Analysis of Relationship among Leader Behaviour and Subordinate Performance and Satisfaction*. Proceedings of the Academy of Management.

Greiner, L. E. (1998). *Evolution and revolution as organizations grow.* Harvard Business Review, 76(3). S. 55-68.

Grimpe, C. (2005). *Arbeitszufriedenheit und Fluktuation im Post Merger Integrationsprozess.* Discussion Paper No. 05-76. ZEW Discussion Paper, ftp://ftp.zew.de/pub/zew-docs/dp/dp0576.pdf, 20.04.2007

Grochla, E. (1982). *Grundlagen der organisatorischen Gestaltung.* Stuttgart.

Grubrich-Simitis, I. (1972). *Sigmund Freud „Selbstdarstellung".* Hofstätter, P., R.: Tiefenpsychologische Führungstheorien. Schriften zur Geschichte der Psychoanalyse. Frankfurt am Main.

Guiild, P.D. & Bacher, J.S. (1989). *Equity Investment Decision for Technology based Ventures.* IJTM, Special Issue on Resources for SME Innovation", 12. JG., Nr. 7-8, S. 787-795.

Halpin, A. W. & Winer, B. J. (1957). *A Factorial Study of the Leader Description.* Stogdill, R. M., Coons, A. E. (Hrsg.): Leader Behaviour: Its Description and Measurement, Columbus, S. 39-51.

Hansmann, K.W., Scupin, Y. & Henze, V. (2004). *Studie zur Mitarbeiterzufriedenheit in Call Centern - Eine empirische Untersuchung.* Hamburg.

Hater, J. J. & Bass, M. B. (1988). *Superiors`evaluations and subordinates`perceptions of transformational and transactional leadership.* Journal of Applied Psychology, 73, S. 695-702.

Hauer, C. (2007). *Erfolgsfaktor Charisma: Entweder man hat es, oder man erlernt es eben.* Menschen und Medien - Zeitschrift für Kultur- und Kommunikationspsychologie. Berlin.

Hauser, M. (2000). *Charismatische Führung*. Wiesbaden: Gabler.

Heil, H. (1996). *Junge Unternehmen - Impulsgeber für die Konjunktur.* DtA-Studie zur Situation von geförderten Existenzgründungen in den alten und neuen Bundesländern, Bonn.

Heimbrock, K. J. (2001). *Die Rolle des Personalmanagements bei der Unternehmensentwicklung.* (unveröffentlichte Dissertation). Rheine, S.41.

Hemphill, J. K. & Coons, A. E. (1957). *Development of the Leader Behaviour Description Questionnaire.* Stogdill, R. M., Coons, A. E.(Hrsg.): Leader Behavior: Its Description and Measurement, Columbus, S. 6-38.

Hentze, J. & Brose, P. (1990). *Personalführungslehre - Grundlagen, Führungsstile, Funktionen und Theorien der Führung.* 2te überarbeitete Auflage, Bern, Stuttgart.

Hentze, J. & Kammel, A. (1995). *Transformationale Führung.* Das Wirtschaftsstudium. 24, 10, S. 799-807.

Hentze, J., Kammel & A., Lindert, K. (1997). *Personalführungslehre. Grundlagen, Funktionen und Modelle der Führung.* 3te Auflage, Bern, Stuttgart, Wien.

Herbig, A. F. (2005). *Führungskonzepte und -theorien Grundlagen professioneller Mitarbeiterführung.* Norderstedt.

Herbst, D. & Scheier, C. (2004). *Corporate Imagery. Wie Ihr Unternehmen ein Gesicht bekommt. Orientierung und Vertrauen durch starke Bilder.* Berlin: Cornelsen.

Hersey, P., & Blanchard, K. H. (1969). *Life Cycle Theory of Leadership.* Training & Development Journal, S. 26-33.

Hersey, P., & Blanchard, K. H. (1974). *So You Want to know your Leadership Style?* Training & Development Journal, S. 22-37.

Hersey, P., Blanchard, K. H. & Dewey, J. E. (1996). *Management of Organizational Behaviour - Utilizing Human Resources.* 7te Auflage, Upper Saddle River: Prentice Hall.

Herzberg, F. (1968). *One More Time: How Do You Motivate Employees?* Harvard Business Review Classic.

Hesse, J. & Schrader, H. C. (2001). *Small Talk. Die Kunst des lockeren Gesprächs.* Frankfurt am Main: Eichborn.

Hiddemann, T. (2007). *Die Erfolgswirkung des operativen Managements in jungen, innovativen Unternehmen.* Wiesbaden.

Hilb, M. (1994). *Integriertes Personalmanagement: Ziele - Strategien - Instrumente.* Berlin: Neuwied/ Kriftel.

Hildebrandt, R. (1995). *Geschichte der Führung - Mittelalter und Frühe Neuzeit.* Kieser, A. (Hrsg.): Handwörterbuch der Führung, 2te neu gestaltete Auflage, Stuttgart: Schäffer-Poeschel.

Hinkel, K. (2001). *Erfolgsfaktoren von Frühphasenfinanzierungen durch Wagniskapitalgesellschaften.* Wiesbaden: DUV.

Hoffmeister, H. (2002). *Fragebogen zur Vorgesetztenverhaltensbeschreibung (FVVB).* Kanning, U. P., Holling, H. (Hrsg.), Handbuch personaldiagnostischer Instrumente. Göttingen.

Hoffmeister, H., (2002). *Management Fallstudien (MFA).* Kanning, U. P., Holling, H. (Hrsg.), Handbuch personaldiagnostischer Instrumente. Göttingen.

Hofmann, D. (1997). *Unternehmensführung.* Studienbrief 1: Grundlagen der Unternehmensführung. Studienbrief der Hamburger Fern-Hochschule.

Hofstätter, P., R. (1995). *Tiefenpsychologische Führungstheorien*. Kieser, A. (Hrsg.): Handwörterbuch der Führung, 2te neu gestaltete Auflage, Stuttgart: Schäffer-Poeschel, Sp. 1035ff.

Hofstede, G. (1993). *Cultural constraints in management theories.* Academy of Management Executive 7, S. 93.

Höft, U. (1992). *Lebenszykluskonzepte: Grundlage für das strategische Marketing- und Technologiemanagement.* Berlin.

Hollander, E. P. (1985). *Leadership and Power*. Lindzey, G. & Aronson, E. (Hrsg.): Handbook of social psychology. 3te Auflage.

Holzamer, H.-H. (Hrsg.) (1996). *Wirtschaftsstandort Deutschland: Mythen - Fakten - Analysen*. München, Landsberg am Lech.

Homburg, C. & Gierung, A. (1996). *Konzeptualisierung und Operationalisierung komplexer Konstrukte - Ein Leitfaden für die Marketingforschung*. Marketing - ZFP,1, 1(4).

Homburg, C. & Krohmer, H. (2003). *Marketingmanagement.* Wiesbaden: Gabler.

Homburg, C., Krohmer, H., Fritz, W., Bauer, H. H. & Sauer, N. (2002). *Trotz eklatanter Erfolglosigkeit: Erfolgsfaktorenforscher auf Erfolgskurs.* DBW, 62 Jg. S. 579-596.

Homburg, Ch., Krohmer, H. (2004). *Die Fliegenpatsche als Instrument des wissenschaftlichen Dialogs*. Wissenschaftliche Arbeitspapiere. Nr.: W74. Mannheim.

Hopf, C. & Weingarten, E. (1979). *Qualitative Sozialforschung*. Stuttgart: Klett-Cotta.

Horváth, P. & Kaufmann, L. (1998). *Balanced Scorecard - ein Werkzeug zur Umsetzung von Strategien.* Harvard Business Manager, 5/1998, S. 39-48.

Hossiep, R. & Paschen M. (1998). *Bochumer Inventar zur berufsbezogenen Persönlichkeitsbeschreibung (BIP).* Göttingen.

Hossiep, R., Paschen, M. & Mühlhaus, O. (2000). *Persönlichkeitstest im Personalmanagement - Grundlagen, Instrumente und Anwendungen*. Göttingen.

House, R. J. & Mitchell, T. R. (1974). *Path-Goal-Theory of Leadership*. Journal of Contemporary Business, Nr. 3, S. 81-97.

House, R. J. (1971). *A path goal theory of leader effectiveness*. Administrative Science Quarterly, S. 321-338.

House, R. J., Filley, A. C. & Kerr, S. (1971). *Relation of leader consideration and initiating structure to r and d subordinates' satisfaction*. Administrative Science Quarterly, S. 19-21.

House, R. J., Spangler, W. D. & Woycke, J. (1991). *Personality and charisma in the U.S. presidency: A psychological theory of leader effectiveness*. Administrative Science Quarterly, 36, S. 364-396.

House, R. J., Wright, N. S. & Aditya, R. N. (1997). *Cross-cultural research on organizational leadership*. Earley, P. C., Erez, M. (Hrsg.): New perspectives on international industrial and organizational psychology. San Francisco: The new Lexington press, S. 600.

Howell, J.M. & Higgins, C.A. (1990). *Champions of technological innovation*. Administrative Science Quarterly, 35, 3, S. 317-341.

Humble, J. W. (1967). *Management by Objectives*. London. (deutsch: Praxis des Managements by Objectives. München, 1972)

Hurst, D. (1995). *Crisis and renewal: Meeting the challenge of organizational change*. Boston: Harvard Business Review Press.

Irsch, N. (2003). *MittelstandsMonitor 2003*. Frankfurt: Kreditanstalt für Wiederaufbau (KfW).

Jaeger, H. (1990). *Unternehmer*. Brunner, O. (Hrsg.): Geschichtliche Grundbegriffe. Historisches Lexikon zur politisch-sozialen Sprache in Deutschland. Stuttgart, S. 707-732.

Jago, A. G. (1995). *Führungstheorien - Das Vroom-Yetton-Modell*. Kieser, A. (Hrsg.): Handwörterbuch der Führung, 2te neu gestaltete Auflage, Stuttgart: Schäffer-Poeschel, Sp. 1058ff.

Janda, K. F. (1969). *Towards the Explication of the Concept of Leadership in Terms of the* Concept of Power. Human Relations 13, S. 345-363.

Kaduk, S. (2007). *Über Heuchler, Strohmänner und Nebelkerzen: Die hitzige Diskussion über die Erfolgsfaktorenforschung*. unter: http://www.org-portal.org/portal/ artikel.php?did=524 22.07.2007

Kahn, R. L. (1958). *Human Relations and Modern Management*. Hugh-Jones, E. M. (Hrsg.). Chicago.

Kahn, R. L., & Katz, D. (1960). *Leadership Practices in Relation to Productivity and Morale*. Cartwright, D. & Zander, A. (Hrsg.): Group Dynamics: Research and Theory. 2te Auflage, S. 35-57.

Kaltenstadler, W. (1978). *Arbeitsorganisation und Führungssystem bei den römischen Agrarschriftstellern.* Stuttgart, New York: Editon G. Fischer.

Kaltenstadler, W. (1978). *Arbeitsorganisation und Führungssystem bei den römischen Agrarschriftstellern.* Stuttgart, New York: Editon G. Fischer.

Kaltenstadler, W. (1995). *Geschichte der Führung - Altertum.* Kieser, A. (Hrsg.): Handwörterbuch der Führung, 2te neu gestaltete Auflage, Stuttgart: Schäffer-Poeschel, Sp. 1091-1102.

Kao, J. (1989). *Entrepreneurship, creativity and organization (text, cases and readings).* Englewood Cliffs.

Kaplan, R. & Norton, D. (1996). *Using the balanced scorecard as a strategic management system.* Harvard Business Review, S. 75-85.

Kehr, H. M. (2000). *Die Legitimation von Führung. Ein Kleingruppenexperiment zum Einfluss der Quelle der Autorität auf die Akzeptanz des Führers, den Gruppenprozess und die Effektivität.* Berlin: Duncker & Humblot.

Keller, M. (2004). *Management und Gestaltung von Strategischen Allianzen unter besonderer Berücksichtigung der Funktionen und der Architektur von Anreiz- und Management-Development-Systemen.* Dissertation. Hamburg: Universität für Wirtschaft und Politik, S. 151.

Kelley, H. H. (1973). *The Process of Causal Attribution.* American Psychology, S. 107-128

Kennedy, P. M. (1989). *Aufstieg und Fall großen Mächte - Ökonomischer Wandel und militärischer Konflikt von 1500 bis 2000.* Frankfurt am Main: Fischer. (Original: Kennedy, P. M. (1987). The Rise and Fall of the Great Powers - Economic Change and Military Conflict from 1500 to 2000. New York: Random House.)

Kent, Calvin A. (Hrsg.) (1990). *Entrepreneurship Education. Current developments, future directions.* New York, Westport, London.

Kepper, G. (1994). *Qualitative Marktforschung.* Wiesbaden: Deutscher Universitätsverlag.

Kerr, S. & Jermier, J. M. (1978). *Substitutes for leadership: Their meaning and measurement.* Organizational Behavior & Human Performance, S. 375-403.

Kerr, S., Schriesheim, C. A., Murphey, C. J. et al. (1974). *Toward a Contingency Theory of Leadership based upon the Consideration and Initiating Structure Literature.* OBHP, S. 62-82.

Kieser, A. & Oechsler, W. A. (1999). *Unternehmenspolitik.* Stuttgart.

Kimberly, J. R. (1979). *Issues in the Creation of Organizations: Initiation, Innovation, and Institutionalization.* Academy of Management Journal, S. 437-457.

Kirschbaum, G. (1990). *Gründungsmotivation.* Szyperski, N., Roth, P. (Hrsg.): Entrepreneurship - Innovative Unternehmensgründungen als Aufgabe. Stuttgart: Poeschel, S. 79-87.

Klandt, H. & Tröger N. H. (2001). *Gründerperson - Funktionen und Eigenschaften des Unternehmers in der Praxis.* Koch, L.T. & Zacharias, C. (Hrsg.): Gründungsmanagement mit Aufgaben und Lösungen, München, Wien.

Klandt, H. (1984). *Aktivität und Erfolg des Unternehmungsgründers - Eine empirische Analyse unter Einbeziehung des mikrosozialen Umfelds.* Bergisch Gladbach.

Klandt, H. (1984). *Überlegungen und Vorschläge zur Abgrenzung und Strukturierung des Objektbereichs der Gründungsforschung.* Nathusius, K., Klandt, H., Kirschbaum, G. (Hrsg.): Unternehmensgründung - Konfrontation von Forschung und Praxis - Festschrift gewidmet Herrn Prof. Norbert Szyperski aus Anlass des 10jährigen Bestehens der Projektgruppe Gründungsforschung am Planungsseminar der Universität zu Köln. Bergisch Gladbach, S. 37-64.

Klandt, H. (1990). *Das Leistungsmotiv und verwandte Konzepte als wichtige Einflußfaktoren der unternehmerischen Aktivität.* Szyperski, N. & Roth, P. (Hrsg.): Entrepreneurship - Innovative Unternehmensgründung als Aufgabe, Stuttgart, S. 88-96.

Klandt, H. (1990). *Zur Person des Unternehmensgründers.* Dieterle, Willi K.M; Winckler, Eike M. (Hrsg.): Unternehmensgründung - Handbuch des Gründungsmanagements, München.

Klees, H. (1995). *Herren und Sklaven - Die Sklaverei im oekonomischen und politischen Schrifttum der Griechen in klassischer Zeit.* Kieser, A. (Hrsg.): Handwörterbuch der Führung, 2te neu gestaltete Auflage, Stuttgart: Schäffer-Poeschel, Sp. 1091ff.

Klimecki, R. & Gmür, M. (2001). *Personalmanagement: Strategien - Erfolgsbeiträge - Entwicklungsperspektiven.* Stuttgart.

Knight, R.M. (1988). *A Cross Cultural Analysis.* Journal of Entrepreneurship and Small Business, 3. Jg., Nr. 4.

Knight, R.M. (1994). *Criteria used by Venture Capitalists.* Journal of Entrepreneurship and Small Business, 13. Jg., Nr. 1, S. 26-37.

Kogelheide, B. (1992). *Entwicklung realer Organisationsstrukturen - Eine Lebenszyklus-orientierte Analyse.* Wiesbaden.

Korman, A. K. (1974). *Contingency Approaches to Leadership: An Overview.* Hunt, J. G., Larson, L. L. (Hrsg.): Contingency Approaches to Leadership. Carbondale, S. 62-82.

Kotabe, M., Duhan, D., Smith, J. & Wilson, J. (1991). *The perceived veracity of pims strategy principles in japan: An empirical inquiry.* Journal of Marketing, Vol. 55, 26-41.

Kotter, J. P. (2005). *Change Leadership. Leadership Excellence.*

Kreditanstalt für Wiederaufbau (2002). *Innovationen sichern Zukunft - Förderung sichert Innovationen.* Frankfurt.

Kroeger, M. & Tartler, K. (2002). *Multifactor Leadership Questionnaire: From the American to the German culture.* Felfe, J. (Hrsg.): Organizational Development and Leadership, Frankfurt am Main: Lang.

Kuhn, T. S. (1981). *Die Struktur wissenschaftlicher Revolutionen.* Frankfurt am Main: Suhrkamp Verlag. (Original: Kuhn, T. S. (1970). The Structure of Scientific Revolutions. University of Chicago Press.)

Kulicke, M., Menrad, K. & Wörner, S. (2002). *Innovationsmanagement in mittelständischen Biotechnologieunternehmen - Leitfaden zum Management technologischer Auf- bzw. Umbrüche.* Stiftung Industrieforschung (Hrsg.), Karlsruhe.

Kumle, J. & Kelly, N. J. (2006). *Leadership vs. Management. Supervision.*

Küng, E. (1981). *Der Lebenszyklus.* Hochschule St. Gallen für Wirtschafts- und Sozialwissenschaften, Schriftenreihe Aulavorträge Nr. 13, S. 4f.

Kuß, A. & Tomczak, T. (2007). *Käuferverhalten. Eine marketingorientierte Einführung.* 4te., überarbeitete Auflage, Stuttgart: UTB Lucius & Lucius.

Landy, F. J. & Farr, J. L. (1980). *Performance Rating.* Psychology Bulletin, S. 395-397.

Laukamm, T. (1991). *Personalentwicklung in strategischen Geschäftseinheiten.* Papmehl, A.& Walsh, I. (Hrsg.): Personalentwicklung im Wandel. Wiesbaden, S.18-32.

Lehner, J. (1995). *Führungserfolg. Messung.* A. Kieser, G. Reber, R. Wunderer (Hrsg.): Handwörterbuch der Führung, Stuttgart: Schäffer-Poeschel, Sp. 550-562.

Lehnhoff, A. (1997). *Vom Management Development zur Managementbildung.* Geißler, H. (Hrsg.): Bildung und Organisation. Band 5, Frankfurt am Main.

Lewin, K. (1973). *A Dynamic Theory of Personality.* Selected papers. New York: McGraw-Hill.

Lewin, K., Lippitt, R. & White, R. K. (1974): *Patterns of Aggressive Behaviour in Experimentally created "Social Climates".* Journal of Social Psychology 10, S. 271-299.

Liden, R. C. & Graen, G. (1980). *Generalizability of the Vertical Dyad Linkage Model of Leadership.* Academy of Management Journal , S. 451-465.

Lieberson, S., O`Connor, J.F. (1972). *Leadership and Organizational Performance. A Study of Large Corporations.* American Sociological Review, 37, 2, S. 117-130.

Liecke, M. (2006). *Die erfolgreichsten BioRegionen in Deutschland im Überblick.* Biotechnologie 2006. Wolfratshausen.

Lilge, H.-G. (1981). *Menschenbilder als Führungsgrundlage.* Zeitschrift für Organisation, 50, S. 14-22.

Lippitt, G.L. & Schmidt, W.H. (1967). *Crises in a developing organization*. Harvard Business Review, 45, S. 102 -112.

Lissmann, U. (2001). *Inhaltsanalyse von Texten*. Landau: Verlag Empirische Pädagogik.

Little, A.D. (Hrsg.). *Der strategische Einsatz von Technologien, Konzepte und Methoden zur Einbeziehung von Technologien in die Strategieentwicklung des Unternehmens. Wiesbaden,* ohne Jahrgang.

Locke, E. A. & Schweiger, D. M. (1978). *Participating in Decision Making - One More Look*. Staw, B. M. (Hrsg.): ROB. Greenwich, S. 265-339.

Lord, G. R. & Smith, E. J. (1983). *Theoretical Information Processing and Situational Factors Affecting Attribution. Theory Models of Organizational Behavior*. AMR, S. 50-60.

Lord, G. R. (1985). *Accuracy in Behavioural Measurement - An Alternative Definition Based on „Raters" Cognitive Schema and Signal Detection Theory*. JAP, S. 66-77.

Lord, G. R., Fot, R. J. & DeVader, C. (1982). *A Test of Leadership Categorization Theory - Internal Structure of Leadership Categories.* OBHP.

Lord, G. R., Fot, R. J. & Phillips, J. S. (1982). *A Theory of Leadership Categorization.* Hunt, J. G., Sekaran, U., Schriesheim, C. A. (Hrsg.): Leadership beyond established Views. Carbondale, Ill, S. 104-121.

Lord, R. & Maher, K. J. (1991). *Leadership and information processing. Linking perceptions and performance.* Boston: Unwin Hyman.

Lord, R. G. (1985). *An Information Processing Approach to Social Perception*. Cummings, L. L., Staw, B. M. (Hrsg.): Research in Organizational Behaviour. Greenwich, S. 62-82.

Lord, R. G., De Vader, C. L. & Alliger, G. M. (1986). *A Meta-Analysis of the Relation between Personality Traits and Leadership Perception - An Application of Validity Generalization Procedures*. JAP, 1986, S. 402-410.

Lück, W. & Böhmer, A. (1994). *Entrepreneurship als wissenschaftliche Disziplin*. Zeitschrift für Betriebswirtschaftliche Forschung, 46. Jahrgang, Heft 5, S. 403 – 421.

Luthans, F. & Lockwood, D. L. (1984). *Towards an Observation System for Measuring Leader Behaviour in Natural Settings*. Hunt, J. G., Hosking, C. A., Schriesheim, C. A. et al. (Hrsg.): Leaders and Managers. New York, S. 117-141.

Luthans, H. (1985). *Organizational Behavior*. New York: McGraw-Hill.

Lyden, F. J. (1975). *Using Parsons' Functional Analysis in the Study of Public Organizations.* Administrative Science Quarterly, S. 59-70.

Maccoby, M. (1977). *Gewinner um jeden Preis: Der neue Führungstyp in den Großunternehmen der Zukunftstechnologie*. Reinbek bei Hamburg.

Malik, F. (1992). *Strategie des Managements komplexer Systeme - Ein Beitrag zur Management-Kybernetik evolutionärer Systeme*. 4te Auflage, Bern, Stuttgart, Wien.

Mann, T. (1945). *Buddenbrooks - Verfall einer Familie.* Stockholm: Bermann-Fischer.

Marino, K. E., Castaldi, R. M. & Dollinger, M. J. (1989). *Content Analysis in Entrepreneurship Research: The Case of Initial Public Offerings*. Entrepreneurship: Theory & Practice, S. 51-66.

Martin, R. & Epitropaki, O. (2001). *Role of organizational identification on implicit leadership theories (ILTs), transformational leadership and work attitudes*. Group Processes and Intergroup Relations, 4, S. 247-262.

Martinko, M. Y. & Gardner, W. L. (1987). *The Leader-member Attribution process*. Academy of Management Review, 12, S. 159-203.

Martinko, M. Y., Gardner, W. L. (1987). *The Leader-Member Attribution Process*. Academy of Management Review. Vol. 12, S. 235-249.

Mayo, E. (1951). *Probleme industrieller Arbeitsbeziehungen*. Frankfurt am Main: Verlag der Frankfurter Hefte.

Mayring, P. (2002). *Einführung in die Qualitative Sozialforschung*. Weinheim: Beltz Verlag.

McCall, M., W. & Lombardo, M., M. (1982). *Using simulation for leadership and management research: Through the looking glass*. Management Science, S. 533-549.

McElroy, J. C. (1982). *A Typology of Attribution Leadership Research*. AMR, S. 413-417.

McMahon, J. T. (1972). *The Contingency Theory - Logic and Method Revisited.* PP, S. 697-710.

McMillan, I.C., Siegel, R. & Subba-Narasimha, P. N. (1985). *Criteria used by Venture Capitalists to evaluate New Venture Proposals*. Journal of Business Venturing, 1ter Jg., S. 119-128.

McMillan, I.C., Zemann, L. & Subba-Narasimha, P. N. (1987). *Criteria Distinguishing Successful from Unsuccessful Ventures in the Venture Screening Process*. Journal of Business Venturing, 3ter. Jg., Nr. 2, S. 123-137.

Meffert, H. (1985). *Zur Bedeutung von Konkurrenzstrategien im Marketing*. Meffert, H. (Hrsg.): Marketing - Arbeitsbuch für Marketing. 3te erweiterte Auflage, Wiesbaden.

Meindl, J. F. (1990). *On Leadership - An Alternative to the conventional Wisdom*. Research in organizational Behaviour, Vol. 12, S. 159-203.

Meindl, J.R. & Ehrlich, S. B. (1987). *The Romance of Leadership and the Evaluation of Organizational Performance.* Academy of Management Journal, 30, 1, S. 91-109.

Meindl, J.R., Ehrlich, S. B. & Dukerich, J.M. (1985). The *Romance of Leadership, In: Administrative Science Quarterly*, 30, 1, S. 78-102.

Mertel, B. (2004). *Arbeitszufriedenheit - Eine empirische Studie zu Diagnose, Erfassung und Modifikation in einem führenden Unternehmen des Automotives*. Dissertation, Bamberg: Hansmann & Scupin, Henze.

Michel, K. (1987). *Technologie im strategischen Management - Ein Portfolio-Ansatz zur integrierten Technologie- und Marktplanung*, Berlin,

Mietzsch, A. (2003). *Biotechnologie Jahr- und Adressbuch*. 17ter Jhg., Berlin.

Miller, A. J. (1990). *Subset selection in Regression*. London: Chapman and Hall,

Miller, D. & Friesen, P.H. (1984). *A longitudinal study of the corporate life cycle*. Management Science, 0 (10), S. 1161-1183.

Mintzberg, H. (1973). *The Nature of Managerial Work*. New York

Mintzberg, H. (1989). *Mintzberg on Management - Inside our Strange World of Organizations*. New York, London

Mitchell, T. R. & O'Reilly, C. (1983). *Managing poor performance and productivity in organizations*. Rowland, K.M. & Ferris, G. (Hrsg.): Research in Personnel and Human Resource Management, Vol. 1, JAI Press.

Mitchell, T. R. (1995). *Führungstheorien - Attributionstheorie*. Kieser, A. (Hrsg.): Handwörterbuch der Führung, 2te neu gestaltete Auflage, Stuttgart: Schäffer-Poeschel, Sp. 848ff.

Mohrman, S., Gibson, C. & Mohrman, A. (2001). *Doing research that is useful to practice: A model and empirical exploration*. Academy of Management Journal, Vol. 44, 2, S. 357-375.

Mönninghoff, M. & Rowold, J. (2006). *Effekte von Führungskräftetrainings und Coachings auf die Wahrnehmung der Transformationalen Führung durch die Mitarbeiter, auf deren Commitment und Organizational Citizenship Behaviour: Ein Feldexperiment*. (Arbeitsgruppenbeitrag)

Morris, B. & Neering, P. (2006). *The new rules*. Fortune , S. 44-51.

Morse, J. J. & Wagner, F. R. (1978). *Measuring the Process of Managerial Effectiveness*. AMJ, S. 23-35.

Moynihan, D. P. & Ingraham, P. W. (2004). *Integrative leadership in the public sector: A Model of Performance-Information Use*. S. 427-453.

Müller, Böling, D. & Klandt, H. (1993). *Unternehmensgründung*. Hauschildt, J., Grün, O. (Hrsg.): Ergebnisse empirischer betriebswirtschaftlicher Forschung - Zu einer Realtheorie der Unternehmung, Stuttgart.

Müller, W. R. & Hill, W. (1977). *Die situative Führung*. DBW, S. 353-378.

Müller-Böling, D. & Klandt, H. (1990). *Bezugsrahmen für die Gründungsforschung mit einigen empirischen Ergebnissen*. Szyperski, N. & Roth, P. (Hrsg.): Entrepreneurship - Innovative Unternehmensgründungen als Aufgabe, Stuttgart.

Müller-Böling, D. & Klandt, H. (1996). *Methoden Empirischer Wirtschafts- und Sozialforschung - Eine Einführung mit wirtschaftswissenschaftlichem Schwerpunkt.* Köln-Dortmund: FGF.

Müller-Stewens, G. & Lechner, C. (2001). *Strategisches Management: Wie strategische Initiativen zum Wandel führen.* St. Gallen: Schäffer-Poeschel.

Münchhausen, G. (2004). *Führung und Biografie. Ein Beitrag zur biografieorientierten Kompetenzentwicklung von Führungskräften in Organisationen.* Bielefeld.

N.N. (2006). *Innovation Performance - Das Erfolgsgeheimnis innovativer Dienstleister.* Studie in Zusammenarbeit von PwC, dem Lehrstuhl für Industrielles Management der European Business School (ebs) sowie dem Deutschen Zentrum für Luft- und Raumfahrt (DLR).

N.N. (2006). *Intensivtraining für Ausstrahlung und Transformationale Führung mit dem Zürcher Ressourcen Modell (ZRM).* Eine Studie über die Effekte eines ressourcenaktivierenden Selbstmanagementtrainings auf die Ausstrahlung von Führungspersonen. Kurzstudie zur Wirksamkeitsstudie „Ausstrahlung und transformationale Führung" unter http://www.zrm.ch/default.htm?/studien.htm 06.08.2007.

Naeschke, N. (2003). *Trägt Charismatische Führung in komplexer und dynamischer Umwelt zum Führungserfolg bei?* Konstanz.

Nathusius, K. (1979). *Venture Management - Ein Instrument zur innovativen Unternehmensentwicklung.* Berlin: Duncker & Humboldt.

Nathusius, K. (2001). *Modelle der Gründungsfinanzierung.* Nathusius, K., Klandt, H., Seibt, D. (Hrsg.): Beiträge zur Unternehmensgründung - gewidmet Herrn Prof. Norbert Szyperski anlässlich seines 70. Geburtstags, Köln.

Neuberger, O. (1976). *Führungsverhalten und Führungserfolg.* Berlin: Duncker & Humblot.

Neuberger, O. (1987). *Miteinander arbeiten - miteinander reden! Vom Gespräch in unserer Arbeitswelt.* München.

Neuberger, O. (1995). *Führen und geführt werden.* Stuttgart: Enke.

Neuberger, O. (1995). *Moden und Mythen der Führung.* Kieser, A. (Hrsg.): Handwörterbuch der Führung, 2te neu gestaltete Auflage, Stuttgart: Schäffer-Poeschel, Sp. 1578ff.

Neuberger, O. (2002). *Führen und führen lassen.* 6te völlig neu bearbeitete und erweiterte Auflage, Stuttgart: Lucius & Lucius.

Neubert, M. J. (1998). *The value of feedback and goal setting over goal setting alone and potential moderators of this effect: A meta-analysis.* Human Performance, 11 (4), S. 321-335.

Nicolai, A. & Kieser, A. (2002). *Trotz eklatanter Erfolglosigkeit: Die Erfolgsfaktorenforschung weiter auf Erfolgskurs.* Die Betriebswirtschaft (DBW), 62. Jg., Nr. 6, S. 579-596.

Nicolai, A. & Kieser, A. (2004). *Von Konsensgenerierungsmaschinen, Nebelkerzen und „the Operation called Verstehen".* DBW 64. Jg., S. 621–631

Nieder, P. (1990). *Führung in Organisationen.* Hoyos, C., Kroeber-Riel, W., von Rosenstiel, L. & Strümpel, E. (Hrsg.): Grundbegriffe der Wirtschaftspsychologie. München: Kösel, S. 194-208.

Nieschlag, R., Dichtl, E. & Hörschgen, H. (1985). *Marketing.* 14te Auflage, Berlin

Niese, M. (2002). *Die Ursache von Betriebsschließungen und ihre Konsequenzen für die Marktdynamik - Eine mikroökonomische Analyse von Probezeiten und Todesschatten im verarbeitenden Gewerbe.* Dissertation: TU Bergakademie Freiberg.

Northouse, P.G. (1997). *Leadership: Theory and practise.* London et al.: Sage.

O´Connell, M. S., Lord, R. & O´Connell, M. K. (1991). *An empirical comparison of Japanese and American leadership prototypes - Implications for overseas assignment of managers.* Unpublished manuscript.

Odiorne, G. S. (1980). *Management by Objectives.* München.

Offermann, L. R. & Kennedy, J. R., Jr. (1987). *Implicit Theories Leadership - A Look inside. Paper presented at the meeting of the Society for Industrial and Organizational Psychology.* Atlanta. Kieser, A. (Hrsg.): Handwörterbuch der Führung, 2te neu gestaltete Auflage, Stuttgart: Schäffer-Poeschel, Sp. 289f.

Orlikowski, B. (2002). *Management virtueller Teams. Der Einfluss der Führung auf den Erfolg.* Deutscher Universitätsverlag.

Pascale, R. T. & Athos, A. G. (1981). *The Art of Japanese Management.* Harmondsworth.

Paul, J., Costley, D. L., Howell, J. P. & Dorfman, P. W. (2002). *The mutability of charisma in leadership research.* Management Decision. Vol. 40. S. 192-200.

Pawar, B. S. & Eastman, K. K. (1997). *The nature and implications of contextual influences on transformational leadership - a conceptual examination.* The Academy of Management Review, Vol. 22, No. 1, S. 80-109.

Peng, M. W. (2006). *Global Strategy.* Mason: South-Western.

Peters, T., Waterman, R.H. (1982). *In Search of Excellence, Lessons from America's Best-Rum companies.* New York et al.

Pfeffer, J. (1977). *The Ambiguity of Leadership.* Academy of Management Review, 2, 1, S. 104-112.

Pfeiffer, W. & Bischoff, D. (1981). *Produktlebenszyklus - Instrument jeder strategischen Produktplanung.* Steinmann, H. (Hrsg.): Planung und Kontrolle. München.

Phatak, A. V., Bhagat, R. S., & Kashlak, R. J. (2005). *International Management.* New York: McGraw-Hill/Irwin.

Phelps, R., Adams, R. & Bessant, J. (2007). *Life cycles of growing organizations: A review with implications for knowledge and learning*. Journal of Management Reviews, S. 1-30.

Porter, M. E. (1983). *Wettbewerbsstrategie - Methoden zur Analyse von Branchen und Konkurrenten*. Frankfurt am Main.

Porter, M. E. (1985). *Competitive Strategy - Techniques for Analyzing industries and competitors.* New York

Porter, M. E. (1987). *From competitive advantage to corporate strategy*. Boston: Harvard Business Review.

Porter, M. E. (1990). *The Competitive Advantage of Nations.* Free Press, New York

Puch, H.-J. & Westermeyer, K. (1998). *Management in sozialen Organisationen*. Nürnberg, Frankfurt am Main.

Pümpin, C. & Prange, J. (1991). *Management der Unternehmensentwicklung. Phasengerechte Führung und der Umgang mit Krisen*. Frankfurt am Main, New York: Campus Verlag.

Pümpin, C. & Wunderlin, C. (2005). *Unternehmensentwicklung - Corporate Life Cycles: Metamorphose statt Kollaps*. Bern, Stuttgart, Wien: Haupt Verlag.

Pümpin, C. (1990). *Das Dynamik-Prinzip - Zukunftsorientierungen für Unternehmer und Manager.* 2te Auflage, Düsseldorf, Wien, New York: Econ.

Quinn, R. E. & Cameron, K. (1983). *Organizational life cycles and shifting criteria of effectiveness: Some preliminary evidence*. Management Science, 29, S. 33–51.

Radstaak, J. & Rowold, J. (in press). *Training transformational leadership*. Heinitz, K. (Hrsg.): Psychology in Organizations - Issues from an Applied Area. Frankfurt: Peter Lang.

Rahn, H.-J. (1992). *Betriebliche Führung*. Ludwigshafen am Rhein.

Rappaport, A. (1994). *Shareholder Value: Wertsteigerung als Maßstab für die Unternehmensführung.* Stuttgart.

Rathgeber, K. (2005). *270°-Beurteilung von Führungsverhalten - Interperspektivische Übereinstimmung und ihr Zusammenhang mit Erfolg - eine Befragung in der Automobilindustrie*. Dissertation, TU Chemnitz.

Reinecke, S. (2004). *Marketing Performance Management - Konzeption und empirische Basis für ein in die Marketingplanung integriertes Kennzahlensystem*. Wiesbaden: DUV, Gabler.

Reinhardt, M. (2002). *Fit for Growth - Herausforderungen des Erwachsenwerdens*. Going-Public Magazin - Sonderausgabe Biotechnologie 2002, München.

Richter, W. (1958). *Seneca und die Sklaven*. Gymnasium 1958, S. 196-218.

Ripsas, S. (1999). *Der Business Plan - Eine Einführung.* Berlin

Robbins, S., P. & Judge, T., A. (2003). *Organizational Behavior.* 10th edition, New York.

Rockart, J. F. (1979). *Chief executives define their own data needs.* Harvard Business Review, 57, S. 81-92.

Rodà-Leger, P. (1996). *Entwicklung eines Testverfahrens zur Potentialanalyse in der Führungskräfteentwicklung.* Psychologie Bd. 11. Landau: Empirische Pädagogik.

Rosenstiel, L. v. (1995). *Entwicklung und Training von Führungskräften.* In: Rosenstiel, L. v. et al. (Hrsg.): Führung von Mitarbeitern. Handbuch für erfolgreiches Personalmanagement. 3te Auflage, Stuttgart, S. 55-70.

Rosenstiel, L. v. (2001). *Führung.* Schuler, H. (Hrsg.): Lehrbuch der Personalpsychologie. Göttingen et al: Hogrefe, S. 317-347.

Rosenstiel, L. v., Regnet, E. & Domsch, M. (2003). *Führung von Mitarbeitern. Handbuch für erfolgreiches Personalmanagement.* Stuttgart: Schäffer-Poeschel.

Rossberg N., Einwiller S., Prykop C. & Ingenhoff D. (2004). *Inventar zur Messung von Unternehmenswerten.* Universität St.-Gallen.

Rowold, J. & Radstaak, J. (2005). *Transformationale Führung und Training von Transformationaler Führung.* Rowold, J. & Rowold, G. (Hrsg.): Werkbuch Leadership, Münster: MV Wissenschaft, S. 25-37.

Rowold, J. (2004). *MLQ-5X - German translation of Bass & Avolio's Multifactor Leadership Questionnaire.* Redwood City: Mind Garden.

Rowold, J. (2007). *The Effect of Career Exploration on subsequent Training Performance.* Human Resource Development International 10 (1), S. 43-58.

Rowold, J., (2006). *Zur Wirksamkeit des Kollegialen Team Coachings: Ergebnisse einer zweijährigen Längsschnittsstudie.* Rowold, J. & Rowold, G. (Hrsg.): Grundlagen und Anwendungen des Kollegialen Team Coachings, Münster: MV Verlag, S. 106-123.

Ruegg-Stürm, J. (2002). *Das neue St. Galler Management Modell - Grundkategorien einer integrierten Managementlehrer.* Bern, Stuttgart, Wien: Verlag Paul Haupt.

Rühli, E. & Sauter-Sachs, S. (1993). *Towards an integrated Concept of Management Efficiency.* MIR, S. 295-313.

Rühli, E. (1995). *Führungsmodelle.* Kieser, A. (Hrsg.): Handwörterbuch der Führung, 2te neu gestaltete Auflage, Stuttgart: Schäffer-Poeschel, Sp. 763.

Rühli, E. (Hrsg.) (1992). *Gestaltungsmöglichkeiten der Unternehmensführung: Führungsstil, Führungsmodelle, Führungsrichtlinien, Mitwirkung und Mitbestimmung.* Schriftenreihe des Instituts für betriebswirtschaftliche Forschung an der Universität Zürich. Band 70, Bern Stuttgart, Wien.

Schefzyk, M. (2000). *Erfolgsstrategien deutscher Venture Capital Gesellschaften.* 2te. Auflage, Stuttgart.

Schein, E. H. (1982). *Das Bild des Menschen aus der Sicht des Managements*. Grochla, E. (Hrsg.): Management, Düsseldorf, Wien, S. 69-91.

Scherm, E. & Süß, S. (1999). *Personalführung in virtuellen Unternehmen: Eine Analyse diskutierter Instrumente und Substitute der Führung*. Diskussionsbeitrag Nr. 269 des Fachbereichs Wirtschaftswissenschaft der Fernuniversität Hagen.

Schiff, J. L., Schiff, A. W., Mellor, K., Schiff, E., Schiff, S., Richman, D., Fishman, et al. (1975). Cathexis reader: Transactional analysis treatment of psychosis. New York: Harper & Row.

Schmidt, B. (2002). Testsystem zur Erfassung von Denk- und Kommunikationsstilen in der Führungskräfte-Entwicklung (TED). Kanning, U. P., Holling, H. (Hrsg.): Handbuch personaldiagnostischer Instrumente, Göttingen

Schnell, H., Hill, P. B., & Esser, E. (2005). *Methoden der empirischen Sozialforschung*. Oldenbourg, München.

Schnitker, R. (2002). *Freiburger Persönlichkeitsinventar (*FPI-R). Kanning, U. P., Holling, H. (Hrsg.): Handbuch personaldiagnostischer Instrumente. Göttingen

Scholz, C. & Stein, V. (2005). *Das Lebenszyklusmodell von Ichak Adizes*. unter http://www.org-portal.org/portal/

Scholz, Ch. (2000). *Personalmanagement*. 5. Aufl., München.

Schreyögg, G. (1977). *Kritik situativer Führungstheorien am Beispiel des Fiedlerschen Kontingenzmodells.* Macharzina, K., Oechsler, W. (Hrsg.): Personalmanagement, Band I. Wiesbaden, S. 109-144.

Schreyögg, G. (1982). *Some Comments about Comments.* OS, S. 73-78

Schreyögg, G. (1995). *Führungstheorien - Situationstheorie*. Kieser, A. (Hrsg.): Handwörterbuch der Führung, 2te neu gestaltete Auflage, Stuttgart: Schäffer-Poeschel, Sp. 1003.

Schriesheim, C. A. & Kerr, S. (1977). *Theories and Measures of Leadership - A Critical Appraisal of Present and Future Directions*. Hunt, J. G., Larson, L. L. (Hrsg.): Leadership - The Cutting Edge. Carbondale, S. 51-56.

Schüler, J. (2006). *Zurück in die Zukunft - Deutsche Biotech-Industrie gewinnt an Fahrt.* Biotechnologie 2006. Wolfratshausen. S. 74f

Schüler, J.; Felner, C. & Kluge P. (2002). *Kommerzielle Biotechnologie in Deutschland.* Ernst & Young: Neue Chancen - Deutscher Biotechnologie - Report 2002, Mannheim.

Schumpeter, J. (1935). *Theorie der wirtschaftlichen Entwicklung. Eine Untersuchung über Unternehmergewinn, Kapital, Zins und den Konjunkturzyklus.* 4te Auflage, München, Leipzig: Duncker & Humblot.

Seeger, C. (2005). *Köpfe, Konzepte, Klassiker.* Harvard Business Manager: Heidelberg: Redline Wirtschaftsverlag.

Seidel, E. (1978). *Betriebliche Führungsformen*. Stuttgart: Poeschel, S. 325-494.

Servatius, H.-G. (1985). *Methodik des strategischen Technologie-Managements*. Berlin.

Shartle, C. L. (1979). *Early Years of the Ohio State University Leadership Studies*. Journal of Management, S.127-134.

Sheperd, D.A. (1999). *Venture Capitalists´ Introspection: A comparison of „In Use" and „Espoused" Decision Policis.* Journal of Small Business Management, 37. Jg. Nr. 2, S. 76-87.

Shiflett, S. (1981). *Is there a Problem with the LPC Score in Leader Match?* PP, S. 765-769

Slywotzky, A. J. & Wise, R. (2003). *Wege zu mehr Wachstum*. Harvard Business Manager, 1/2003, S. 18

Smilor, R. W. (Hrsg.) (1986). *The Art and science of entrepreneurship*. Cambridge, Massachusetts.

Smith, B.J. (1982). *An Initial Test of a Theory of Charismatic Leadership Based on the Responses of Subordinates*. Dissertation, Universität Toronto.

Smith, J.E., Carson, K.P. & Alexander, R. A. (1984). *Leadership: It Can Make a Difference*. Academy of Management Journal, 27, 4, S. 765-776.

Smith, N. R. & Miner, J. B. (1983). *Type of Entrepreneur, Type of Firm, and Managerial Motivation: Implications for Organizational Life Cycle Theory*. Strategic Management Journal, S. 325-340.

Sommerlatte, T. & Deschamps, J.P. (1985). *Der strategische Einsatz von Technologien-Konzepte und Methoden zur Einbeziehung von Technologien in die Strategieentwicklung des Unternehmens.* Little A.D. Internat. (Hrsg.): Management im Zeitalter der strategischen Führung, Wiesbaden..

Staehle, W. (1999). *Management - Eine verhaltenswissenschaftliche Perspektive*. 8te Auflage, überarbeitet von Conrad, P., Sydow, J., München: Vahlen.

Staehle, W. H. (1967). *Kennzahlen und Kennzahlensysteme: Ein Beitrag zur modernen Organisationstheorie.* München.

Staehle, W. H. (1980). *Menschenbilder in Organisationstheorien*. Grochla, E. (Hrsg.): Handwörterbuch der Organisation, 2te völlig neu bearbeitete Auflage, Stuttgart, S. 1301-1313.

Standard, Poors: *Poor´s Register of Corporations, Directors and Executives, United States and Canada.* New York 1992

Stegemann, G. (2002). *Geschäftserfolg - Messlatte für das Qualitätsmanagement*. W. Hansen, W., Kamiske, G. F. (Hrsg.): Qualität und Wirtschaftlichkeit, Berlin.

Steinbuch, O. (1999). *Personalwirtschaft*. Ludwigshafen am Rhein.

Steinle, C. & Schumann, K. (2003). *Gründung von Technologie-Unternehmen - Merkmale - Erfolg - Empirische Ergebnisse*. Wiesbaden: Gabler Verlag.

Steinle, C. (1987). *Führungskonzepte und ihre Implementation*. Kieser, A. (Hrsg.): Handwörterbuch der Führung, 2te neu gestaltete Auflage, Stuttgart: Schäffer-Poeschel, Sp. 760ff

Steinle, C., Kirschbaum, J. & Kirschbaum, V. (1996). *Erfolgreich überlegen. Erfolgsfaktoren und ihre Gestaltung in der Praxis*. Frankfurt am Main: Frankfurter Allgemeine Zeitung.

Stern, H., J. (1996). *Die Umsetzung der Diskursethik in der modernen Unternehmung - Legitimation contra Erfolgssicherung?* Dissertation. St. Gallen

Sterzinger, J. (2002). *Der Absturz einer Zukunftsbranche*. GoingPublic Magazin - Sonderausgabe Biotechnologie 2002, München.

Steyrer, J. (1995). *Charisma in Organisationen. Sozial-kognitive und psychodynamisch-interaktive Aspekte von Führung*, Frankfurt am Main: Campus.

Steyrer, J. (1996). *Theorien der Führung*. Kasper, H., Mayerhofer, W. (Hrsg.): Personalmanagement - Führung - Organisation. 2te Auflage, Ueberreuter, Wien, S. 162ff.

Stogdill, R. M. (1963). *Manual for the Leader Behaviour Description Questionnaire - Form XII*. Columbus.

Stogdill, R., M. (1974). *Handbook of Leadership*. New York.

Stogdill, R.M. & Shartle, C.L. (1955). *Methods in the study of administrative leadership*. Columbus, Ohio: Ohio State University.

Strebel, P. (1987). *Organizing for innovation over an industry cycle*. Strategic Management Journal, 8 (2), S. 117-124.

Studie „*Aktuelle Ausfall-Raten bei Internet/ E-Commerce Gründungen in Deutschland* (3. Review)" des Stiftungslehrstuhl für Gründungsmanagement und Entrepreneurship der European Business School (EBS) (2002).

Studie „*Führung mit Perspektive: im Betrieb - am Markt - in der Gesellschaft*" des Instituts für Mittelstandsforschung (IfM) im Auftrag der Bertelsmann Stiftung

Studie „*Unternehmenskultur*" des Fraunhofer Instituts für Arbeitswissenschaft und Organisation (IAO)

Studie „*Wertekultur und Unternehmenserfolg*", der Unternehmensberatung Deep White und des MCM Institut der Universität St.-Gallen, 2004

Sturz, G. & Ahi, S. (2005). *Zauberwort Charisma*. FORMAT. Österreichs Wochenmagazin für Wirtschaft & Geld, Nr. 7, 18. Februar, S. 94-97.

Sydow, J. (1981). *Der normative Entscheidungsansatz von Vroom-Yetton*. DU, S. 1-17

Szaro, D. (2002). *Beyond Borders - The Global Biotechnology Report 2002*. Ernst & Young.

Szyperski, N. & Kirschbaum, G. (1980). *Planungsinstrumente im Gründungsprozess.* Datenverarbeitung-Steuer-Wirtschaft-Recht, Heft 7.

Szyperski, N. & Nathusius, K. (1977). *Gründungsmotive und Gründungsvorbehalte - Ergebnisse einer empirischen Studie über potentielle und tatsächliche Unternehmensgründer,* Die Betriebswirtschaft, 37. Jahrgang, S. 299-309.

Szyperski, N. & Nathusius, K. (1999). *Probleme der Gründung – Eine betriebswirtschaftliche Analyse unternehmerischer Startbedingungen,* Lohmar-Köln.

Szyperski, N. & Roth, P. (Hrsg.) (1990). *Entrepreneurship. Innovative Unternehmungsgründung als Aufgabe.* Berichte aus der Arbeit der Schmalenbach-Gesellschaft - Deutsche Gesellschaft für Betriebswirtschaft e.V. Köln und Berlin, Stuttgart.

Szyperski, N. (1979). *Innovative Unternehmungsgründer als Promotoren der marktwirtschaftlichen Entwicklung.* Zeitschrift für betriebswirtschaftliche Forschung, 31. Jahrgang, S. 489-499.

Taga, K. & Forstner, A. K. (2003). *Erfolgreiche Unternehmensgründungen mit Venture Capital.* Weinheim: WILEY.

Tannenbaum, R. & Schmidt, W. H. (1959). *How to Choose a Leadership Pattern.* HBR. März-April, 1959, S. 95-101.

Tartler, K. (2001). *Führungsanalyse. Adaption eines anglo-amerikanischen Messinstruments.* Berlin: Freie Universität

Taylor, B. (1976). *Managing the process of corporate development.* Long Range Planning, 9 (3), S. 97.

Thiele, M. (1998). *Erfolgsfaktoren für Unternehmensgründungen.* Arbeitgeber 12/50, S. 394 ff..

Thomas, K. A. (2007). *A Review of the Evolution of Leadership Research - Using Content Analysis.* Oestrich-Winkel.

Tjosvold, D., Wedley, W. C. & Field, R. H. G. (1986). *Constructive Controversy - The Vroom-Yetton-Modell & Managerial Decision Making.* Journal of Occupational Behaviour, S. 125-138.

Tomas, G., Hult, M., Nichols & Ernest L. Jr. (1999). *A study of team orientation in global purchasing.* Journal of Business & Industrial Marketing. Vol. 14. S. 194-212.

Top, J. (2005). *Konsensanalyse: Ein neues Instrument der Inhaltsanalyse.* Norderstedt: Books on Demand GmbH.

Uhde, A. (2002). *Medikamente im Anflug - Die Pipelines der deutschen Biotech- Unternehmen.* Sonderausgabe Biotechnologie 2002, München: GoingPublic Magazin.

Ulrich, H. & Krieg, W. (1972). *Das St. Galler Management-Modell.* Bern.

Vandenberghe, Ch., Stordeur, S. & D'hoore, W. (2002). *Transactional and transformational leadership. In: Nursing - Structural validity and substantive relationships*. European Journal of Psychological Assessment, 18, S. 16-29.

Vecchio, R. P. & Gobdel, B. C. (1984). *The Vertical Dyad Linkage Model of Leadership*. OBHP, S. 5-20.

Vecchio, R. P. (1983). *Assessing the Validity of Fiedler´s Contingency Model of leadership Effectiveness*. Psychology Bulletin, S. 404-408.

Vecchio, R. P. (1987). *Situational Leadership Theory*. JAP, S. 444-451.

Vera, D., & Crossan, M. (2004). *Strategic leadership and organizational learning*. Academy of Management Review. S. 222-240.

Vesper, K. H. (1995). *Entrepreneurial education*. Los Angeles.

Vroom, V. H. & Jago, A. G. (1988). *The New Leadership*. New York: Englewood Cliffs.

Vroom, V. H. & Jago, A. G. (1991). *Führungsentscheidungen, Management der Partizipation in Organisationen*. Stuttgart.

Vroom, V. H. & Yetton, P. W. (1976). *Leadership and Decision-Making*. Pittsburgh: University of Pittsburgh Press.

Wacker-Hadj Ammar, B. (2003). *Ein weiteres Jahr der Konsolidierung*. VentureCapital Magazin 03/03, München.

Waldman, D. A., Bass, B. M. & Yammarino, F. J. (1990). *Adding to contingent-reward behaviour - The augmenting effects of charismatic leadership*. Group and Organization Studies, 15, S. 381-394.

Wayne, S. J., Shore, L. M. & Liden, R. C. (1997). *Perceived organizational support and leader-member exchange: A social exchange perspective*. Academy of Management Journal, S. 82-111.

Weber, M. (1972). *Wirtschaft und Gesellschaft. Grundriss der verstehenden Soziologie*. Tübingen: Mohr-Siebeck.

Weber, M. (1976). *Grundriss der Sozialökonomik*. 5te revidierte Auflage, 1. Halbband, Tübingen: Verlag J. C. B. Mohr (Paul Siebeck).

Weibler, J. (2001). *Personalführung*. München: Vahlen.

Weinert, A. (1981). *Lehrbuch der Organisationspsychologie - Menschliches Verhalten in Organisationen*. München, Wien, Baltimore: Urban & Schwarzenberg.

Weinert, A. (1998). *Organisations- und Personalpsychologie*. 4te Auflage, München.

Weinert, A. B. (1989). *Führung und soziale Steuerung*. Roth, E. (Hrsg.): Organisationspsychologie. Göttingen: Hogrefe

Weinert, A. B. (1993). *Reflexion des Selbstkonzepts im „Revidierten Deutschen CPI 462.* Pörzgen, B., Witte, E. H. (Hrsg.): Selbstkonzept und Identität - Beiträge des 8. Hamburger Symposiums zur Methodologie der Sozialpsychologie (Bd. 34, S. 49-81), Braunschweig.

Welch, J. (2005). *Jack Welch on Leadership*. Leadership Excellence .

Wendt, M. & Frey, D. (2002). *Managementprinzipien - Die unterschätzte Größe. Zentrale Ergebnisse einer Studie zu den Einflussgrößen von Arbeitsorientierungen und Arbeitsverhalten.* Ettville am Rhein.

Wexley, K. N. (1986). *Appraisal Interviews*. Berk, R. A. (Hrsg.): Performance Assessment. Baltimore S. 167-185.

Witte, E. (1995). *Effizienz der Führung*. Kieser, A., Reber, G. & Wunderer, R. (Hrsg.): Handwörterbuch der Führung, Stuttgart: Schäffer-Poeschel, S. 263-276.

Wunderer, R. & Grunwald, W. (1980). *Führungslehre*. Band 1 und 2. Berlin, New York: De Gruyter.

Wunderer, R. (1993). *Motivation als Führungsaufgabe*. Berthel, J., Groenewald, H. (Hrsg.): Personalmanagement, zukunftsorientierte Personalarbeit. Landsberg am Lech.

Wunderer, R. (1995). *Kooperative Führung.* Kieser, A. (Hrsg.): Handwörterbuch der Führung, 2te neu gestaltete Auflage, Stuttgart: Schäffer-Poeschel, S. 1369ff.

Wunderer, R. (1997). *Führung und Zusammenarbeit. Beiträge zu einer unternehmerischen Führungslehre.* 2te vollständig überarbeite und erweiterte Auflage, Stuttgart.

Wunderer, R. (2001). *Führung und Zusammenarbeit - Eine unternehmerische Führungslehre.* Luchterhand, Neuwied und Kriftel.

Yammarino, F. J. & Bass, B. M. (1990). *Long-term forecasting of transformational leadership and its effects among naval officers - Some preliminary findings.* Clark, K., Clark, M. (Hrsg.): Measures of leadership. West Orange, Leadership Library of America, S. 151-169.

Yukl, G. A. & Nemeroff, W. (1979*). Identification and Measurement of Specific Categories of Leadership Behaviour - A Progress Report*. Hunt, J. G., Larson, L. L. (Hrsg.): Crosscurrents in Leadership. Carbondale, S. 164-200.

Yukl, G. A. (1989). *Leadership in Organizations*. 2te Auflage, New York: Eaglewood Cliffs.

Yukl, G. A., Wall, S. & Lepsinger, R. (1990). *Preliminary Report on Validation of the Managerial Practices Survey.* Clark, K. E., Clark, M. B. (Hrsg.): Measures of Leadership. West Orange, S. 86-102.

Ziegler, B. (2002). *Bochumer Inventar zur berufsbezogenen Persönlichkeitsbeschreibung (BIP).* Kanning, U. P., Holling, H. (Hrsg.): Handbuch personaldiagnostischer Instrumente, Göttingen.

Zink, K.-J. (1995). *TQM als integratives Managementkonzept*. München: Carl Hanser Verlag.

Zook, C. (2007). *So finden Sie ihr neues Kerngeschäft*. Harvard Business Manager. 6/2007, S. 72ff.

Zook, C. (2007). *Unstoppable. Finding hidden assets to renew the core and fuel profitable growth*. Harvard Business School Press.

Zook, C., Seidensticker, F.-J. (2004). *Die Wachstumsformel - Vom Kerngeschäft zu neuen Chancen*. Hauser Verlag.

Zopounidis, C., (2002). *Venture Capital Modelling: Evaluation for the appraisal of Investments.* The Financier ACMT, 1. Jg., Nr. 2, S. 54-56.

Zülch, J. (2002). *Die Psycho-Logik von Führung*. Hansen, W. & Kamiske, G.F. (Hrsg.): Qualitätsmanagement und Human Resources.

2 Anhang

In folgenden Plattformen wurden im Rahmen der Literaturrecherche nach Stichworten wie Führung, Leadership, Führungsforschung, Führungsgeschichte etc. (entsprechend der Überschriften und verwandten Schlagworte) recherchiert:

Babson College - Center for Entrepreneurial Studies unter: http://www.babson.edu/entrep/fer/

Bibliothek der Bundeswehr, Hamburg

Digital Dissertations (von UMI, ProQuest) mit Schwerpunkt auf US-Dissertationen unter: http://wwwlib.umi.com/dissertations/search

Dissertation & Abstracts unter: http://www.umi.com/

E-Collection - Dissertationen der ETH Zürich unter: http://e-collection.ethbib.ethz.ch/diss/

Elektronische Dissertationen (an deutschen Hochschulbibliotheken) unter: http://www.uni-duesseldorf.de/ulb/univhs.html

ePub (elektronische Publikationen der WU Wien im Volltext mit Working Papers und Dissertationen) unter: http://epub.wu-wien.ac.at/

Forschungs-Informations-Dokumentations-Evaluations-Services (FIDES) der Wirtschaftsuniversität Wien unter: http://wu-wien.boku.ac.at/fides/

Literaturdatenbank Elida unter: http://elida.fgf-ev.de/fgforum_login.asp

Niedersächsische Staats- und Universitätsbibliothek Göttingen unter: http://www.sub.uni-goettingen.de/0_digbib.htm

Online-Katalog der Uni-Bibliothek Linz unter: http://aleph.edvz.uni-linz.ac.at/

Österreichische Dissertationsdatenbank (alle ab 1990 in Österreich approbierten Dissertationen) unter: http://dissdb.bibvb.ac.at/

Staatsbibliothek Berlin

TheO Theses Online unter: http://www.iwi-iuk.org/dienste/TheO/

Universitätsbibliothek Konstanz

Zentrale Hochschulbibliothek Flensburg unter: http://www.zhb-flensburg.de/edissen.htm und http://www.zhb-flensburg.de/dissert/

u.a.

Fragebogen

Untersuchung "Führungsverhalten in der Life Science-Branche"

Sehr geehrte Damen und Herren,

die Qualität der Führung, gerade bei jungen, innovativen Unternehmen, übt in den Frühphasen einen maßgeblichen Einfluss auf die erfolgreiche Entwicklung eines Unternehmens aus.

Im Rahmen eines internationalen Forschungsprojekts untersucht der KfW-Stiftungslehrstuhl für Entrepreneurship der EUROPEANBUSINESS SCHOOL (ebs), Oestrich-Winkel, das Führungsverhalten bei Unternehmen der Life Science-Branche.

Zielsetzung der Untersuchung ist es, erfolgreiches Führungsverhalten zu identifizieren und Empfehlungen für eine erfolgreiche Unternehmensentwicklung und -führung zu erarbeiten.

Wir freuen uns, dass Sie an unserer Befragung teilnehmen. Die Beantwortung der Fragen wird etwa 12 Minuten dauern. Die Befragung untergliedert sich in drei Bereiche. Im ersten Teil erfassen wir mittels das Führungsverhalten in ihrem Umfeld (Fremdeinschätzung). Der zweite Teil dient der Bestimmung der Lebensphase "ihres" Unternehmens. Mit ergänzenden statistischen Fragen schließt der Fragebogen im dritten Teil ab.

Sollten Sie darüber hinaus an einer Zusammenfassung der Studienergebnisse interessiert sein, werden wir Ihnen diese nach Fertigstellung der Untersuchung gerne zukommen lassen. Bitte teilen Sie uns dies separat unter Angabe Ihrer E-Mail Adresse und Ihrer Anschrift mit.

Die Daten der Untersuchung werden anonym und vertraulich behandelt.
Sollten Sie Fragen oder Anregungen zu diesem Forschungsprojekt haben, wenden Sie sich bitte direkt an Alexander Klaußner unter u.g. Email-Adresse.

Wir möchten uns schon jetzt ganz herzlich für ihre Mitarbeit an dieser Studie bedanken.

Mit freundlichen Grüßen

Dipl.-Ing. (Wi.-Ing.) Alexander Klaußner

Prof. Dr. Heinz Klandt

KfW Endowed Chair for Entrepreneurship
EUROPEAN BUSINESS SCHOOL (ebs)
International University, Schloß Reichartshausen

D-65375 Oestrich-Winkel, Germany

Dipl. Ing. (Wi.-Ing.) Alexander Klaußner
Projektleiter

KfW Endowed Chair for Entrepreneurship
EUROPEAN BUSINESS SCHOOL (ebs)
International University, Schloß Reichartshausen

D-65375 Oestrich-Winkel, Germany

mail: alexander.klaussner@ebs.de
fax: +49 (0)89 90406157759

Alle Daten werden vertraulich behandelt! **1**

Fragebogen

I. Fremdeinschätzung
"Führungsverhalten"

Im folgenden nehmen Sie bitte eine Einschätzung des Führungsverhaltens ihres direkten Vorgesetzten vor.

Bitte beantworten Sie alle Punkte des Fragebogens.

- Beginnen Sie bitte mit Frage (1) und schätzen Sie ihr Verhalten als Führungskraft ein.
- Bitte beantworten Sie jede Frage.
- Verwenden Sie bitte die unten aufgeführte Bewertungsskala.

ID	Wie beschreiben Sie ihre Position in Bezug auf die einzuschätzende Führungskraft	
(1)	Ich stehe in der betrieblichen Hierarchie über der bewerteten Person	☐
(2)	Die bewertete Person steht mit mir auf einer Hierarchieebene	☐
(3)	Ich stehe in der betrieblichen Hierarchieebene unter der bewerteten Person	☐
(4)	Keine der vorherigen Aussagen trifft zu.	☐

Bitte kreuzen Sie jeweils ein Kästchen rechts von der Frage an

ID	Die beurteilte Person ...	Überhaupt Nicht 0	Sehr selten 1	Manchmal 2	Häufig 3	Meistens, wenn nicht immer 4
(1)	bietet Ihnen im Austausch für ihre Bemühungen Unterstützung an.	☐	☐	☐	☐	☐
(2)	überprüft kritische Annahmen und hinterfragt ihre Sinnhaftigkeit.	☐	☐	☐	☐	☐
(3)	greift erst ein, wenn die Probleme ernst werden.	☐	☐	☐	☐	☐
(4)	konzentriert sich auf Unregelmäßigkeiten, Fehler, Ausnahmen und Abweichungen von Standards.	☐	☐	☐	☐	☐
(5)	vermeidet es bei wichtigen Fragstellungen beteiligt zu werden.	☐	☐	☐	☐	☐
(6)	spricht über seine/ ihre wichtigsten Wertvorstellungen und Überzeugungen.	☐	☐	☐	☐	☐
(7)	ist nicht greifbar, wenn er/ sie gebraucht wird.	☐	☐	☐	☐	☐
(8)	sucht unterschiedliche Perspektiven beim Lösen von Problemen	☐	☐	☐	☐	☐
(9)	spricht optimistisch über die Zukunft.	☐	☐	☐	☐	☐
(10)	macht Sie stolz, mit ihm/ ihr zusammenzuarbeiten	☐	☐	☐	☐	☐

Alle Daten werden vertraulich behandelt! **2** Fax-Nr.: +49 (0)89 90406157759

Fragebogen

ID	**Die beurteilte Person ...**	Überhaupt Nicht 0	Sehr selten 1	Manchmal 2	Häufig 3	Meistens, wenn nicht immer 4
(11)	erörtert im Detail, was für die Erreichung von Leistungszielen erforderlich ist.	☐	☐	☐	☐	☐
(12)	wartet, bis etwas schief läuft, bevor er/sie eingreift	☐	☐	☐	☐	☐
(13)	spricht mit Begeisterung darüber, was erreicht werden muss	☐	☐	☐	☐	☐
(14)	führt die Wichtigkeit einer starken Vision auf.	☐	☐	☐	☐	☐
(15)	investiert Zeit, sie zu trainieren und zu "coachen"	☐	☐	☐	☐	☐
(16)	macht deutlich, was bei Erreichung der Leistungsziele zu erwarten ist	☐	☐	☐	☐	☐
(17)	demonstriert seine/ ihre feste Überzeugung: "Was nicht zerbrochen ist, muss nicht repariert werden."	☐	☐	☐	☐	☐
(18)	stellt den persönlichen Nutzen hinter den Gesamtnutzen	☐	☐	☐	☐	☐
(19)	behandelt Sie als Individuum und nicht nur als Mitglied des Teams	☐	☐	☐	☐	☐
(20)	agiert erst, wenn Probleme chronisch sind	☐	☐	☐	☐	☐
(21)	handelt so, dass man sie/ihn akzeptiert	☐	☐	☐	☐	☐
(22)	konzentriert sich ganz auf die Bearbeitung von Fehlern, Beschwerden und Misserfolgen	☐	☐	☐	☐	☐
(23)	berücksichtigt die moralischen und ethischen Auswirkungen von Entscheidungen	☐	☐	☐	☐	☐
(24)	verfolgt alle Fehler	☐	☐	☐	☐	☐
(25)	entfaltet eine Atmosphäre von Stärke und Vertrauen	☐	☐	☐	☐	☐
(26)	formuliert eine motivierende Zukunftsvision	☐	☐	☐	☐	☐
(27)	zeigt Ihnen mit Nachdruck, wenn Standards nicht eingehalten werden	☐	☐	☐	☐	☐
(28)	vermeidet es, konkrete Entscheidungen zu treffen	☐	☐	☐	☐	☐
(29)	betrachtet Sie als Individuum mit unterschiedlichen Bedürfnissen, Fähigkeiten und Zielen	☐	☐	☐	☐	☐
(30)	sorgt dafür, dass Sie Probleme von verschiedenen Standpunkten aus sehen	☐	☐	☐	☐	☐

Alle Daten werden vertraulich behandelt! **3** Fax-Nr.: +49 (0)89 90406157759

Fragebogen

ID	Die beurteilte Person ...	Überhaupt Nicht 0	Sehr selten 1	Manchmal 2	Häufig 3	Meistens, wenn nicht immer 4
(31)	hilft Ihnen bei der Entwicklung Ihrer Stärken	☐	☐	☐	☐	☐
(32)	schlägt neue Wege vor, wie man an die Bewältigung von Aufgaben herangeht	☐	☐	☐	☐	☐
(33)	verschiebt die Beantwortung dringender Fragen auf später	☐	☐	☐	☐	☐
(34)	betont die Wichtigkeit einer gemeinsamen Vision	☐	☐	☐	☐	☐
(35)	zeigt Zufriedenheit, wenn die Erwartungen erfüllt werden	☐	☐	☐	☐	☐
(36)	zeigt Zuversicht, dass die Ziele erreicht werden	☐	☐	☐	☐	☐
(37)	deckt ihre Arbeitsplatzbezogenen Bedürfnisse	☐	☐	☐	☐	☐
(38)	verwendet Führungsmethoden, die Sie zufrieden stellen	☐	☐	☐	☐	☐
(39)	bringt Sie dazu, mehr zu tun, als von Ihnen erwartet wird	☐	☐	☐	☐	☐
(40)	vertritt Ihr Team/ Bereich nach oben hin	☐	☐	☐	☐	☐
(41)	arbeitet gut mit Ihnen zusammen	☐	☐	☐	☐	☐
(42)	spornt Ihren Willen zum Erfolg an	☐	☐	☐	☐	☐
(43)	ist bei der Durchführung von organisatorischen Anforderungen effektiv	☐	☐	☐	☐	☐
(44)	erhöht Ihre Bereitschaft, sich verstärkt anzustrengen	☐	☐	☐	☐	☐
(45)	leitet ein effektives Team	☐	☐	☐	☐	☐

Alle Daten werden vertraulich behandelt! **4** Fax-Nr.: +49 (0)89 90406157759

ebs Fragebogen

II. Unternehmenslebensphasen

Nehmen Sie bitte eine Einschätzung vor, welcher der nachfolgenden Aussagen auf Ihr Unternehmen zutrifft.

ID	Welche der nachfolgenden Aussagen bzw. Merkmale trifft auf Ihr Unternehmen zu?	Trifft überhaupt nicht zu 0	1	2	3	Trifft voll zu 4
1	Das Unternehmen ist jung	☐	☐	☐	☐	☐
2	Der Umsatz ist eher gering, ebenso die Anzahl der Kunden und Mitarbeiter	☐	☐	☐	☐	☐
3	Umsatz sowie Anzahl der Mitarbeiter steigen rasant an	☐	☐	☐	☐	☐
4	Rückgang des Umsatzes	☐	☐	☐	☐	☐
5	Mehr als eine Eigenkapitalerhöhungen in kurzer Folge	☐	☐	☐	☐	☐
6	Im Branchenvergleich etabliertes, großes Unternehmen	☐	☐	☐	☐	☐
7	Maximal eine Führungsebene zw. Unternehmensspitze und ausführender Arbeit	☐	☐	☐	☐	☐
8	Drei bis vier Hierarchieebenen	☐	☐	☐	☐	☐
9	Es existieren kaum formale, organisatorische Hilfsmittel wie z.B. Organigramme, Stellenbeschreibungen etc.	☐	☐	☐	☐	☐
10	Abstützung auf wenige formale organisatorische Hilfsmittel, Organigramme sind vorhanden, die Stellenbeschreibungen nur auf das wesentliche beschränkt	☐	☐	☐	☐	☐
11	Schriftliche, den formalen Organisationsstrukturen entsprechende Kommunikation ersetzt die mündliche, informelle Kommunikation	☐	☐	☐	☐	☐
12	Unternehmen weist Funktionalstruktur auf, im Zuge des weiteren Wachstums wird eine Divisionalstruktur eingeführt	☐	☐	☐	☐	☐
13	Hohes Verständnis des Top Managements für die Details der Arbeit	☐	☐	☐	☐	☐
14	An der Unternehmensspitze steht ein Managementteam aus unterschiedlichen Funktionen bzw. Geschäftsfeldern	☐	☐	☐	☐	☐
15	Handbücher, Arbeitsanweisungen usw. dienen als Standardisierungs- und Kontrollinstrument	☐	☐	☐	☐	☐
16	Zunehmender Bürokratismus (z.B. Unmenge an zirkulierenden Papieren etc.)	☐	☐	☐	☐	☐
17	Die Aktivitäten des Unternehmens können als radikal innovativ eingestuft werden	☐	☐	☐	☐	☐

Alle Daten werden vertraulich behandelt! **5** Fax-Nr.: +49 (0)89 90406157759

Fragebogen

ID	**Welche der nachfolgenden Aussagen bzw. Merkmale trifft auf Ihr Unternehmen zu?**	Trifft überhaupt nicht zu 0	1	2	3	Trifft voll zu 4
18	Die vom Unternehmen realisierten Innovationen sind von mittlerer Radikalität, z.B. Neuprodukte mit starker Verwandtschaft zum Ursprungsprodukt					
19	Marginale Produkt- und Technologieinnovationen					
20	Produkte und Abläufe sind nur wenig standardisiert, eher individuelle Kundenproblemlösungen					
21	Zunehmende Standardisierung der Produkte, Aufgabe von marginalen Aktivitäten					
22	Steigender Spezialisierungsgrad von Mitarbeitern, Maschinen und Produktionsstätten					
23	Es bestehen persönliche Beziehungen der Unternehmensspitze mit praktisch allen Kunden					
24	Vorstoß aus dem Kerngeschäft in neue Märkte und Regionen					
25	Sehr lange Branchen- und Betriebszugehörigkeit bei den Mitgliedern des oberen Managements					
26	Ausgleichende Lohngestaltung					
27	Aufwendiger, vielstufiger Planungsprozess					
28	Abwanderung der guten Kräfte (brain-drain)					
29	Einseitige Orientierung an den Kosten					
30	Extreme Kurzfristorientierung (ein bis zwei Jahre) der Unternehmensziele und -aktivitäten					
31	Regulierungsanstrengungen, Ruf nach staatlichem Schutz (Protektion, Subventionen), Bildung von Branchenkartellen					
32	Nachlassende Produktqualität, vermehrte Kundenreklamationen					

Alle Daten werden vertraulich behandelt! **6** Fax-Nr.: +49 (0)89 90406157759

Fragebogen

III. Statistische Daten

Abschließend bitten wir Sie die u.g. Punkte zu verifizieren bzw. zu ergänzen.

Bitte füllen bzw. korrigieren Sie die nachfolgenden Felder ...	
? Unternehmensname	
? Ansprechpartner	
? Position	
? Rechtsform des Unternehmens	
? Gründungsjahr	
? Marktsegment/ Sector	
? Geschäftsmodell/ Business Model	
? Zielgruppe/ Customer Segments	
Bemerkungen	

Bitte kreuzen Sie jeweils ein Kästchen rechts von der Frage an.		
Ist die zuvor beurteilte Person	**Ja**	**Nein**
? An "ihrem" Unternehmen beteiligt		
? (Mit-)Gründer		
? Angestellter		
? Sonstiges		
Bemerkungen:		

Mitarbeiter	
? Mitarbeiterzahl 2002	
? Mitarbeiterzahl 2003	
? Mitarbeiterzahl 2004	
? Mitarbeiterzahl 2005	
Bemerkungen:	

Umsatz (nach Möglichkeit lt. Geschäftsbericht)	
? Umsatz 2002 (in Euro 100.000.-)	
? Umsatz 2003 (in Euro 100.000.-)	
? Umsatz 2004 (in Euro 100.000.-)	
? Umsatz 2005 (in Euro 100.000.-)	
Bemerkungen:	

Per E-Mail senden

... oder alternativ (falls Sie - bei manchen Acrobat-Versionen - Schwierigkeiten mit dem E-Mail-Button haben sollten) per Fax an u.g. Nr.

Vielen Dank für ihre Mitarbeit.

Alle Daten werden vertraulich behandelt! **7** Fax-Nr.: +49 (0)89 90406157759

mind garden

MLQ Multifactor Leadership Questionnaire Scoring Key (5x) Short

My Name: ______________________ Date: __________

Organization ID #: ______________ Leader ID #: ______________

Scoring: The MLQ scale scores are average scores for the items on the scale. The score can be derived by summing the items and dividing by the number of items that make up the scale. All of the leadership style scales have four items, Extra Effort has three items, Effectiveness has four items, and Satisfaction has two items.

Not at all	Once in a while	Sometimes	Fairly often	Frequently, if not always
0	1	2	3	4

Idealized Influence (Attributed) total/4 =	**Management-by-Exception (Active) total/4 =**
Idealized Influence (Behavior) total/4 =	**Management-by-Exception (Passive) total/4 =**
Inspirational Motivation total/4 =	**Laissez-faire Leadership total/4 =**
Intellectual Stimulation total/4 =	**Extra Effort total/3 =**
Individualized Consideration total/4 =	**Effectiveness total/4 =**
Contingent Reward total/4 =	**Satisfaction total/2 =**

1.	**Contingent Reward**	0	1	2	3	4
2.	**Intellectual Stimulation**	0	1	2	3	4
3.	**Management-by-Exception (Passive)**	0	1	2	3	4
4.	**Management-by-Exception (Active)**	0	1	2	3	4
5.	**Laissez-faire**	0	1	2	3	4
6.	**Idealized Influence (Behavior)**	0	1	2	3	4
7.	**Laissez-faire**	0	1	2	3	4
8.	**Intellectual Stimulation**	0	1	2	3	4
9.	**Inspirational Motivation**	0	1	2	3	4
10.	**Idealized Influence (Attributed)**	0	1	2	3	4
11.	**Contingent Reward**	0	1	2	3	4
12.	**Management-by-Exception (Passive)**	0	1	2	3	4
13.	**Inspirational Motivation**	0	1	2	3	4
14.	**Idealized Influence (Behavior)**	0	1	2	3	4
15.	**Individualized Consideration**	0	1	2	3	4

Continued =>

Not at all	Once in a while	Sometimes	Fairly often	Frequently, if not always
0	1	2	3	4

16.	Contingent Reward	0	1	2	3	4
17.	Management-by-Exception (Passive)	0	1	2	3	4
18.	Idealized Influence (Attributed)	0	1	2	3	4
19.	Individualized Consideration	0	1	2	3	4
20.	Management-by-Exception (Passive)	0	1	2	3	4
21.	Idealized Influence (Attributed)	0	1	2	3	4
22.	Management-by-Exception (Active)	0	1	2	3	4
23.	Idealized Influence (Behavior)	0	1	2	3	4
24.	Management-by-Exception (Active)	0	1	2	3	4
25.	Idealized Influence (Attributed)	0	1	2	3	4
26.	Inspirational Motivation	0	1	2	3	4
27.	Management-by-Exception (Active)	0	1	2	3	4
28.	Laissez-faire	0	1	2	3	4
29.	Individualized Consideration	0	1	2	3	4
30.	Intellectual Stimulation	0	1	2	3	4
31.	Individualized Consideration	0	1	2	3	4
32.	Intellectual Stimulation	0	1	2	3	4
33.	Laissez-faire	0	1	2	3	4
34.	Idealized Influence (Behavior)	0	1	2	3	4
35.	Contingent Reward	0	1	2	3	4
36.	Inspirational Motivation	0	1	2	3	4
37.	Effectiveness	0	1	2	3	4
38.	Satisfaction	0	1	2	3	4
39.	Extra Effort	0	1	2	3	4
40.	Effectiveness	0	1	2	3	4
41.	Satisfaction	0	1	2	3	4
42.	Extra Effort	0	1	2	3	4
43.	Effectiveness	0	1	2	3	4
44.	Extra Effort	0	1	2	3	4
45.	Effectiveness	0	1	2	3	4

Nachfolgende Abbildungen ergänzen die Aussagen der univariaten Analysen in Bezug auf die Unternehmenslebensphasen. Dargestellt sind die jeweiligen Items des Fragebogens und deren erfasster Durchschnittswert je Lebensphase. Die Skala spiegelt eine Bandbreite wider von „Trifft überhaupt nicht zu" mit dem Wert 0 bis „Trifft voll zu" mit dem Wert von 4.

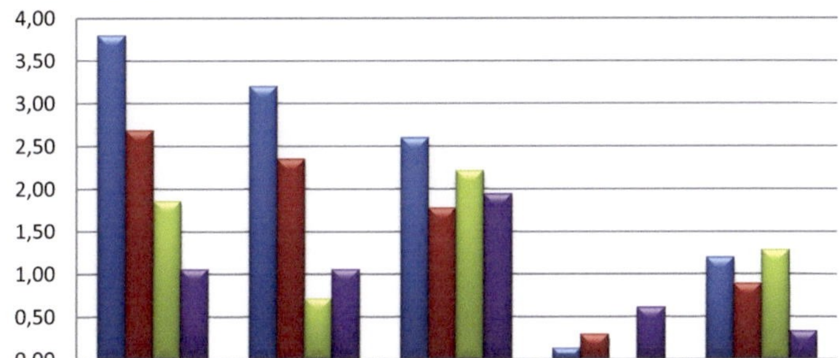

	Das Unternehmen ist jung	Der Umsatz ist eher gering, ebenso die Anzahl der Kunden und Mitarbeiter	Umsatz sowie Anzahl der Mitarbeiter steigen rasant an	Rückgang des Umsatzes	Mehrere Eigenkapitalerhöhungen in kurzer Folge
Start-Up	3,80	3,20	2,60	0,13	1,20
Wachstum	2,69	2,35	1,78	0,30	0,89
Reife	1,86	0,71	2,21	0,00	1,29
Niedergang	1,06	1,06	1,94	0,61	0,33

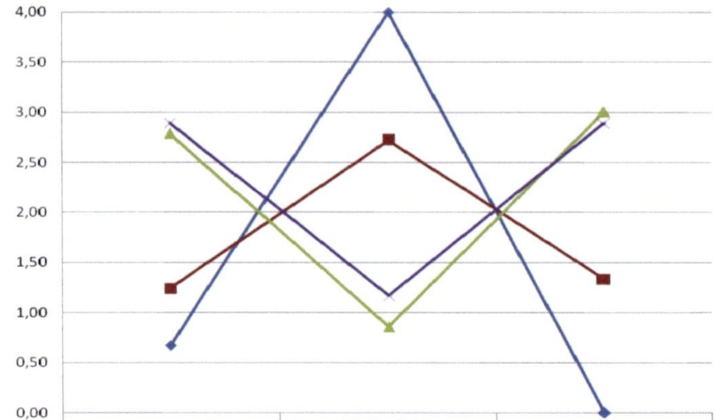

	Im Branchenvergleich etabliertes und großes Unternehmen	Maximal eine Führungsebene zw. Unternehmensspitze und ausführender Arbeit	Drei bis vier Hierarchieebenen
Start-Up	0,67	4,00	0,00
Wachstum	1,24	2,72	1,33
Reife	2,79	0,86	3,00
Niedergang	2,89	1,17	2,89

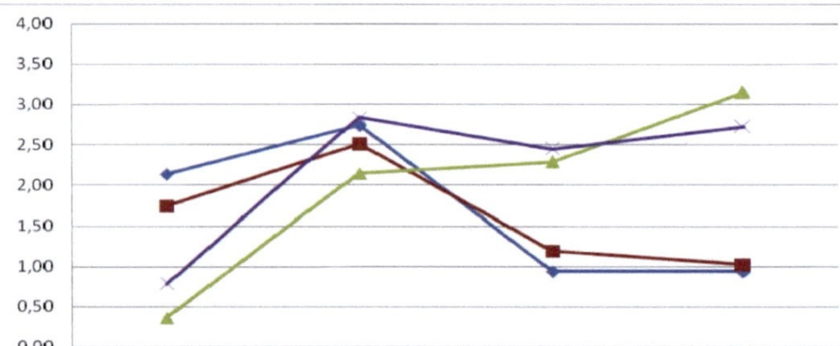

	Es existieren kaum formale, organisatorische Hilfsmittel wie z.B. Organigramme, Stell enbeschreibungen etc.	Abstützung auf wenige formale organisatorische Hilfsmittel, Organigramme sind vorhanden, die Stellenbeschreibungen nur auf das wesentliche beschränkt	Schriftliche, den formalen Organisationsstrukturen entsprechende Kommunikation ersetzt die mündliche, informelle Kommunikation	Unternehmen weist Funktionalstruktur auf, im Zuge des weiteren Wachstums wird eine Divisionalstruktur eingeführt
Start-Up	2,13	2,73	0,93	0,93
Wachstum	1,74	2,50	1,19	1,02
Reife	0,36	2,14	2,29	3,14
Niedergang	0,78	2,83	2,44	2,72

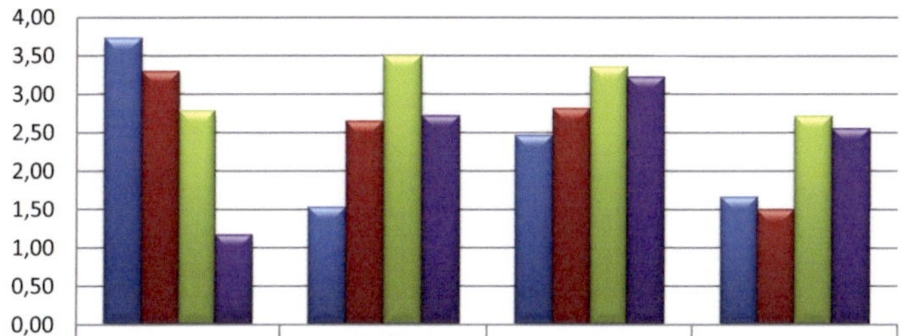

	Hohes Verständnis des Top Managements für die Details der Arbeit	An der Unternehmensspitze steht ein Managementteam aus unterschiedlichen Funktionen bzw. Geschäftsfeldern	Handbücher, Arbeitsanweisungen usw. dienen als Standardisierungs- und Kontrollinstrument	Zunehmender Bürokratismus (z.B. Unmenge an zirkulierenden Papieren etc.)
Start-Up	3,73	1,53	2,47	1,67
Wachstum	3,30	2,65	2,81	1,50
Reife	2,79	3,50	3,36	2,71
Niedergang	1,17	2,72	3,22	2,56

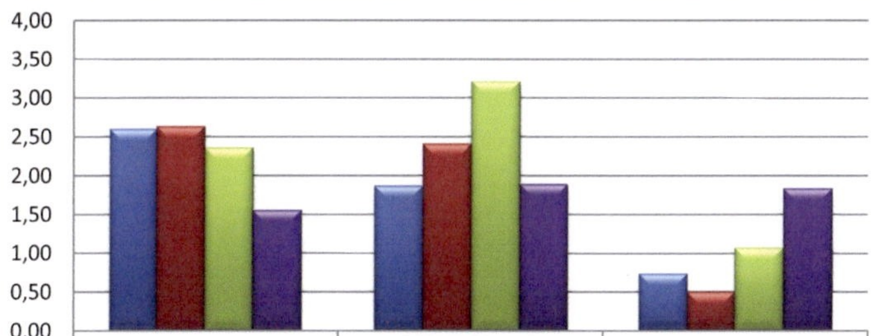

	Die Aktivitäten des Unternehmens können als radikal innovativ eingestuft werden	Die vom Unternehmen realisierten Innovationen sind von mittlerer Radikalität, z.B. Neuprodukte mit starker Verwandtschaft zum Ursprungsprodukt	Marginale Produkt- und Technologieinnovationen
Start-Up	2,60	1,87	0,73
Wachstum	2,63	2,41	0,50
Reife	2,36	3,21	1,07
Niedergang	1,56	1,89	1,83

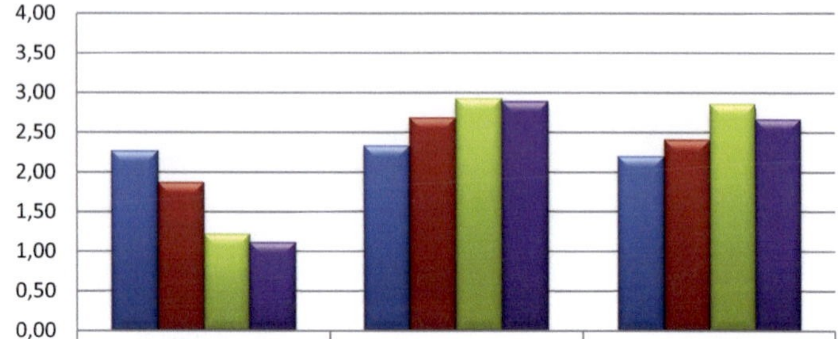

	Produkte und Abläufe sind nur wenig standardisiert, eher individuelle Kundenproblemlösunge n	Zunehmende Standardisierung der Produkte, Aufgabe von marginalen Aktivitäten	Steigender Spezialisierungsgrad von Mitarbeitern, Maschine n und Produktionsstätten
Start-Up	2,27	2,33	2,20
Wachstum	1,87	2,69	2,41
Reife	1,21	2,93	2,86
Niedergang	1,11	2,89	2,67

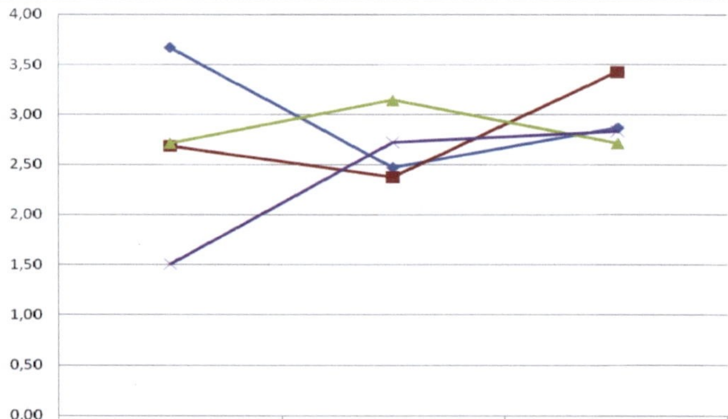

	Es bestehen persönliche Beziehungen der Unternehmensspitze mit praktisch allen Kunden	Vorstoß aus dem Kerngeschäft in neue Märkte und Regionen	Sehr lange Branchen- und Betriebszugehörigkeit bei den Mitgliedern des oberen Managements
Start-Up	3,67	2,47	2,87
Wachstum	2,69	2,37	3,43
Reife	2,71	3,14	2,71
Niedergang	1,50	2,72	2,83

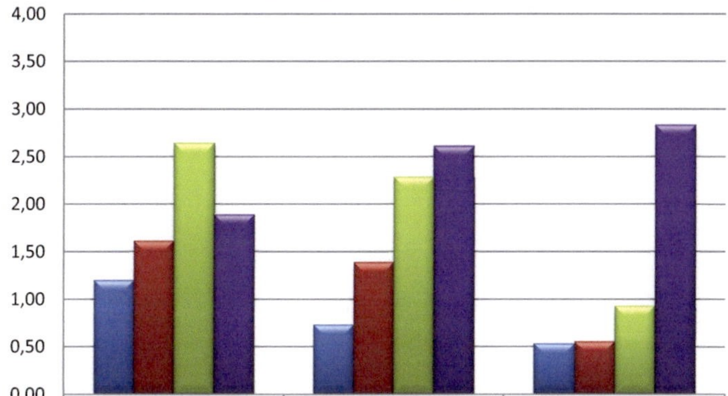

	Nivellierende Lohngestaltung	Aufwendiger, vielstufiger Planungsprozess	Abwanderung der guten Kräfte (brain-drain)
Start-Up	1,20	0,73	0,53
Wachstum	1,61	1,39	0,56
Reife	2,64	2,29	0,93
Niedergang	1,89	2,61	2,83

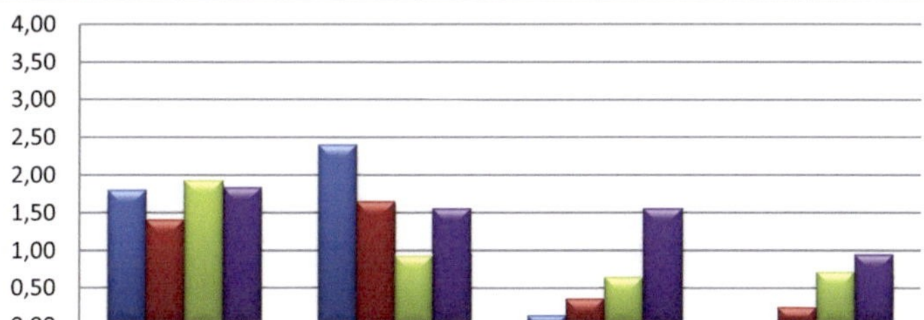

	Einseitige Orientierung an den Kosten	Extreme Kurzfristorientierung (ein bis zwei Jahre) der Unternehmensziele und -aktivitäten	Regulierungs-anstrengungen, Ruf nach staatlichem Schutz (Protektion, Subvent-ionen), Bildung von Branchenkartellen	Nachlassende Produktqualität, ver-mehrte Kundenreklam-ationen
Start-Up	1,80	2,40	0,13	0,00
Wachstum	1,41	1,65	0,35	0,24
Reife	1,93	0,93	0,64	0,71
Niedergang	1,83	1,56	1,56	0,94

Nachfolgende statistische Auswertungen sind Grundlage der zuvor behandelten multivariaten Analysen:

```
> summary(M1)

Call:
lm(formula = Satisfaction ~ Phase + IIA + IC + Laissez + Laissez *
   Phase)

Residuals:
   Min      1Q  Median      3Q     Max
-1.4841 -0.3568 -0.1050  0.4504  1.2093

Coefficients:
               Estimate Std. Error t value Pr(>|t|)
(Intercept)     0.74296    0.42633   1.743 0.084771 .
Phase2          0.52139    0.32415   1.608 0.111197
Phase3         -0.20428    0.54658  -0.374 0.709466
Phase4          0.37086    0.40152   0.924 0.358112
IIA             0.38922    0.10592   3.675 0.000402 ***
IC              0.39508    0.10757   3.673 0.000405 ***
Laissez         0.15969    0.22113   0.722 0.472029
Phase2:Laissez -0.36224    0.25129  -1.442 0.152862
Phase3:Laissez -0.05799    0.32527  -0.178 0.858897
Phase4:Laissez -0.57661    0.25979  -2.220 0.028934 *
---
Signif. codes:  0 `***' 0.001 `**' 0.01 `*' 0.05 `.' 0.1 ` ' 1

Residual standard error: 0.6033 on 91 degrees of freedom
Multiple R-Squared: 0.6625,     Adjusted R-squared: 0.6291
F-statistic: 19.85 on 9 and 91 DF,  p-value: < 2.2e-16
```

```
> summary(M2)

Call:
lm(formula = Satisfaction ~ IIA + IC + Laissez)

Residuals:
     Min       1Q   Median       3Q      Max
-1.57972 -0.41249 -0.04668  0.43930  1.57711

Coefficients:
            Estimate Std. Error t value Pr(>|t|)
(Intercept)  0.89608    0.26172   3.424 0.000906 ***
IIA          0.43938    0.10359   4.242 5.07e-05 ***
IC           0.44882    0.10489   4.279 4.41e-05 ***
Laissez     -0.20929    0.08071  -2.593 0.010987 *
---
Signif. codes:  0 `***' 0.001 `**' 0.01 `*' 0.05 `.' 0.1 ` ' 1

Residual standard error: 0.6229 on 97 degrees of freedom
Multiple R-Squared: 0.6165,     Adjusted R-squared: 0.6047
F-statistic: 51.98 on 3 and 97 DF,  p-value: < 2.2e-16
```

```
> summary(M3)

Call:
lm(formula = Satisfaction ~ IIA + IC)

Residuals:
     Min       1Q   Median       3Q      Max
-1.81861 -0.48609 -0.02956  0.49230  1.27640

Coefficients:
            Estimate Std. Error t value Pr(>|t|)
(Intercept)   0.4683     0.2090   2.240   0.0273 *
IIA           0.4750     0.1056   4.497 1.89e-05 ***
IC            0.4906     0.1066   4.601 1.26e-05 ***
---
Signif. codes:  0 `***' 0.001 `**' 0.01 `*' 0.05 `.' 0.1 ` ' 1

Residual standard error: 0.6408 on 98 degrees of freedom
Multiple R-Squared: 0.5899,     Adjusted R-squared: 0.5816
F-statistic: 70.49 on 2 and 98 DF,  p-value: < 2.2e-16

> summary(M4)

Call:
lm(formula = Satisfaction ~ Phase + IIA + IC + MEA + Laissez)

Residuals:
     Min       1Q   Median       3Q      Max
-1.39851 -0.41088 -0.05185  0.43211  1.39801

Coefficients:
            Estimate Std. Error t value Pr(>|t|)
(Intercept)  1.48525    0.40719   3.648 0.000436 ***
Phase2       0.03629    0.19256   0.188 0.850933
Phase3      -0.11391    0.23817  -0.478 0.633579
Phase4      -0.44757    0.24941  -1.795 0.075972 .
IIA          0.35375    0.10732   3.296 0.001389 **
IC           0.40353    0.10891   3.705 0.000359 ***
MEA         -0.10741    0.08933  -1.202 0.232297
Laissez     -0.20651    0.08398  -2.459 0.015783 *
---
Signif. codes:  0 `***' 0.001 `**' 0.01 `*' 0.05 `.' 0.1 ` ' 1

Residual standard error: 0.6133 on 93 degrees of freedom
Multiple R-Squared: 0.6436,     Adjusted R-squared: 0.6168
F-statistic: 23.99 on 7 and 93 DF,  p-value: < 2.2e-16

> summary(M5)

Call:
lm(formula = Satisfaction ~ Phase + IIA + IC + Laissez)
```

```
Residuals:
     Min       1Q   Median       3Q      Max
-1.41670 -0.41170 -0.08595  0.45054  1.46938

Coefficients:
            Estimate Std. Error t value Pr(>|t|)
(Intercept)  1.22468    0.34554   3.544 0.000615 ***
Phase2       0.11697    0.18091   0.647 0.519484
Phase3      -0.09008    0.23791  -0.379 0.705812
Phase4      -0.37365    0.24228  -1.542 0.126377
IIA          0.37051    0.10666   3.474 0.000778 ***
IC           0.38341    0.10788   3.554 0.000595 ***
Laissez     -0.19469    0.08360  -2.329 0.022016 *
---
Signif. codes:  0 `***' 0.001 `**' 0.01 `*' 0.05 `.' 0.1 ` ' 1

Residual standard error: 0.6147 on 94 degrees of freedom
Multiple R-Squared: 0.638,     Adjusted R-squared: 0.6149
F-statistic: 27.62 on 6 and 94 DF,  p-value: < 2.2e-16
```

> summary(M6)

```
Call:
lm(formula = Satisfaction ~ Phase + IIA + IC + Laissez + MEA +
    Laissez * Phase)

Residuals:
     Min       1Q   Median       3Q      Max
-1.46837 -0.36061 -0.07216  0.46057  1.18495

Coefficients:
                Estimate Std. Error t value Pr(>|t|)
(Intercept)      0.91753    0.48824   1.879 0.063442 .
Phase2           0.46689    0.33321   1.401 0.164602
Phase3          -0.17928    0.54899  -0.327 0.744755
Phase4           0.29085    0.41680   0.698 0.487093
IIA              0.37645    0.10758   3.499 0.000727 ***
IC               0.40839    0.10933   3.735 0.000328 ***
Laissez          0.14500    0.22257   0.652 0.516382
MEA             -0.06690    0.09045  -0.740 0.461425
Phase2:Laissez  -0.35908    0.25195  -1.425 0.157555
Phase3:Laissez  -0.07784    0.32718  -0.238 0.812493
Phase4:Laissez  -0.55201    0.26255  -2.102 0.038303 *
---
Signif. codes:  0 `***' 0.001 `**' 0.01 `*' 0.05 `.' 0.1 ` ' 1

Residual standard error: 0.6048 on 90 degrees of freedom
Multiple R-Squared: 0.6645,    Adjusted R-squared: 0.6272
F-statistic: 17.83 on 10 and 90 DF,  p-value: < 2.2e-16
```

summary(M7)

```
Error in summary(M7) : Object "M7" not found
> summary(M13)

Call:
lm(formula = Satisfaction ~ Phase + IIA + IIB + InsM + IntM +
   IC + CR + MEA + MEP + Laissez)

Residuals:
    Min      1Q  Median      3Q     Max
-1.2272 -0.4024 -0.0689  0.4596  1.3227

Coefficients:
            Estimate Std. Error t value Pr(>|t|)
(Intercept)  1.42555    0.54028   2.639  0.00985 **
Phase2       0.04227    0.20027   0.211  0.83332
Phase3      -0.10226    0.25040  -0.408  0.68397
Phase4      -0.43343    0.26001  -1.667  0.09907 .
IIA          0.31820    0.11907   2.672  0.00897 **
IIB         -0.01586    0.09034  -0.176  0.86104
InsM        -0.02286    0.12164  -0.188  0.85137
IntM         0.09503    0.12609   0.754  0.45304
IC           0.31406    0.13322   2.357  0.02062 *
CR           0.11363    0.14323   0.793  0.42974
MEA         -0.12697    0.09688  -1.311  0.19340
MEP         -0.05751    0.09257  -0.621  0.53608
Laissez     -0.17058    0.09380  -1.819  0.07236 .
---
Signif. codes:  0 `***' 0.001 `**' 0.01 `*' 0.05 `.' 0.1 ` ' 1

Residual standard error: 0.6237 on 88 degrees of freedom
Multiple R-Squared: 0.6511,     Adjusted R-squared: 0.6036
F-statistic: 13.69 on 12 and 88 DF,  p-value: 1.784e-15
```

> summary(M14)

```
Call:
lm(formula = Satisfaction ~ 1)

Residuals:
    Min      1Q  Median      3Q     Max
-2.8317 -0.8317  0.1683  1.1683  1.1683

Coefficients:
            Estimate Std. Error t value Pr(>|t|)
(Intercept)  2.83168    0.09857   28.73   <2e-16 ***
---
Signif. codes:  0 `***' 0.001 `**' 0.01 `*' 0.05 `.' 0.1 ` ' 1

Residual standard error: 0.9906 on 100 degrees of freedom
```

```
> summary(M15)

Call:
lm(formula = Effectiv ~ IIA + Laissez)

Residuals:
    Min      1Q  Median      3Q     Max
-2.2537 -0.3346 -0.0355  0.4551  1.5057

Coefficients:
            Estimate Std. Error t value Pr(>|t|)
(Intercept)  1.49855    0.23961   6.254 1.05e-08 ***
IIA          0.56363    0.07610   7.406 4.58e-11 ***
Laissez     -0.29121    0.07907  -3.683 0.000378 ***
---
Signif. codes:  0 `***' 0.001 `**' 0.01 `*' 0.05 `.' 0.1 ` ' 1

Residual standard error: 0.6176 on 98 degrees of freedom
Multiple R-Squared: 0.4947,     Adjusted R-squared: 0.4844
F-statistic: 47.97 on 2 and 98 DF,  p-value: 2.979e-15

> summary(M16)

Call:
lm(formula = Effectiv ~ IIA + Laissez + MEA)

Residuals:
      Min        1Q    Median        3Q       Max
-2.195693 -0.354457  0.009198  0.408803  1.421551

Coefficients:
            Estimate Std. Error t value Pr(>|t|)
(Intercept)  1.16124    0.28199   4.118 8.04e-05 ***
IIA          0.56712    0.07472   7.590 1.98e-11 ***
Laissez     -0.28169    0.07774  -3.623 0.000465 ***
MEA          0.17452    0.08048   2.168 0.032569 *
---
Signif. codes:  0 `***' 0.001 `**' 0.01 `*' 0.05 `.' 0.1 ` ' 1

Residual standard error: 0.6062 on 97 degrees of freedom
Multiple R-Squared: 0.5181,     Adjusted R-squared: 0.5032
F-statistic: 34.76 on 3 and 97 DF,  p-value: 2.427e-15

> summary(M17)

Call:
lm(formula = Effectiv ~ IIA + Laissez + MEA + Phase)

Residuals:
    Min      1Q  Median      3Q     Max
```

```
-1.95512 -0.37185  0.02385  0.31365  1.29597

Coefficients:
           Estimate Std. Error t value Pr(>|t|)
(Intercept)  1.44332    0.38067   3.792 0.000264 ***
IIA          0.48151    0.08649   5.567 2.44e-07 ***
Laissez     -0.23569    0.08137  -2.897 0.004691 **
MEA          0.17578    0.08589   2.047 0.043489 *
Phase2      -0.01164    0.18727  -0.062 0.950563
Phase3      -0.39195    0.22967  -1.707 0.091201 .
Phase4      -0.37365    0.23824  -1.568 0.120153
---
Signif. codes:  0 `***' 0.001 `**' 0.01 `*' 0.05 `.' 0.1 ` ' 1

Residual standard error: 0.5967 on 94 degrees of freedom
Multiple R-Squared: 0.5475,     Adjusted R-squared: 0.5186
F-statistic: 18.95 on 6 and 94 DF,  p-value: 2.381e-14

> summary(M18)

Call:
lm(formula = Effectiv ~ IIA + Laissez + Phase)

Residuals:
     Min       1Q   Median       3Q      Max
-1.98054 -0.34767 -0.03041  0.41632  1.42423

Coefficients:
           Estimate Std. Error t value Pr(>|t|)
(Intercept)  1.91503    0.30800   6.218 1.34e-08 ***
IIA          0.47203    0.08781   5.376 5.44e-07 ***
Laissez     -0.25791    0.08198  -3.146  0.00221 **
Phase2      -0.14511    0.17847  -0.813  0.41822
Phase3      -0.44173    0.23218  -1.903  0.06013 .
Phase4      -0.51224    0.23221  -2.206  0.02980 *
---
Signif. codes:  0 `***' 0.001 `**' 0.01 `*' 0.05 `.' 0.1 ` ' 1

Residual standard error: 0.6066 on 95 degrees of freedom
Multiple R-Squared: 0.5273,     Adjusted R-squared: 0.5024
F-statistic:  21.2 on 5 and 95 DF,  p-value: 3.51e-14

> summary(M19)

Call:
lm(formula = Effectiv ~ IIA + CR + MEA + Laissez)

Residuals:
     Min       1Q   Median       3Q      Max
-2.16187 -0.34121 -0.03145  0.43618  1.30278
```

```
Coefficients:
            Estimate Std. Error t value Pr(>|t|)
(Intercept)  0.91526    0.30730   2.978 0.00367 **
IIA          0.46777    0.09059   5.164 1.31e-06 ***
CR           0.20811    0.11019   1.889 0.06197 .
MEA          0.13165    0.08262   1.593 0.11434
Laissez     -0.25538    0.07799  -3.275 0.00147 **
---
Signif. codes:  0 `***' 0.001 `**' 0.01 `*' 0.05 `.' 0.1 ` ' 1

Residual standard error: 0.5983 on 96 degrees of freedom
Multiple R-Squared: 0.5353,     Adjusted R-squared: 0.516
F-statistic: 27.65 on 4 and 96 DF,  p-value: 2.817e-15

> summary(M20)

Call:
lm(formula = Effectiv ~ Phase + IIA + IIB + InsM + IntM + IC +
    CR + MEA + MEP + Laissez)

Residuals:
     Min       1Q   Median       3Q      Max
-1.80457 -0.34514 -0.01264  0.38842  1.33991

Coefficients:
             Estimate Std. Error t value Pr(>|t|)
(Intercept)  1.180836   0.522167   2.261  0.02620 *
Phase2      -0.001141   0.193555  -0.006  0.99531
Phase3      -0.319645   0.242004  -1.321  0.18998
Phase4      -0.283402   0.251291  -1.128  0.26248
IIA          0.349095   0.115077   3.034  0.00318 **
IIB         -0.025104   0.087313  -0.288  0.77439
InsM         0.027930   0.117564   0.238  0.81277
IntM         0.114035   0.121861   0.936  0.35195
IC           0.063552   0.128754   0.494  0.62283
CR           0.070318   0.138431   0.508  0.61275
MEA          0.151894   0.093632   1.622  0.10833
MEP         -0.079882   0.089470  -0.893  0.37438
Laissez     -0.175688   0.090652  -1.938  0.05582 .
---
Signif. codes:  0 `***' 0.001 `**' 0.01 `*' 0.05 `.' 0.1 ` ' 1

Residual standard error: 0.6028 on 88 degrees of freedom
Multiple R-Squared: 0.5676,     Adjusted R-squared: 0.5087
F-statistic: 9.628 on 12 and 88 DF,  p-value: 1.164e-11

> summary(M21)

Call:
lm(formula = Effectiv ~ 1)
```

```
Residuals:
    Min      1Q  Median      3Q     Max 
-2.2970 -0.5470  0.2030  0.7030  1.4530 

Coefficients:
            Estimate Std. Error t value Pr(>|t|)    
(Intercept)  2.54703    0.08558   29.76   <2e-16 ***
---
Signif. codes:  0 `***' 0.001 `**' 0.01 `*' 0.05 `.' 0.1 ` ' 1 

Residual standard error: 0.86 on 100 degrees of freedom

> summary(M22)

Call:
lm(formula = ExtraE ~ IIA + IC + CR + Laissez)

Residuals:
     Min       1Q   Median       3Q      Max 
-1.66457 -0.49088  0.06576  0.41842  1.91885 

Coefficients:
            Estimate Std. Error t value Pr(>|t|)  
(Intercept)  0.40505    0.31956   1.268   0.2080  
IIA          0.25810    0.11293   2.285   0.0245 *
IC           0.27849    0.13049   2.134   0.0354 *
CR           0.28124    0.13721   2.050   0.0431 *
Laissez     -0.08607    0.08717  -0.987   0.3260  
---
Signif. codes:  0 `***' 0.001 `**' 0.01 `*' 0.05 `.' 0.1 ` ' 1 

Residual standard error: 0.6673 on 96 degrees of freedom
Multiple R-Squared: 0.4714,	Adjusted R-squared: 0.4494 
F-statistic:  21.4 on 4 and 96 DF,  p-value: 1.213e-12 

> summary(M23)

Call:
lm(formula = ExtraE ~ IIA + CR + Laissez)

Residuals:
     Min       1Q   Median       3Q      Max 
-1.58473 -0.53182  0.02831  0.41207  1.96952 

Coefficients:
            Estimate Std. Error t value Pr(>|t|)    
(Intercept)  0.43654    0.32501   1.343 0.182360    
IIA          0.37232    0.10125   3.677 0.000387 ***
CR           0.43007    0.12031   3.575 0.000548 ***
Laissez     -0.09850    0.08856  -1.112 0.268746    
---
```

```
Signif. codes:  0 `***' 0.001 `**' 0.01 `*' 0.05 `.' 0.1 ` ' 1

Residual standard error: 0.6794 on 97 degrees of freedom
Multiple R-Squared: 0.4463,     Adjusted R-squared: 0.4292
F-statistic: 26.06 on 3 and 97 DF,  p-value: 1.893e-12

> summary(M24)

Call:
lm(formula = ExtraE ~ IIA + IC + CR)

Residuals:
    Min      1Q  Median      3Q     Max
-1.6653 -0.5326  0.1043  0.4186  1.8554

Coefficients:
            Estimate Std. Error t value Pr(>|t|)
(Intercept)   0.2128     0.2533   0.840   0.4030
IIA           0.2699     0.1123   2.404   0.0181 *
IC            0.2871     0.1302   2.205   0.0298 *
CR            0.2984     0.1361   2.193   0.0307 *
---
Signif. codes:  0 `***' 0.001 `**' 0.01 `*' 0.05 `.' 0.1 ` ' 1

Residual standard error: 0.6672 on 97 degrees of freedom
Multiple R-Squared: 0.466,     Adjusted R-squared: 0.4495
F-statistic: 28.22 on 3 and 97 DF,  p-value: 3.331e-13

> summary(M25)

Call:
lm(formula = ExtraE ~ IIA + CR)

Residuals:
     Min       1Q   Median       3Q      Max
-1.58273 -0.55676  0.07916  0.41066  1.89834

Coefficients:
            Estimate Std. Error t value Pr(>|t|)
(Intercept)   0.2166     0.2583   0.839 0.403693
IIA           0.3899     0.1001   3.895 0.000180 ***
CR            0.4551     0.1183   3.846 0.000214 ***
---
Signif. codes:  0 `***' 0.001 `**' 0.01 `*' 0.05 `.' 0.1 ` ' 1

Residual standard error: 0.6803 on 98 degrees of freedom
Multiple R-Squared: 0.4392,     Adjusted R-squared: 0.4278
F-statistic: 38.38 on 2 and 98 DF,  p-value: 4.895e-13

> summary(M26)
```

```
Call:
lm(formula = ExtraE ~ Phase + IIA + IIB + InsM + IntM + IC +
   CR + MEA + MEP + Laissez)

Residuals:
   Min      1Q  Median      3Q     Max
-1.5781 -0.4550  0.1115  0.3956  1.8320

Coefficients:
             Estimate Std. Error t value Pr(>|t|)
(Intercept)  0.601025   0.594899   1.010    0.315
Phase2      -0.008529   0.220515  -0.039    0.969
Phase3      -0.126602   0.275712  -0.459    0.647
Phase4      -0.134166   0.286292  -0.469    0.640
IIA          0.280722   0.131106   2.141    0.035 *
IIB          0.068372   0.099475   0.687    0.494
InsM        -0.085653   0.133939  -0.639    0.524
IntM        -0.030524   0.138835  -0.220    0.826
IC           0.236368   0.146688   1.611    0.111
CR           0.249653   0.157713   1.583    0.117
MEA          0.105620   0.106674   0.990    0.325
MEP         -0.050626   0.101932  -0.497    0.621
Laissez     -0.072314   0.103279  -0.700    0.486
---
Signif. codes:  0 `***' 0.001 `**' 0.01 `*' 0.05 `.' 0.1 ` ' 1

Residual standard error: 0.6868 on 88 degrees of freedom
Multiple R-Squared: 0.4867,     Adjusted R-squared: 0.4167
F-statistic: 6.954 on 12 and 88 DF,  p-value: 1.058e-08

> summary(M27)

Call:
lm(formula = ExtraE ~ 1)

Residuals:
   Min      1Q  Median      3Q     Max
-2.3465 -0.3465 -0.3465  0.6535  1.6535

Coefficients:
            Estimate Std. Error t value Pr(>|t|)
(Intercept)  2.34653    0.08948   26.22   <2e-16 ***
---
Signif. codes:  0 `***' 0.001 `**' 0.01 `*' 0.05 `.' 0.1 ` ' 1

Residual standard error: 0.8993 on 100 degrees of freedom

> summary(M28)
Error in summary(M28) : Object "M28" not found
>
```

Die nachfolgend aufgeführte rotierte Komponentenmatrix benennt die gesamten erfassten Werte:

Rotierte Komponentenmatrix(a)

	Komponente								
	1	2	3	4	5	6	7	8	9
bietet Ihnen im Austausch für ihre Bemühun-gen Unterstützung an.	.685		.249						
überprüft kritische Annahmen und hinterfragtihre Sinnhaftigkeit.	.234	.394				.332		.603	
greift erst ein, wenn die Probleme ernst werden.				.247	.549	.446			
konzentriert sich auf Unregelmäßigkeiten, Fehler,						.846			
vermeidet es bei wichtigen Fragstellungenbeteiligt zu werden.			-.229				.259	-.752	
spricht über seine/ ihre wichtigsten Wertvor-stellungen		.613						.383	.205
ist nicht greifbar, wenn er/ sie gebraucht wird.	-.314				.368		.420	-.396	-.227
sucht unterschiedliche Perspektiven beimLösen von	.594				-.254				.435
spricht optimistisch über die Zukunft.		.253		.707					
macht Sie stolz, mit ihm/ ihr zusammenzuarbeiten	.675	.236			-.250				-.202
erörtert im Detail, was für die Erreichung von Leistungszielen	.246	.382	.593				-.204		
wartet, bis etwas schief läuft, bevor er/ sie eingreift	-.241				.778				
spricht mit Begeisterung darüber, was erreicht werden muss		.606		.475					-.321
führt die Wichtigkeit einer starken Vision auf.		.888							
investiert Zeit, sie zu trainieren und zu "coachen"	.459		.556				-.217		.214
macht deutlich, was bei Erreichung der Leistungsziele zu	.225		.575	.432					
demonstriert seine/ ihre feste Überzeugung:"Was nicht	-.213				.582		.209		.336
stellt den persönlichen Nutzen hinter den Gesamtnutzen	.512			.224					.319
behandelt Sie als Individuum und nicht nur als Mitglied des Teams	.757					-.265			
agiert erst, wenn Probleme chronisch sind	-.201				.661		.289	-.326	
handelt so, dass man sie/ ihn akzeptiert	.652				-.216				
konzentriert sich ganz auf die Bearbeitung von Fehlern,			.409			.589			
berücksichtigt die moralischen und ethischen Auswirkungen von	.634	.272							
verfolgt alle Fehler			.598			.226			-.350
entfaltet eine Atmosphäre von Stärke und Vertrauen	.686			.410					
formuliert eine motivierende Zukunftsvision	.377	.478		.490	-.279				
zeigt Ihnen mit Nachdruck, wenn Standards nicht eingehalten			.666						
vermeidet es, konkrete Entscheidungen zutreffen							.753		
betrachtet Sie als Individuum mit unterschiedlichen Bedürfnissen,	.757	.241							
sorgt dafür, dass Sie Probleme von verschiedenen Standpunkten	.452	.426							.401
hilft Ihnen bei der Entwicklung Ihrer Stärken	.669		.384				-.257		
schlägt neue Wege vor, wie man an die Bewältigung von Aufgaben	.534	.279	.357						.285
verschiebt die Beantwortung dringender Fragen auf später						-.285	.749	-.277	
betont die Wichtigkeit einer gemeinsamen Vision	.217	.795		.253					
zeigt Zufriedenheit, wenn die Erwartungen erfüllt werden	.545			.339	-.255			.201	
zeigt Zuversicht, dass die Ziele erreicht werden	.211			.737					

Extraktionsmethode: Hauptkomponentenanalyse.
Rotationsmethode: Varimax mit Kaiser-Normalisierung.
a Die Rotation ist in 15 Iterationen konvergiert.

FGF ENTREPRENEURSHIP-RESEARCH MONOGRAPHIEN

Herausgegeben von Prof. Dr. Heinz Klandt, Oestrich-Winkel, Prof. Dr. Dr. h. c. Norbert Szyperski, Köln, Prof. Dr. Michael Frese, Gießen, Prof. Dr. Josef Brüderl, Mannheim, Prof. Dr. Rolf Sternberg, Hannover, Prof. Dr. Ulrich Braukmann, Wuppertal, und Prof. Dr. Lambert T. Koch, Wuppertal

Band 62
Andreas W. O. Böhringer
Die Förderung der Entwicklung junger Biotechnologieunternehmen – Eine theoriegeleitete Analyse zur Bewertung des Leistungsprogramms von Hochtechnologie-Inkubatoren
Lohmar – Köln 2008 • 374 S. • € 55,- (D) • ISBN 978-3-89936-687-7

Band 63
Jutta Hübscher
Regionalspezifische Erfolgsfaktoren von Gründungen
Lohmar – Köln 2008 • 318 S. • € 52,- (D) • ISBN 978-3-89936-727-0

Band 64
Daniel Markgraf
Einfluss von Persönlichkeit und Wissen auf den Gründungsprozess – Eine Untersuchung von kleinen Dienstleistungsunternehmen in Mitteldeutschland
Lohmar – Köln 2008 • 260 S. • € 62,- (D) • ISBN 978-3-89936-729-4

Band 65
Matthias Baum
International Entrepreneurship – Determinants of the Propensity to Internationalize and the Different Types of International New Ventures
Lohmar – Köln 2009 • 80 S. • € 37,- (D) • ISBN 978-3-89936-752-2

Band 66
Alexander Klaußner
Phasenangepasste Führung von Wachstumsunternehmen – Eine empirische Untersuchung im deutschsprachigen Raum
Lohmar – Köln 2009 • 324 S. • € 62,- (D) • ISBN 978-3-89936-843-7

JOSEF EUL VERLAG